面向数字化时代高等学校计算机系列教材

# C语言程序设计

刘霓 主编

清华大学出版社
北京

## 内 容 简 介

本书以新时代新工科课程建设为背景,精心设计教材内容,并融合思政元素,提供配套微课视频、课堂测试及结果分析、练习题及答案解析等丰富的数字化资源,是一本为程序设计初学者着力打造的新形态教材。

本书基于 C 语言,配以丰富的编程实例,旨在培养读者利用计算机解决问题的能力。全书共 10 章,包括信息处理基础、C 语言基础知识、顺序结构、选择结构、循环结构、函数、数组、指针、结构体与链表、文件。大部分章含有学习要点、微课视频、课堂测试及结果分析、练习题及答案解析、常见错误小结,能够很好地为初学者提供学习指导。

本书内容循序渐进、取舍合理、深入浅出、可读性强,既可作为高等院校各专业"计算机程序设计"课程的教材或教学参考用书,也可作为 C 语言爱好者的参考用书。

版权所有,侵权必究。举报: 010-62782989,beiqinquan@tup.tsinghua.edu.cn。

图书在版编目(CIP)数据

C 语言程序设计/刘霓主编. --北京:清华大学出版社,2024.9. --(面向数字化时代高等学校计算机系列教材). --ISBN 978-7-302-66823-7

Ⅰ. TP312.8

中国国家版本馆 CIP 数据核字第 2024DN7598 号

责任编辑:龙启铭
封面设计:刘　键
责任校对:刘惠林
责任印制:沈　露

出版发行:清华大学出版社
网　　址:https://www.tup.com.cn,https://www.wqxuetang.com
地　　址:北京清华大学学研大厦 A 座　　　　邮　编:100084
社 总 机:010-83470000　　　　　　　　　　邮　购:010-62786544
投稿与读者服务:010-62776969,c-service@tup.tsinghua.edu.cn
质量反馈:010-62772015,zhiliang@tup.tsinghua.edu.cn
课件下载:https://www.tup.com.cn,010-83470236

印 装 者:三河市龙大印装有限公司
经　　销:全国新华书店
开　　本:185mm×260mm　　　印　张:22　　　字　数:481 千字
版　　次:2024 年 9 月第 1 版　　　　　　　　印　次:2024 年 9 月第 1 次印刷
定　　价:69.00 元

产品编号:103938-01

# 面向数字化时代高等学校计算机系列教材

## 编审委员会

**主　　任：**

　　蒋宗礼　　教育部高等学校计算机类专业教学指导委员会副主任委员
　　　　　　　国家级教学名师　　北京工业大学教授

**委　　员：**（排名不分先后）

| | | | | | | | |
|---|---|---|---|---|---|---|---|
| 陈　兵 | 陈　武 | 陈永乐 | 崔志华 | 范士喜 | 方兴军 | 方志军 | 高文超 |
| 胡鹤轩 | 黄　河 | 黄　岚 | 蒋运承 | 邝　坚 | 李向阳 | 林卫国 | 刘　昶 |
| 毛启容 | 秦红武 | 秦磊华 | 饶　泓 | 孙副振 | 王　洁 | 文继荣 | 吴　帆 |
| 肖　亮 | 肖鸣宇 | 谢　明 | 熊　轲 | 严斌宇 | 杨　烜 | 杨　燕 | 于元隆 |
| 于振华 | 岳　昆 | 张桂芸 | 张　虎 | 张　锦 | 张秋实 | 张兴军 | 张玉玲 |
| 赵喜清 | 周世杰 | 周益民 | | | | | |

# 本书编委会

**主　编：** 刘　霓
**副主编：** 刘金艳　冯晓红　凯定吉
**参　编：** 刘　倩　李　茜　李　敏　邱　波

# 前言

"计算机程序设计"是绝大多数高校理工科专业必修的公共基础课程之一,其重要性不仅体现在一般意义的程序编写上,更多地体现在计算思维能力的培养,以及利用计算机解决问题的能力和方法,并最终为相关行业提供信息化的技术支持上。

本书以新时代新工科课程建设为背景,精心设计教材内容,融合思政元素,并提供配套微课视频、课堂测试及结果分析、练习题及答案解析等丰富的数字化资源,是一本为程序设计初学者着力打造的新形态教材。本书基于 C 语言,配以丰富的编程实例,旨在培养读者利用计算机解决问题的能力。

本书内容循序渐进、取舍合理、深入浅出、可读性强,既可作为高等院校各专业"计算机程序设计"课程的教材或教学参考用书,也可作为 C 语言爱好者的参考用书。鉴于初学者没有程序设计的经验,甚至缺少计算机相关基础知识,本书在内容规划和组织方面体现了以下特色:

(1) 从计算机的基本工作原理、常用进制、数据的表示与编码等**计算机基础知识入手**,引入算法及流程图,为程序设计的入门打下基础。

(2) **重视编程思维的培养**,以讲授"程序设计"为主,将 C 语言的语法有机结合到程序设计中,而不是简单罗列 C 语言语法的各种琐碎细节。

(3) **注重理论与实践相结合**,针对每个知识点精心设计案例内容,并从问题分析、数据结构规划、算法设计、编程实现、延展学习等方面进行全面地探讨,以帮助读者清晰地掌握程序设计的思路与方法,并真正做到由浅入深、由易到难,引导读者编写规模逐渐变大、难度逐渐提高的程序。

(4) 所有程序采用**"统一的代码规范"**进行编写,希望以此提高读者程序编写的规范性。

(5) 每章开头列出**学习要点**,让读者快速了解本章内容,建立起知识框架;大部分章结尾给出**常见错误小结**,为初学者解决编程常见问题提供指导,以达到事半功倍的效果。

(6) **融入了与程序设计相关的思政元素**,以此激发学生的民族自豪感,培养学生精益求精的大国工匠精神,增强学生探索未知、追求真理、勇攀科学高峰的责任感和使命感。

(7) **配备了丰富的数字化资源**,包括微课视频、课堂测试及结果分析、练习题及答案解析、Visual Studio 的安装及使用等,为读者提供全方位的学习支持。这些资源均可通过扫描书中相应位置的二维码获取。

本书由刘霓任主编,刘金艳、冯晓红、凯定吉任副主编,参与编写的还有刘倩、李茜、李敏、邱波。参编人员是长期从事"计算机程序设计"课程教学的一线教师,具有丰富的理论知识与实践经验;同时对于理工科本科学生的学习特点和习惯十分熟悉,所编写的内容具有很强的针对性与适用性。全书的编写与审稿工作凝聚了全体参编人员的辛勤劳动与付出,同时也得到了相关专家的悉心指导与大力支持。在此,一并表示诚挚的感谢!

由于编者水平有限,书中的错误和不足之处在所难免,欢迎读者不吝批评与指正,在此先行致谢。

编　者

2024 年 5 月

# 目录

## 第1章　信息处理基础 ............................................. 1
### 1.1　计算机中数据的表示与存储 ............................ 1
#### 1.1.1　进位计数制 ........................................ 2
#### 1.1.2　存储单位与存储容量 ............................... 5
#### 1.1.3　数值数据的表示 .................................... 6
#### 1.1.4　西文字符编码 ...................................... 8
#### 1.1.5　数据的存储 ........................................ 9
### 1.2　程序与程序设计语言 ................................... 10
#### 1.2.1　计算机程序 ........................................ 10
#### 1.2.2　程序设计语言 ..................................... 10
### 1.3　计算机算法 .............................................. 12
#### 1.3.1　算法的概念与特征 ................................ 13
#### 1.3.2　算法的表示 ........................................ 13
#### 1.3.3　算法的三种基本结构 ............................. 16
### 1.4　结构化程序设计 ......................................... 19
### 1.5　练习题 .................................................... 20
第1章练习题答案与解析 .................................. 22

## 第2章　C语言基础知识 ........................................ 23
### 2.1　C语言概述 ............................................... 23
#### 2.1.1　C语言简介 ......................................... 23
#### 2.1.2　一个简单的C程序 ................................ 24
#### 2.1.3　C程序的开发过程 ................................ 25
### 2.2　C程序框架 ............................................... 27
### 2.3　C基本词法 ............................................... 31
#### 2.3.1　字符集 ............................................. 31
#### 2.3.2　常用词法符号 ..................................... 31
### 2.4　数据类型 .................................................. 32

2.5 常量与变量 ································································································ 34
　　2.5.1 常量 ···························································································· 34
　　2.5.2 变量 ···························································································· 37
　　2.5.3 符号常量 ···················································································· 40
2.6 基本运算符与表达式 ······················································································· 42
　　2.6.1 运算符与表达式 ········································································· 42
　　2.6.2 算术运算符 ················································································· 42
　　2.6.3 赋值运算符 ················································································· 44
　　2.6.4 逗号运算符 ················································································· 47
2.7 类型转换 ···································································································· 47
　　2.7.1 自动类型转换 ············································································· 48
　　2.7.2 强制类型转换 ············································································· 50
2.8 常见错误小结 ····································································································· 51
2.9 练习题 ················································································································· 54
　　第2章练习题答案与解析 ····················································································· 58

# 第3章 顺序结构 ······························································································· 59

3.1 字符的输入与输出 ····························································································· 59
　　3.1.1 字符常量的输出 ········································································· 59
　　3.1.2 字符型变量的输入/输出 ··························································· 60
3.2 数据的格式化输出 ····························································································· 61
3.3 数据的格式化输入 ····························································································· 65
3.4 顺序结构程序设计 ····························································································· 69
3.5 常见错误小结 ····································································································· 70
3.6 练习题 ················································································································· 71
　　第3章练习题答案与解析 ····················································································· 76

# 第4章 选择结构 ······························································································· 77

4.1 关系运算符与关系表达式 ················································································· 77
　　4.1.1 关系运算符 ················································································· 77
　　4.1.2 关系表达式 ················································································· 78
4.2 逻辑运算符与逻辑表达式 ················································································· 78
　　4.2.1 逻辑运算符 ················································································· 78
　　4.2.2 逻辑表达式 ················································································· 79
　　4.2.3 逻辑运算的短路特性 ································································· 80
4.3 单分支与双分支选择结构 ················································································· 81
4.4 条件运算符与条件表达式 ················································································· 84
4.5 多分支选择结构 ································································································· 85

  4.6 switch 语句 …………………………………………………………………… 88
  4.7 应用案例 …………………………………………………………………… 91
  4.8 常见错误小结 ……………………………………………………………… 94
  4.9 练习题 ……………………………………………………………………… 95
    第 4 章练习题答案与解析 ………………………………………………… 101

## 第 5 章 循环结构 …………………………………………………………… 102

  5.1 while 语句 ………………………………………………………………… 102
    5.1.1 while 语句 …………………………………………………… 102
    5.1.2 while 语句的应用 …………………………………………… 103
  5.2 do-while 语句 …………………………………………………………… 105
    5.2.1 do-while 语句 ……………………………………………… 105
    5.2.2 do-while 语句的应用 ……………………………………… 106
  5.3 for 语句 …………………………………………………………………… 109
    5.3.1 for 语句 ……………………………………………………… 109
    5.3.2 for 语句的应用 ……………………………………………… 110
  5.4 三种循环语句的比较及其应用 ………………………………………… 112
  5.5 流程控制语句 …………………………………………………………… 115
    5.5.1 break 语句 …………………………………………………… 115
    5.5.2 continue 语句 ……………………………………………… 117
    5.5.3 goto 语句 …………………………………………………… 118
  5.6 嵌套循环 ………………………………………………………………… 119
  5.7 应用案例 ………………………………………………………………… 122
  5.8 常见错误小结 …………………………………………………………… 125
  5.9 练习题 …………………………………………………………………… 126
    第 5 章练习题答案与解析 ……………………………………………… 135

## 第 6 章 函数 ………………………………………………………………… 136

  6.1 模块化程序设计 ………………………………………………………… 136
  6.2 函数的分类 ……………………………………………………………… 137
  6.3 库函数的使用 …………………………………………………………… 138
    6.3.1 常用的数学函数 …………………………………………… 138
    6.3.2 随机数函数 ………………………………………………… 139
  6.4 用户自定义函数 ………………………………………………………… 142
    6.4.1 函数定义 …………………………………………………… 143
    6.4.2 函数调用 …………………………………………………… 145
    6.4.3 函数声明 …………………………………………………… 148
  6.5 递归函数 ………………………………………………………………… 150

6.6 变量的作用域与生存期 ········································································ 152
    6.6.1 变量的作用域 ········································································ 152
    6.6.2 变量的生存期 ········································································ 154
6.7 应用案例 ···························································································· 158
6.8 常见错误小结 ···················································································· 164
6.9 练习题 ······························································································· 166
    第 6 章练习题答案与解析 ······························································ 172

## 第 7 章　数组 ································································································ 173

7.1 概述 ··································································································· 173
7.2 一维数组 ···························································································· 174
    7.2.1 一维数组的定义与初始化 ······················································ 174
    7.2.2 一维数组元素的引用 ······························································ 175
    7.2.3 一维数组的应用 ···································································· 175
    7.2.4 一维数组作为函数参数 ·························································· 179
    7.2.5 应用案例 ················································································ 181
7.3 二维数组 ···························································································· 191
    7.3.1 二维数组定义与初始化 ·························································· 191
    7.3.2 二维数组元素的引用 ······························································ 192
    7.3.3 二维数组的应用 ···································································· 193
    7.3.4 二维数组作为函数参数 ·························································· 196
    7.3.5 应用案例 ················································································ 197
7.4 字符数组与字符串 ············································································· 202
    7.4.1 字符串的存储 ········································································ 202
    7.4.2 字符串的输入/输出 ································································ 204
    7.4.3 常用的字符串处理函数 ·························································· 206
    7.4.4 应用案例 ················································································ 209
    7.4.5 字符数组作为函数参数 ·························································· 211
7.5 常见错误小结 ···················································································· 214
7.6 练习题 ······························································································· 216
    第 7 章练习题答案与解析 ······························································ 222

## 第 8 章　指针 ································································································ 223

8.1 指针与指针变量 ················································································ 223
    8.1.1 变量的内存地址 ···································································· 223
    8.1.2 指针变量的定义和初始化 ······················································ 224
    8.1.3 变量的两种访问方式 ······························································ 226
8.2 指针与一维数组 ················································································ 227

  8.2.1　数组名的特殊含义 ·················································· 227
  8.2.2　用指针访问数组元素 ·················································· 227
  8.2.3　指针操作一维数组 ····················································· 230
 8.3　指针与二维数组 ································································ 235
  8.3.1　二维数组的行地址和列地址 ······································· 235
  8.3.2　指针操作二维数组 ····················································· 236
 8.4　指针与函数 ······································································ 241
  8.4.1　函数的参数传递 ························································· 241
  8.4.2　简单变量的地址传递 ·················································· 242
  8.4.3　数组的地址传递 ························································· 243
 8.5　动态数组 ········································································· 246
  8.5.1　C 语言的内存映像 ······················································ 246
  8.5.2　变量的内存分配方式 ·················································· 246
  8.5.3　动态内存分配函数 ····················································· 247
  8.5.4　动态一维数组 ···························································· 249
  8.5.5　动态二维数组 ···························································· 250
 8.6　应用案例 ········································································· 252
 8.7　常见错误小结 ································································· 258
 8.8　练习题 ············································································ 259
  第 8 章练习题答案与解析 ····················································· 265

## 第 9 章　结构体与链表 ································································ 266
 9.1　结构体类型 ····································································· 266
  9.1.1　结构体类型的引入 ····················································· 266
  9.1.2　结构体类型的声明 ····················································· 268
  9.1.3　用 typedef 说明新类型 ················································ 268
 9.2　结构体变量 ····································································· 269
  9.2.1　结构体变量的定义 ····················································· 269
  9.2.2　结构体变量的初始化 ·················································· 271
  9.2.3　结构体的嵌套 ···························································· 272
  9.2.4　结构体变量的引用 ····················································· 273
 9.3　结构体数组 ····································································· 275
  9.3.1　结构体数组的定义与初始化 ······································· 275
  9.3.2　结构体数组的应用 ····················································· 276
 9.4　结构体指针 ····································································· 278
  9.4.1　指向结构体变量的指针 ·············································· 278
  9.4.2　指向结构体数组的指针 ·············································· 280
 9.5　结构体与函数 ································································· 281

9.5.1　结构体变量作函数参数 ……………………………………………… 281
　　　9.5.2　结构体指针作函数参数 ……………………………………………… 283
　　　9.5.3　结构体数组作函数参数 ……………………………………………… 284
　9.6　单向链表与基本操作 …………………………………………………………… 286
　　　9.6.1　什么是链表 …………………………………………………………… 286
　　　9.6.2　单向链表的建立与输出 ……………………………………………… 287
　　　9.6.3　单向链表的查找 ……………………………………………………… 291
　　　9.6.4　单向链表的删除 ……………………………………………………… 293
　　　9.6.5　单向链表的有序插入 ………………………………………………… 296
　9.7　常见错误小结 …………………………………………………………………… 298
　9.8　练习题 …………………………………………………………………………… 299
　　　第 9 章练习题答案与解析 …………………………………………………… 307

# 第 10 章　文件 ……………………………………………………………………… 308

　10.1　文件概述 ……………………………………………………………………… 308
　　　10.1.1　文件的概念 …………………………………………………………… 308
　　　10.1.2　文件的类型 …………………………………………………………… 309
　　　10.1.3　文件的存取路径 ……………………………………………………… 310
　10.2　文件的打开与关闭 …………………………………………………………… 310
　10.3　文件的读写 …………………………………………………………………… 312
　　　10.3.1　按字符读写 …………………………………………………………… 312
　　　10.3.2　按字符串读写 ………………………………………………………… 315
　　　10.3.3　按格式读写 …………………………………………………………… 318
　　　10.3.4　按数据块读写 ………………………………………………………… 322
　10.4　文件的定位 …………………………………………………………………… 324
　10.5　常见错误小结 ………………………………………………………………… 327
　10.6　练习题 ………………………………………………………………………… 328
　　　第 10 章练习题答案与解析 ………………………………………………… 333

# 附录 ……………………………………………………………………………………… 334

# 参考文献 ………………………………………………………………………………… 335

# 第 1 章 信息处理基础

【学习要点】
- 计算机中数据的表示,包括常用进制及其转换,整数、实数、西文字符的表示。
- 计算机中数据的存储,包括位、字节的概念,以及内存空间的管理。
- 程序与程序设计语言,包括机器语言、汇编语言、高级语言的概念,以及高级语言的编译与解释两种方式。
- 计算机算法,包括算法的概念、传统流程图、N-S 流程图、算法的三种基本结构。
- 结构化程序设计的方法。

## 1.1 计算机中数据的表示与存储

计算机所加工处理的对象称为数据,它可分为数值型数据和非数值型数据两大类。数值型数据是按数字尺度测量的观察值,有确定的值,包括整数、实数等,如年龄 18 岁、身高 166.5cm、某种商品单价 76.9 元、教室面积 180m$^2$ 等,都是数值型数据。非数值型数据包括西文字符(26 个英文字母、10 个阿拉伯数字、英文状态下的各种标点符号等)、汉字、声音、图片、视频等信息。

在计算机中,无论是数值型数据还是非数值型数据,都是以 0 和 1 组成的二进制形式存储的。即无论是参与运算的数值型数据,还是文字、图片、声音、视频等非数值型数据,在计算机内部都是以二进制形式表示的。

我们在日常生活中广泛使用的是十进制,那为什么计算机中要采用二进制呢?其原因如下:

(1) 技术实现简单。计算机是由逻辑电路组成的,逻辑电路通常只有两种状态,晶体管的导通和截止、开关的接通和断开、电平的高和低等,这些都可以用二进制的"0"和"1"来表示,实现起来非常容易。

(2) 简化运算规则。二进制数的求和运算仅有三种运算规则,0+0=0,0+1=1+0=1,1+1=10,运算规则简单,有利于简化计算机内部结构,提高运算速度。相比之下,十进制的求和运算规则要复杂得多。

(3) 适合逻辑运算。逻辑代数是逻辑运算的理论依据,二进制只有两个数码,正好与逻辑代数中的"真"和"假"相吻合。

（4）**抗干扰能力强**，**可靠性高**。因为二进制中的每位数据只有高和低两个状态，当受到一定程度的干扰时，仍能可靠地分辨出它是高还是低。

为了深入学习数据在计算机中是如何表示的，我们首先需要了解十进制、二进制等几种常见的进位计数制。

进位计数制微视频

### 1.1.1 进位计数制

**进位计数制**是把一组特定的数字符号按先后顺序排列起来，由低位向高位进位计数的方法，简称**进制**。一种进位计数制包含一组固定的数码符号和三个基本要素：基数、数位和位权。

进位计数制课堂练习

**数码**：一组用来表示某种数制的符号。例如，十进制的数码是 0、1、2、3、4、5、6、7、8、9；二进制的数码是 0、1。

**基数**：某种计数制可以使用的数码个数。例如，十进制的基数是 10；二进制的基数是 2。

**数位**：数码在一个数中所处的位置。

**位权**：是以基数为底的幂，表示处于该位的数码所代表的数值大小。

以十进制数 4567.23 为例，其基数为 10，数码、数位、位权等如表 1.1 所示。

表 1.1 进位计数制举例

| | 千 位 | 百 位 | 十 位 | 个 位 | 十 分 位 | 百 分 位 |
|---|---|---|---|---|---|---|
| 数码 | 4 | 5 | 6 | 7 | 2 | 3 |
| 数位 | 3 | 2 | 1 | 0 | −1 | −2 |
| 位权 | $10^3$ | $10^2$ | $10^1$ | $10^0$ | $10^{-1}$ | $10^{-2}$ |
| 数值 | $4\times10^3$ | $5\times10^2$ | $6\times10^1$ | $7\times10^0$ | $2\times10^{-1}$ | $3\times10^{-2}$ |

#### 1. 常用进制

我们在日常生活中广泛使用的是**十进制**，计算机中采用的是**二进制**，但二进制数书写、阅读都不太方便，所以程序员会用**八进制**和**十六进制**进行简化。八进制、十六进制是从二进制派生出来的，它没有改变二进制的本来面目，但程序员用起来非常方便。

不管用什么进制，在计算机里存储的都是二进制，只是屏幕显示不一样而已。几种常用的进制如表 1.2 所示。十进制数值 0~15 与其他进制之间的对照表如表 1.3 所示。

表 1.2 几种常用的进制

| 进制 | 二 进 制 | 八 进 制 | 十 进 制 | 十 六 进 制 |
|---|---|---|---|---|
| 规则 | 逢二进一<br>借一当二 | 逢八进一<br>借一当八 | 逢十进一<br>借一当十 | 逢十六进一<br>借一当十六 |
| 数码 | 0、1 共 2 个 | 0~7 共 8 个 | 0~9 共 10 个 | 0~9 和 A~F 共 16 个 |
| 基数 | 2 | 8 | 10 | 16 |
| 位权 | $2^i$ | $8^i$ | $10^i$ | $16^i$ |

表 1.3　十进制数值 0~15 与其他进制的对照表

| 十进制 | 二进制 | 八进制 | 十六进制 | 十进制 | 二进制 | 八进制 | 十六进制 |
|---|---|---|---|---|---|---|---|
| 0 | 0 | 0 | 0 | 8 | 1000 | 10 | 8 |
| 1 | 1 | 1 | 1 | 9 | 1001 | 11 | 9 |
| 2 | 10 | 2 | 2 | 10 | 1010 | 12 | A |
| 3 | 11 | 3 | 3 | 11 | 1011 | 13 | B |
| 4 | 100 | 4 | 4 | 12 | 1100 | 14 | C |
| 5 | 101 | 5 | 5 | 13 | 1101 | 15 | D |
| 6 | 110 | 6 | 6 | 14 | 1110 | 16 | E |
| 7 | 111 | 7 | 7 | 15 | 1111 | 17 | F |

不同进制的数据，书写示例如下：
- 二进制：$(1011)_2$ 或 1011B；
- 八进制：$(2056)_8$ 或 2056O；
- 十进制：$(9186)_{10}$ 或 9186D；
- 十六进制：$(13A)_{16}$ 或 13AH。

**2. 进制转换**

由于计算机内部采用二进制，而在对数值进行输入或输出时，人们习惯使用十进制；程序员编写程序时可能会使用八进制或十六进制，所以在计算机内部经常需要进行不同进制数据之间的转换。下面将详细介绍各种进制相互转换的方法。

1）任意进制数转换成十进制数

将任意进制数转换成十进制数，采用<u>按位权展开并相加</u>的方法。

**【例 1.1】** 将二进制数 10110.11、八进制数 274.3、十六进制数 A4E.C 分别转换成十进制数。

$(10110.11)_2 = 1 \times 2^4 + 0 \times 2^3 + 1 \times 2^2 + 1 \times 2^1 + 0 \times 2^0 + 1 \times 2^{-1} + 1 \times 2^{-2}$
$\qquad\qquad = (22.75)_{10}$

$(274.3)_8 = 2 \times 8^2 + 7 \times 8^1 + 4 \times 8^0 + 3 \times 8^{-1} = (188.375)_{10}$

$(A4E.C)_{16} = 10 \times 16^2 + 4 \times 16^1 + 14 \times 16^0 + 12 \times 16^{-1} = (2638.75)_{10}$

2）十进制数转换成其他进制数

十进制数转换成其他进制数时，可以对整数部分和小数部分分别进行处理。

<u>整数部分</u>的转换方法为：<u>除以基数倒取余数法</u>，即用十进制整数连续地除以目标进制的基数（例如，要将十进制数转换成二进制数，则除以基数 2），每次取余数，直到商为 0 为止。将得到的余数<u>倒序</u>排列（即最后得到的余数是最高位），即得到转换后的结果。

<u>小数部分</u>的转换方法为：<u>乘基数取整法</u>，即用十进制小数连续地乘以目标进制的基数，每次取出整数部分，直到小数部分为 0（参见例 1.2）或达到所要求的精度（参见例 1.3）为止。将每次取出的整数部分<u>正序</u>排列（即先得到的整数是最高位），即得到转换后的结果。

**【例 1.2】** 将十进制数 29.375 转换成二进制数。

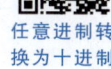

任意进制转换为十进制微视频

十进制转换为其他进制微视频

这里需将整数部分与小数部分分开处理,计算过程见图 1.1。

计算结果为:$(29.375)_{10} = (11101.011)_2$。

【例 1.3】 将十进制数 0.33 转换成十六进制数,结果保留 3 位小数。

计算过程见图 1.2,结果为:$(0.33)_{10} = (0.547)_{16}$。

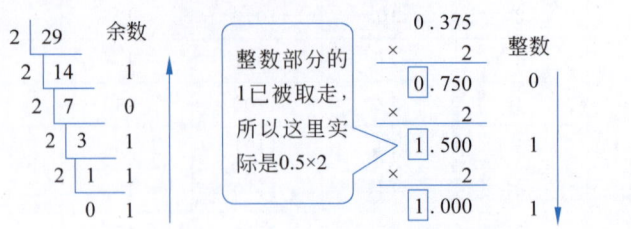

图 1.1  例 1.2 的计算过程　　　　　　图 1.2  例 1.3 的计算过程

3)二进制数、八进制数、十六进制数的互相转换

**二进制数转换成八进制数时,以小数点为分界线,整数部分从右往左,小数部分从左往右,每三位分成一组,不足三位补 0,每组转换成一位八进制数**。反之,八进制数转换成二进制数时,是将一位八进制数拆分后转换成三位二进制数。

**二进制数转换成十六进制数时,以小数点为分界线,整数部分从右往左,小数部分从左往右,每四位分成一组,不足四位补 0,每组转换成一位十六进制数**。反之,十六进制数转换成二进制数时,是将一位十六进制数拆分后转换成四位二进制数。

八进制数与十六进制数之间的转换通常以二进制数作为桥梁。

【例 1.4】 将二进制数 10110101.01 转换成八进制数;将八进制数 31.4 转换成二进制数。

　　　　　**0**10 110 101.01**0**　　　　(斜体部分表示不足三位时所补充的 0)
　　　　　 ↓　 ↓　 ↓　 ↓
　　　　　 2　 6　 5. 2

故

$$(10\ 110\ 101.01)_2 = (265.2)_8$$
$$(31.4)_8 = (011\ 001.100)_2 = (11001.1)_2$$

**注意**:写最终结果时,省略整数部分最左边的 0 和小数部分最右边的 0。

【例 1.5】 将二进制数 101101.01 转换成十六进制数;将十六进制数 4F.6 转换成二进制数。

$$(0010\ 1101.0100)_2 = (2D.4)_{16}$$
$$(4F.6)_{16} = (0100\ 1111.\ 0110)_2 = (100\ 1111.\ 011)_2$$

【例 1.6】 将八进制数 513.2 转换成十六进制数。

$$(513.2)_8 = (101\ 001\ 011.010)_2 = (\mathbf{000}1\ 0100\ 1011.0100)_2 = (14B.4)_{16}$$

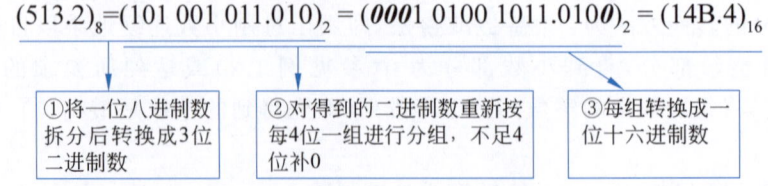

综上所述，四种常用进制之间的转换方法如表 1.4 所示。可以通过编写程序来模拟各种进制之间的转换过程，详见 5.2.2 节。

表 1.4　四种常用进制之间的转换方法

| 源进制 | 目标进制 | | | |
|---|---|---|---|---|
| | 十进制 | 二进制 | 八进制 | 十六进制 |
| 十进制 | — | 整数部分：除以基数倒取余数；小数部分：乘基数取整数 | | |
| 二进制 | 按位权展开并相加 | — | 从小数点往两边，三位并一位 | 从小数点往两边，四位并一位 |
| 八进制 | | 一位拆分后转换成三位 | — | 以二进制为桥梁 |
| 十六进制 | | 一位拆分后转换成四位 | 以二进制为桥梁 | — |

微软 Windows 操作系统自带的计算器，可以实现各种进制的整数的相互转换。以 Windows 10 为例，单击"开始"菜单后，在字母 J 下找到"计算器"，在打开的计算器窗口中单击左上角的 ≡ 图标，然后选择"程序员"，即可打开计算器的程序员模式，如图 1.3 所示，在该模式下可进行整数的进制转换，其中 HEX 表示十六进制，DEC 表示十进制，OCT 表示八进制，BIN 表示二进制。图 1.3 显示的是八进制数 513 转换成其他进制的结果，可用该结果去验证例 1.6 的整数部分的转换结果是否正确。

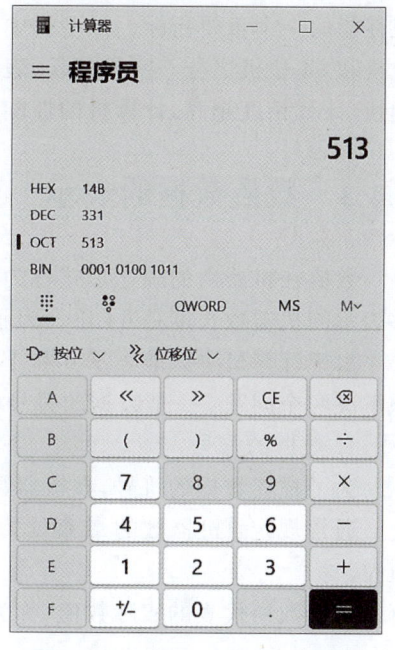

图 1.3　Windows 10 中计算器的"程序员"模式

存储单位及存储容量微视频

## 1.1.2　存储单位与存储容量

**1. 位**

位（bit，b）是计算机中表示信息的最小单位，即一个 0 或 1。

一位二进制可表示 $2^1=2$ 种信息，分别为 0、1；两位二进制可表示 $2^2=4$ 种信息，分别为 00、01、10、11；三位二进制可表示 $2^3=8$ 种信息，分别为 000、001、010、011、100、101、110、111；以此类推，$n$ 位二进制可表示 $2^n$ 种信息。

**2. 字节**

字节（Byte，B）是计算机处理信息的基本单位，1 字节由 8 位构成，经常写成 1B＝8b。1 字节可以表示 $2^8=256$ 种不同信息。

**3. 存储容量**

在计算机中，一般用字节数表示存储器的存储容量。由于存储器的容量比较大，为了

存储单位及存储容量课堂练习

阅读与书写方便,又引入了 KB(千字节)、MB(兆字节)、GB(吉字节)、TB(太字节)、PB(拍字节)这些单位,它们之间的换算进率为 $2^{10}=1024$。

1KB=1024B　　　　1MB=1024KB　　　　1GB=1024MB
1TB=1024GB　　　 1PB=1024TB

由于数据在计算机内部是二进制的,所以采用 2 的整数次幂作为换算单位可以方便计算机进行计算。但因为人们习惯使用十进制,所以存储器生产厂商习惯使用 1000 作为进率,这就导致存储器的实际容量比标称容量小,不过这是合法的。例如,标称 2TB 的硬盘,其实际容量为:

$$\frac{2\times1000\times1000\times1000\times1000B}{1024\times1024\times1024}\approx1863GB$$

**4. 字长**

计算机一次可处理的二进制数码的组合称为**字**(Word),字的位数称为**字长**。字长通常是字节的整数倍,它主要影响计算机的计算精度、处理数据的范围和速度,是衡量计算机性能的一个重要指标。微型机中常用的字长有 32 位和 64 位,所以微型机也就有了 32 位机和 64 位机之分。字长越长,表示一次读写和处理数据的范围越大,处理数据的速度越快,计算精度越高,计算机的性能就越好。

开展学习:数据的存储与表示微视频

数值数据的表示课堂练习

### 1.1.3　数值数据的表示

数值在机器内的表达形式称为机器数,机器数的位数长度是固定的,例如,64 位机能够表示的机器数长度是 64 位。为了书写方便,在本章中,假设机器数的长度为 8 位。

由于计算机中只能表示 0 和 1,所以要想使计算机能够完整地表示一个数值数据,必须解决两个问题:一是数据的符号(正号、负号),二是小数点的表示。

**1. 数据的符号**

为了描述数据的符号,在机器数中引入了**符号位**的概念,从而将数据的正负属性代码化。通常规定:机器数的**最高位为符号位**,其中 0 表示正号,1 表示负号;其余各位为数值位。

机器数所代表的实际数值,称为**真值**,一般用十进制数表示。例如:

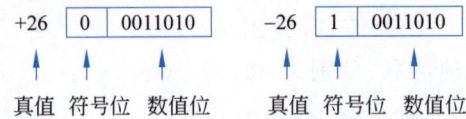

其中,26 转换成二进制为 11010,为了凑够机器数的长度 8 位,所以需要在数值位的高位部分再补 2 个 0。

**2. 原码、反码和补码**

目前常用的机器数编码方法有原码、反码、补码等,其中常用的是补码表示法。

1) **原码**

将最高位作为符号位,用"0"或"1"表示;其余各位用数值本身的绝对值的二进制形式表示。

假设用[X]$_原$表示 X 的原码,则

$$[+26]_原 = 00011010 \quad [-26]_原 = 10011010$$
$$[+0]_原 = 00000000 \quad [-0]_原 = 10000000$$

从上面可以看出,+0 和 -0 的原码表示形式不同,即 0 的原码表示是不唯一的。

原码表示简单,运算结果直观,但用原码进行加减运算比较烦琐。两个数做加法时,需要先判断它们的符号是否相同,相同则做加法,不同则做减法。而两数做减法时,除了要判断两个数的符号外,还要判断两个数的绝对值的大小关系。为了简化运算器的设计,就需要改进编码的形式,将符号位和数值位一起编码,使得符号位也能直接参加运算。

2) 反码

正数的反码与原码相同;负数的反码,其符号位为 1,其余各位是对原码的数值位按位取反(即 0 变成 1,1 变成 0)。

$$[+26]_反 = 00011010 \quad [-26]_反 = 11100101$$
$$[+0]_反 = 00000000 \quad [-0]_反 = 11111111$$

从上面可以看出,0 的反码表示也是不唯一的。

3) 补码

补码将符号位和数值位一起编码,解决了符号位不能直接参与加减法运算的问题。正数的补码与原码相同;负数的补码是在反码的数值末位加 1。

$$[+26]_补 = 00011010 \quad [-26]_补 = 11100110$$
$$[+0]_补 = 00000000 \quad [-0]_补 = 11111111 + 1 = 00000000$$

**说明**:[-0]$_补$ = 11111111+1,得到的结果本来是 100000000,但因为机器数的长度为 8 位,所以最高位的 1 被丢掉了,称为溢出(这与电表的显示原理一样,若为 4 位数的电表,当用电到 9999 度时,再继续用电,电表无法显示 10000 度,读数会直接变成 0000),实际在机器数中存储的是 00000000,正好与[+0]$_补$一致。因此,0 的补码表示是唯一的。

### 3. 整数的表示

整数一般采用定点(即小数点位置固定)表示法,小数点隐含固定在最右边,小数点是假设的,并不实际存储。

为了更有效地利用计算机内存,在计算机中,整数分为**无符号整数**和**有符号整数**。

对于无符号整数,可以将机器数的全部数位都用来表示数的绝对值,即没有符号位,只能表示 0 和正整数。如内存单元的存储地址、学生人数等,都可以用无符号整数表示。

对于有符号整数,需要使用一个二进制位作为符号位,其余各位用来表示数值的大小。它可以表示正整数、0 和负整数。目前用得比较普遍的是补码表示法。

假设机器数长度为 8 位,有二进制数 10011010,若代表的是有符号数,则最高位的 1 表示负号,后面 7 位是数值位,若为原码,则转换成十进制为 -26;若是无符号数,则 8 位全部是数值位,转换成十进制是 154。

### 4. 实数的表示

实数是带有整数部分和小数部分的数。实数的存储,不仅需要以 0、1 的二进制形式来表示,还要指明小数点的位置。实数在计算机中通常有两种表示方法:**定点小数**和**浮**

点数。

定点小数是将小数点隐含固定在数值部分最高位的左边、符号位的右边的表示方法，如图 1.4 所示。

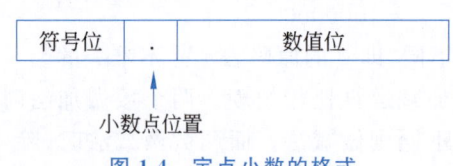

图 1.4 定点小数的格式

由于定点小数只能表示绝对值小于 1 的数，不能满足实际需求，因此通常会采用浮点数来表示实数。

浮点数是指小数点位置可浮动的数，其思想来源于科学记数法。在浮点数表示方法中，数可表示为 $N=M\times R^E$，其中：

（1）$M$ 称为尾数，是一个定点小数，它表示数的有效数值。

（2）$E$ 称为阶码，是一个带符号的整数，它表示小数点在该数中的位置。

（3）$R$ 称为基数，一般取 2、8、10 或 16，在同一体系结构的计算机中，基数是固定的，通常不需要存储。

计算机中使用的浮点数采用 IEEE（电气和电子工程师协会）格式，只存储尾数和阶码两部分。例如，计算机中采用的 32 位浮点数（对应 C 语言中的关键字 float，单精度浮点型，详见第 2 章）和 64 位浮点数（对应 C 语言中的关键字 double，双精度浮点型），其格式如图 1.5 所示。

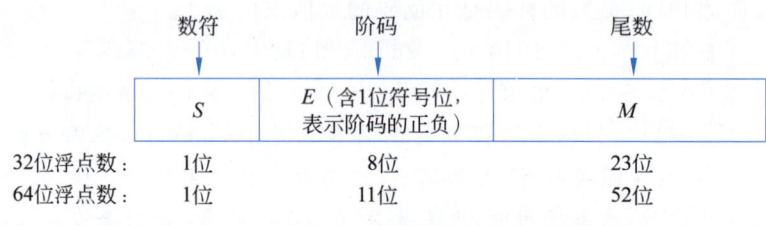

图 1.5 浮点数的格式

浮点数 $N$ 的实际值可表示为：$N=(-1)^S\times M\times 2^E$，其中，$S$ 表示浮点数 $N$ 的符号位。

西文字符的编码微视频

## 1.1.4 西文字符编码

西文字符就是指在英文输入法状态下所输入的所有字符，包括大小写英文字母、数字、标点符号、一些控制符等。西文字符采用 ASCII（American Standard Code for Information Interchange，美国信息交换标准代码）进行编码，每个字符均用 7 位二进制编码，共可表示 $2^7=128$ 种字符。

西文字符编码课堂练习

由于计算机处理信息的基本单位是字节，因此，ASCII 码实际上是使用 1 字节中的低 7 位来表示某个字符，而最高位以 0 编码或用作奇偶校验位。所以，一个西文字符的 ASCII 码占 1 字节。

大写字母 A 的 ASCII 码为 65，且 26 个大写字母是连续编码的，即 B、C、……、Z 的 ASCII 码依次为 66、67、……、90；小写字母 a 的 ASCII 码为 97，且 26 个小写字母也是连续编码的。大小写字母的 ASCII 码相差 32，这也是我们在计算机程序中进行大小写字母转换的依据。

## 1.1.5 数据的存储

扩展学习：
信息技术
发展微视频

在前几节中，我们学习了各种各样的数据在计算机中是如何表示的，那么，这些已表示成二进制的数据又是如何存储在计算机中的？

实际上，计算机中的全部信息，包括输入的原始数据、计算机程序、运行结果等都保存在存储器中。存储器分为主存储器和辅助存储器。

数据的存储
课堂练习

**1. 主存储器**

主存储器，也称为内部存储器，简称主存或内存。内存主要用于存放正在执行中的程序及数据、包括程序运行的中间结果，是 CPU 能直接访问的存储器。内存一般采用半导体器件，可进一步分为随机存储器（Random Access Memory，RAM）、只读存储器（Read Only Memory，ROM），以及高速缓存（Cache）等不同种类。

为了方便内存空间的管理，将内存划分为一块块大小相等的空间，称为存储单元。为了方便寻找到每个存储单元，系统对每个存储单元进行标识，即内存编址。不同的计算机，存储器的编址方式不同，主要有字编址和字节编址。现在的计算机主要采用按字节编址的方式，即每个存储单元的容量是 1 字节，也就是 8 位。每个存储单元的编号，称为地址，一般用十六进制表示。内存空间的管理及编址示意图如图 1.6 所示，图中的"0000H～FFFFH"中的 H 表示 0000 或 FFFF 是一个十六进制数。CPU 按地址访问每个存储单元。

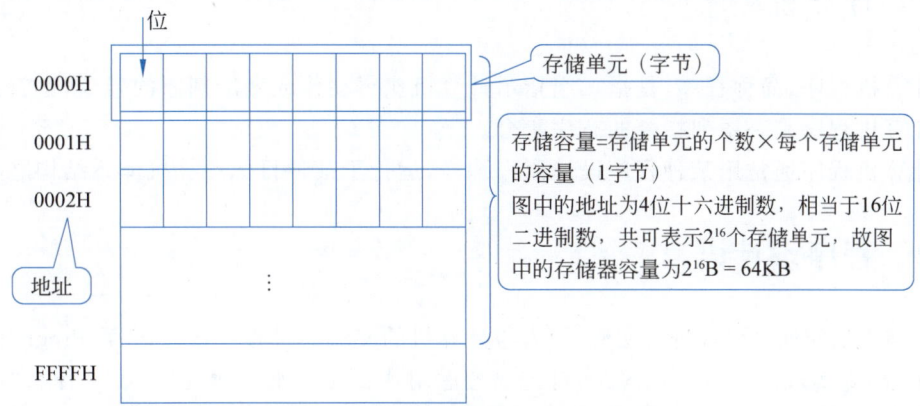

内存空间的
管理微视频

图 1.6 内存空间的管理及编址示意图

内存空间的这种管理方式，类似于实际生活中的宿舍管理。一栋宿舍楼（相当于内存）可划分出若干大小相同的房间（相当于存储单元），每个房间有 8 个床铺（相当于 8 位，即 1 字节），每个床铺只能住 1 个人（相当于可存 1 位二进制数）。为了方便大家记住自己的房间，可对房间进行编号（相当于地址）。有区别的是：房间的编号一般都从 1 开始，且采用十进制；而计算机中的编号都从 0 开始，且采用十六进制。如果在分配宿舍时规定

"不同班级的学生不能住在一个宿舍里",某班只有 7 名女生,她们也要占用 1 个宿舍,则其中有 1 个床铺是空着的,这就相当于前面讲到的 ASCII 码,虽然编码只用了 7 位,但它也要占用 1 字节。

例如,前面讲到的长度为 64 位的机器数,在存储时占用连续的 8 个存储单元。若存储的数据为 9,其转换为二进制是 1001,占用 4 位,在计算机中存储该数时,会在 1001 前面补充 60 个 0,以便凑够 64 位。

**2. 辅助存储器**

由于内存容量有限,而且不能长期保存信息,一旦断电,RAM 中的信息会全部消失。为了解决这些问题,引入了容量大且能长期保存信息的存储器,称为辅助存储器,也称为外部存储器,简称**辅存**或**外存**,如硬盘、光盘、U 盘、移动硬盘等。

外存与内存的主要区别如下。

(1) 外存的存储容量大,但存取速度慢;内存的存储容量小,但存取速度快。

(2) 两者的读写方式不同。对内存的访问是以字节为单位进行的;对外存的访问是以扇区为单位进行的。

(3) 外存不能直接与 CPU 交换信息,内存可直接与 CPU 交换信息。当 CPU 在运行过程中需要处理存放在外存中的数据时,这些数据会被传送到内存,再由内存与 CPU 交换信息。

## 1.2 程序与程序设计语言

### 1.2.1 计算机程序

计算机程序,简称**程序**,是指一组指示计算机执行动作或做出判断的指令,也就是说,一个计算机程序是一系列指令的有序集合。

计算机程序通常用某种程序设计语言编写,运行于某种目标计算机体系结构之上。

### 1.2.2 程序设计语言

人与人之间通过语言进行交流,而人与计算机的交流通过程序设计语言(Programming Language)来实现。在编写程序时,首先要考虑用什么形式来表达程序,即用什么"语言"来编写程序,编写程序的"语言"就称为程序设计语言。

从计算机问世至今,程序设计语言经历了从机器语言、汇编语言到高级语言的发展过程。

**1. 机器语言**

**机器语言**(Machine Language)是用二进制代码表示的、计算机能直接识别和执行的一种机器指令的集合,被称为第一代程序设计语言。它是计算机的设计者通过计算机的硬件结构赋予计算机的操作功能。

机器语言指令由**操作码**和**操作数**两部分组成。操作码规定了指令的操作,是指令中的关键字,不能缺省,每个操作码在计算机内部都由相应的电路来实现。操作数表示该指令的操作对象。例如,图 1.7 表示了用机器语言编写的 A＝12＋9 的程序,其中第 1 条指令中的 10110000 是操作码,00001100 是操作数。

```
10110000  00001100    将 12 放入累加器 A 中
00101100  00001001    将 9 与累加器 A 中的值相加,得到的结果仍然存入 A 中
11110100              结束
```

**图 1.7　用机器语言编写的程序**

机器语言的优点是:能直接被计算机识别和执行,执行速度快。但它也有非常明显的缺点:①可移植性差。不同型号的计算机,其机器语言是不相通的,按照一种计算机的机器指令编写的程序,不能在另一种计算机上执行。②用机器语言编写程序,程序员需要记住大量用二进制形式表示的指令代码及其含义,这不仅难记、难书写、难阅读,而且很容易出错。

### 2. 汇编语言

为了克服机器语言难理解、难记忆等缺点,一位数学家发明了用助记符来代替机器指令的操作码,用地址符号或标号来代替操作数的地址的方法,由此诞生了**汇编语言**(Assembly Language),也称为**符号语言**(Symbolic Language)。用汇编语言编写的 A＝12＋9 的程序如图 1.8 所示。

```
MOV  A, 12    将 12 放入累加器 A 中
ADD  A, 9     将 9 与累加器 A 中的值相加,得到的结果仍然存入 A 中
HLT           结束
```

**图 1.8　用汇编语言编写的程序**

用汇编语言编写的程序不能直接被计算机识别和执行,必须通过**汇编程序**的翻译,才能生成可以被计算机识别和执行的二进制代码。

汇编语言被称为第二代程序设计语言,它在一定程度上克服了机器语言难理解、难记忆的缺点,并且保持了执行速度快的优点。但是,程序员仍然需要记住大量的助记符,而且特定的汇编语言和特定的机器语言指令集是一一对应的,在不同平台之间不可直接移植。

机器语言和汇编语言都是面向机器的语言,要求编程者熟悉计算机的硬件结构及其原理,并按照机器的方式去思考问题,这就导致对于非计算机专业人员来说,编程是一件非常困难的事情。在这种情况下,人们希望有一种独立于机器、又接近自然语言的编程语言,这就是后来出现的高级语言。

### 3. 高级语言

高级语言是一种独立于机器且比较接近于英语和数学公式的编程语言,被称为第三代程序设计语言。例如,要将变量 a 和 b 的值相加,其和存放于变量 c 中,用高级语言表示为 c＝a＋b,与数学公式一致,用户更易理解。

高级语言并不是特指某一种具体的语言,而是包括很多种编程语言,如流行的 C、

C++、C#、Python、Java、Pascal、Cobol、FORTRAN、BASIC、Ada、Delphi、Lisp、Prolog 等,这些语言的语法、命令格式都不相同。

高级语言与计算机的硬件结构及指令系统无关,它具有更强的表达能力,能更好地描述各种算法,而且容易学习掌握。使用高级语言编写的程序具有较强的通用性和可移植性,从而提高了编程的效率,但高级语言编写的程序所生成的二进制代码一般比汇编语言的要长,执行速度也较慢。所以汇编语言适合编写一些对速度和代码长度要求高且要直接控制硬件的程序。

高级语言经历了从面向过程到面向对象的发展历程。

1) 面向过程的程序设计语言

在面向过程的程序设计语言中,程序设计的重点在于如何高效地完成任务,需要详细描述"怎么做",即必须明确指示计算机从任务开始到结束的每一步,程序员决定和控制计算机处理指令的顺序。常见的面向过程的高级语言有 C、FORTRAN、BASIC、Pascal 等。

2) 面向对象的程序设计语言

面向对象的程序设计语言是一类以对象为基本程序结构单位的程序设计语言,而对象是程序运行时的基本成分。语言中提供了类、对象等成分,有抽象性(将具有一致的数据结构和行为的对象抽象成类)、封装性(对外只提供最小完整可用的接口,隐藏内部实现细节)、继承性(子类可继承父类的数据结构和方法,提高代码的可重用性)和多态性(相同的操作或函数可作用于多种类型的对象上并获得不同的结果)四个主要特点。常见的面向对象的高级语言有 Python、Java、C++ 等。

**4. 编译与解释**

用高级语言编写的程序称为源代码或源程序,它不能直接被计算机识别和运行,必须将其翻译成机器能识别的二进制代码才能执行。这种"翻译"通常有两种方式:编译方式和解释方式,分别通过编译程序和解释程序完成。由此,高级语言也可分为编译型语言和解释型语言,详见 2.1.3 节。

计算机算法
课堂练习

## 1.3 计算机算法

一个程序主要包括以下两方面的信息。

(1) 对数据的描述:在程序中指定要用到哪些数据,以及这些数据的类型和组织形式,这就是数据结构。

(2) 对操作的描述:要求计算机进行操作的步骤,也就是算法。

数据是操作的对象,操作的目的是对数据进行加工处理,以得到期望的结果。作为程序设计人员,必须认真设计数据结构和算法。瑞士计算机科学家尼古拉斯·沃斯(Niklaus Wirth)提出了一个著名的公式:

算法＋数据结构＝程序

直到今天,这个公式对于结构化程序来说依然是适用的。

## 1.3.1 算法的概念与特征

广义地说,为解决一个问题而采取的方法和步骤,就称为**算法**。这里所说的"问题",可能是计算机能执行的,如将多名学生的信息按学号升序排序;也可能是计算机目前还无法执行的,如帮顾客设计发型并理发。本书所讨论的仅限于计算机能执行的算法,称为**计算机算法**,简称算法。

算法具有以下 5 个重要特征。

(1) **有穷性**:一个算法必须在执行有限的操作步骤后结束,而不能是无限的。

(2) **确定性**:算法的每个步骤都必须有确定的含义,不能有任何歧义。

(3) **有效性**:算法的每个步骤都应当能有效地执行,并得到确定的结果。

(4) **有零个或多个输入**:所谓输入是指在执行算法时需要从外界取得的必要信息。

(5) **有一个或多个输出**:算法的目的是为了求解,"解"就是输出,没有输出的算法是没有意义的。算法的输出并不一定是计算机的打印输出或屏幕输出,一个算法得到的结果就是算法的输出。

所以,算法能够对一定规范的输入,在有限时间内获得期望的输出。一个算法的优劣度可以用空间复杂度(运行时占用内存空间的多少)与时间复杂度(运行时间的长短)来衡量。同一个问题,通常可以采用不同的算法来解决,但某些算法的效率更高。因此,为了有效地解决问题,不仅要保证算法正确,还要考虑算法的效率,选择合适的算法。

## 1.3.2 算法的表示

表示算法的方法有很多,常用的有自然语言、传统流程图、N-S 流程图、伪代码等。

**1. 自然语言**

自然语言就是人们日常使用的语言。使用自然语言描述算法,优点是通俗易懂,缺点是文字冗长,不够严谨,容易出现歧义。因此,除了特别简单的问题外,一般不会用自然语言表示算法。

【例 1.7】 用自然语言表示求解 5! 的算法。

【问题分析】

$5! = 1 \times 2 \times 3 \times 4 \times 5$,可以先算出 $1 \times 2$ 的结果,然后将该结果乘以 3,再依次乘以 4、乘以 5,得到最终结果。

**算法设计**:

> 步骤 1:先求 $1 \times 2$,得到结果 2;
> 步骤 2:将上一步的结果 2 乘以 3,得到结果 6;
> 步骤 3:将上一步的结果 6 乘以 4,得 24;
> 步骤 4:将上一步的结果 24 乘以 5,得 120;
> 步骤 5:输出结果 120。

【延展学习】

通过分析上面的步骤1～步骤4,可以发现：每一步都是在重复地做一件事"将上一步的结果乘以一个数",而且"这个数"每经过一步就会增加1,可以用一个变量i来表示；再用另一个变量t来表示上一步的计算结果。由此,可以写出求n!的算法。

> 步骤1：输入n的值；
> 步骤2：给t赋初值为1；
> 步骤3：给i赋初值为1；
> 步骤4：计算t×i,并将结果赋值给t；
> 步骤5：计算i+1,并将结果赋值给i；
> 步骤6：如果i≤n成立,则继续执行步骤4和步骤5,否则执行步骤7；
> 步骤7：输出t(即最终结果),计算结束。

### 2. 传统流程图

**传统流程图**是以特定的图形符号加上说明,用以表示算法的图,有时也简称为流程图。美国国家标准协会(ANSI)规定了一些常用的流程图符号,为世界各国程序工作者普遍采用,如图1.9所示。

图1.9 常用的流程图符号

【例1.8】 用传统流程图表示"将百分制成绩转换成二级制成绩"的算法,转换规则为：若成绩大于或等于60分,则输出"合格"；否则输出"不合格"。

【问题分析】

可以设置一个名为score的变量,用于存放用户输入的成绩,然后根据score的值做出判断,输出相应的信息,流程图如图1.10所示。为简化问题,本流程图未考虑用户输入非法数据(负数或者大于100的数)的情况。

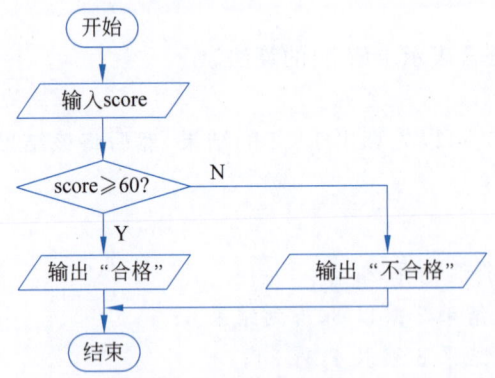

图1.10 百分制成绩转换成二级制成绩的流程图

【例1.9】 用传统流程图表示求解n!的算法。

【问题分析】

根据例 1.7 的"延展学习"中的分析,可以画出求 n!的流程图,如图 1.11(a)所示。

对图 1.11(a)稍加修改,即改成:先判断条件 i≤n 是否成立,再决定是否执行重复的操作"t←t×i,i←i+1",可得到求 n!的另一种流程图,如图 1.11(b)所示。这两个流程图正是循环结构的两种形式,详见 1.3.3 节。

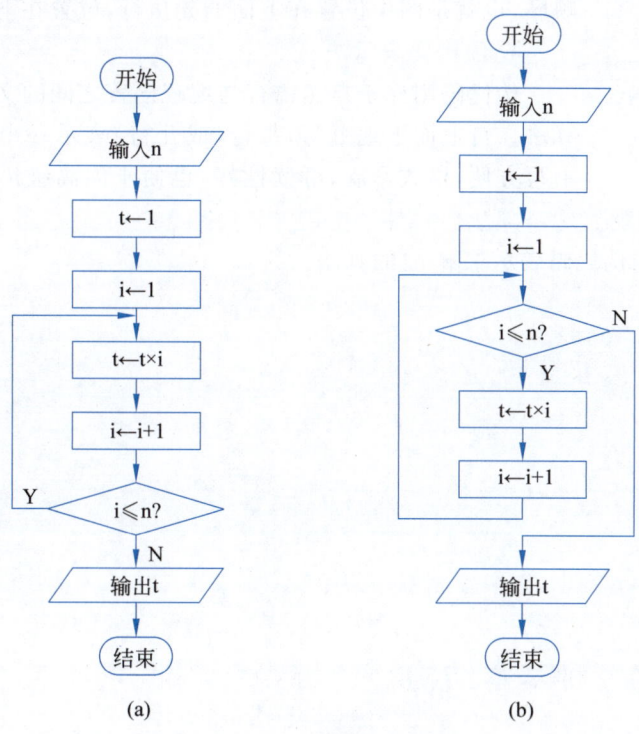

图 1.11  求 n!的流程图

传统流程图的优点是形象直观,易于理解。但它有一个明显的缺点:对流程线的使用没有严格限制,使用者可以使流程随意地转来转去,使流程图变得毫无规律,阅读者要花很大精力去追踪流程,从而难以理解算法的逻辑。

**3. N-S 流程图**

**N-S 流程图**是美国学者 I. Nassi 和 B. Shneiderman 于 1973 年提出的一种新的流程图形式。N-S 流程图完全去掉了带箭头的流程线,将全部算法写在一个矩形框内,在该框内还可以包含其他从属于它的框,即可由一些基本的框组成一个大的框。N-S 流程图的基本结构如图 1.12 所示。

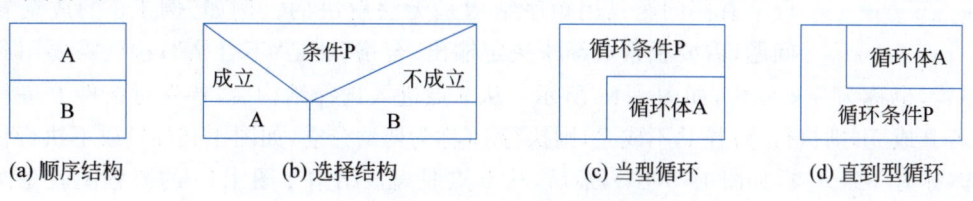

图 1.12  N-S 流程图的基本结构

第 1 章  信息处理基础

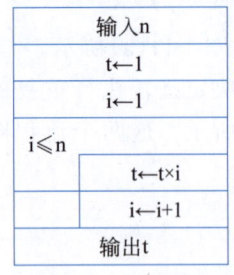

图 1.13 求 n! 的 N-S 流程图

【例 1.10】 用 N-S 流程图表示求解 n! 的算法。

其流程图如图 1.13 所示。

N-S 流程图的优点：比文字描述更直观形象，容易理解；比传统流程图紧凑易画，因为它废除了流程线，整个算法结构是由各个基本结构按顺序组成的。N-S 流程图中的上下顺序就是执行时的顺序，也就是图中位置在上面的先执行，位置在下面的后执行。

**4. 伪代码表示法**

伪代码用介于自然语言与编程语言之间的文字和符号来描述算法。自上而下地书写，每行（或几行）表示一个基本操作。因此书写方便，格式紧凑，可读性好，也便于向高级语言过渡。其缺点是：不如流程图直观。

【例 1.11】 用伪代码表示求解 n! 的算法。

伪代码如下：

```
input n
t ← 1
i ← 1
while i≤n do
    t ← t * i
    i ← i+1
end
output t
```

算法的三种基本结构微视频

## 1.3.3 算法的三种基本结构

计算机科学家们为结构化的程序定义了三种基本结构：顺序结构、选择结构（分支结构）和循环结构。

**1. 顺序结构**

顺序结构是一种最简单、最基本的结构，如图 1.14 所示。其中 a 点表示入口，b 点表示出口，A 和 B 代表算法的步骤（可以是程序的一条语句或多条语句），按照顺序从上到下依次执行 A 和 B。

例如，要计算某同学的两门课程的平均分，只需要依次执行"输入课程 1 的成绩、输入课程 2 的成绩、求平均值、输出平均值"就可以实现。

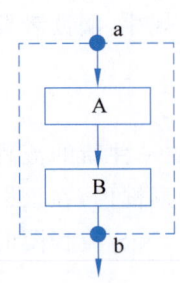

图 1.14 顺序结构

**2. 选择结构**

有些问题只用顺序结构是无法解决的。例如，例 1.8 的成绩转换问题，需要根据成绩来决定输出"合格"还是"不合格"，这就需要用到选择结构，也称为分支结构，如图 1.15 所示。从 a 点进入选择结构后，首先对条件 P 进行判断，若 P 成立，则执行 A；若 P 不成立，则执行 B（称为两路分支，如图 1.15(a)）或不执行任何操作（称为一路分支，如图 1.15(b)），最后，从 b 点脱离该结构。图 1.10 的流程图就是两路分支的选择结构。

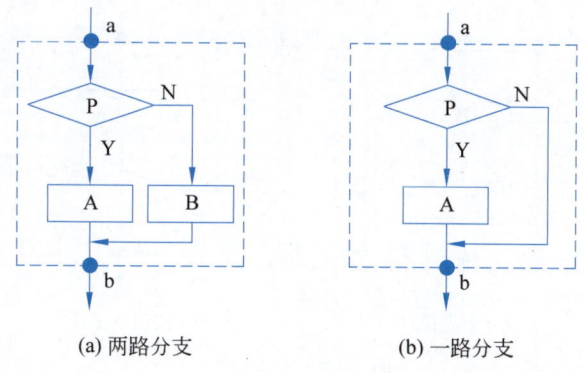

(a) 两路分支　　　　　　　(b) 一路分支

图 1.15　选择结构

【例 1.12】从键盘输入一个数,求它的绝对值并输出。画出该问题的流程图。

【问题分析】假设输入的数据存在变量 x 中,根据 x 是否小于 0 来决定该执行什么样的操作。该问题可以用两路分支来解决,如图 1.16(a)所示;也可以用一路分支来解决,如图 1.16(b)所示。相比较而言,一路分支更简洁,用到的变量也较少。

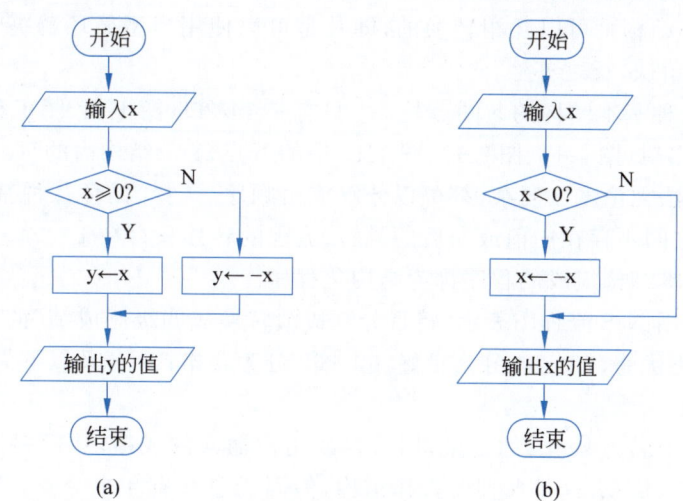

　　　(a)　　　　　　　　　　　(b)

图 1.16　求绝对值的流程图

### 3. 循环结构

当需要反复执行某些操作时,则需要用到**循环结构**。循环结构的特点是:在给定条件成立时,反复执行某些操作,直到条件不成立为止。给定的条件称为**循环条件**,反复执行的操作称为循环体。有两类循环结构:当型循环和直到型循环,如图 1.17 所示。

**当型循环**:进入循环结构后,先判断循环条件 P 是否成立,当 P 成立时执行循环体 A,执行完 A 再判断 P 是否成立,若仍然成立则继续执行 A。如此反复,当 P 不成立时循环结束。

**直到型循环**:进入循环结构后,先执行循环体 A,再判断循环条件 P 是否成立,若 P 成立则继续执行 A。如此反复,直到条件 P 不成立时才结束循环。

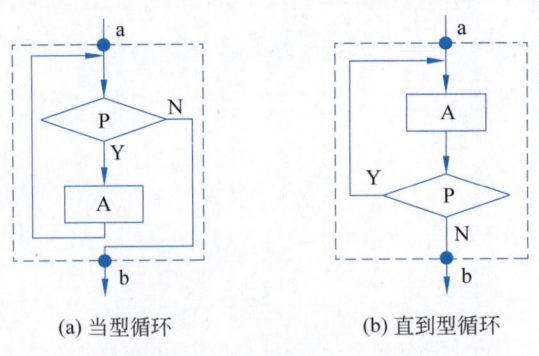

(a) 当型循环　　　　　　(b) 直到型循环

图 1.17　循环结构

图 1.11 所示的两种求 n! 的流程图,其中图 1.11(a)是直到型循环,图 1.11(b)是当型循环。

因为当型循环是先判断循环条件再执行循环体,所以它的循环体有可能一次都不执行;而直到型循环的循环体至少会执行一次。

分析上面的两种循环结构,可以发现:①结构内一定不存在死循环(即无限制地循环);②两种循环结构是可以互相转换的,即凡是可以使用当型循环解决的问题,也可以使用直到型循环解决,反之亦然。

综上所述,3 种基本结构的共同点是:①只有一个入口(图 1.14、图 1.15、图 1.17 中的 a 点),只有一个出口(图 1.14、图 1.15、图 1.17 中的 b 点);②结构内的每一部分都有机会被执行。一个算法无论多么复杂,都可以分解成由顺序、选择、循环三种基本结构组合而成,在基本结构之间不存在向前或向后的跳转,流程的转移只存在于一个基本结构范围之内。由这三种基本结构组成的程序称为结构化程序。

【例 1.13】 用 N-S 流程图表示"将百分制成绩转换成四级制成绩"的算法,转换规则为:85～100 分为优秀;70～84 分为良好;60～69 分为合格;59 分及以下为不合格。

【问题分析】

可以设置一个名为 score 的变量,用于存放用户输入的成绩,然后根据 score 的值来判断应该输出什么信息,这是典型的选择结构,但因为总共有 4 个分支,只用一个选择结构无法实现,所以需要用到三个选择结构进行嵌套。其 N-S 流程图如图 1.18 所示。

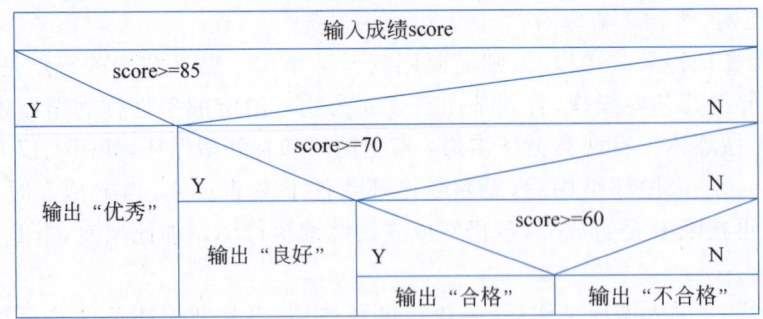

图 1.18　百分制成绩转换成四级制成绩的 N-S 流程图

需要特别说明的是，当最外层选择结构的判断条件 score＞＝85 不成立时才会进入第二个选择结构，此时 score 一定是小于 85 的，所以第二个选择结构的条件没必要写成"score＞＝70 且 score＜85"，写成 score＞＝70 更简洁。第三个选择结构的条件也是类似的道理。

【延展学习】

如果考虑用户输入非法数据（负数或者大于 100 的数）的情况，应该如何修改流程图呢？

除了选择结构可以嵌套外，循环结构也可以嵌套，选择与循环结构之间也可以互相嵌套，即在选择结构的某个分支下嵌入循环结构，或在循环结构的循环体中包含选择结构。这些内容将在后续章节中深入学习。

## 1.4 结构化程序设计

前面介绍了结构化的算法和顺序、选择、循环三种基本结构。一个**结构化程序**就是用计算机语言表示的结构化算法，用三种基本结构组成的程序必然是结构化程序。这种程序便于编写、阅读、修改和维护，以便减少程序出错的可能性，提高程序的可靠性，保证程序的质量。

结构化程序设计采用自顶向下、逐步求精的设计方法，把一个复杂问题分解为若干模块，各个模块通过"顺序、选择、循环"的控制结构进行连接，并且只有一个入口、一个出口。具体方法为：

（1）**自顶向下**。程序设计时，应先考虑总体，后考虑细节；先考虑全局目标，后考虑局部目标。不要一开始就过多地追求细节，先从最上层总目标开始设计，逐步使问题具体化。

（2）**逐步细化**。对复杂问题，应设计一些子目标作为过渡，逐步细化。

（3）**模块化**。模块化是把程序要解决的总目标分解为子目标，再进一步分解为具体的小目标，把每个小目标称为一个模块。

（4）**结构化编码**。所谓编码就是把已经设计好的算法用编程语言表示，即根据已经细化的算法正确地写出计算机程序。结构化的编程语言（如 C、Pascal 等）都有与三种基本结构对应的语句。

在接到一个任务后，应该如何着手进行结构化程序设计呢？以一个简易的成绩管理系统为例，先进行整体规划，将该系统分为成绩录入、成绩处理、成绩输出三部分，这一步只是粗略的划分，称为"顶层设计"，然后一步一步细化，依次称为第 2 层、第 3 层设计，直到不需要细分为止。对于比较复杂的"成绩处理"部分，再进一步将其划分为如图 1.19 所示的 4 个子模块。

程序中的子模块在 C 语言中通常用函数来实现（有关函数的概念见第 6 章）。程序中的子模块的代码一般不超过 50 行，这样的规模便于组织，也便于阅读。划分子模块时应注意**模块的独立性**，即使用一个模块完成一项功能，模块之间的耦合性越少越好。模块

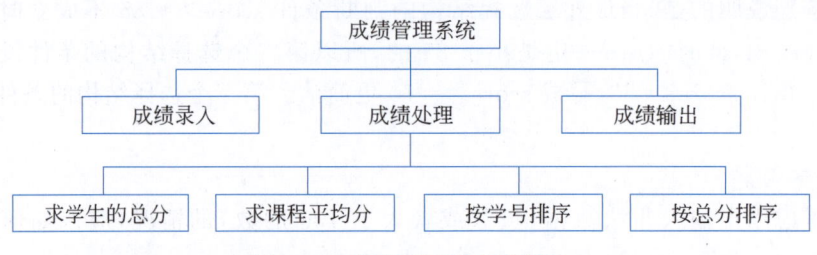

图 1.19  成绩管理系统示意图

化设计的思想实际上是一种"分而治之"的思想,把一个大任务分成若干子任务,每个子任务就相对简单了。

结构化程序设计的主要特征与风格如下。

(1) 不管是简单还是复杂的程序,都可以由顺序结构、选择结构和循环结构这三种基本结构组合而成。

(2) 整个程序采用模块化结构,一个大型程序按功能分割成一些较小的功能模块,并把这些模块按层次关系进行组织。

(3) 有限制地使用 goto 语句(详见第 5 章)。结构化程序设计并不在于是否使用 goto 语句,而是允许在程序中有限制地使用 goto 语句。在非用不可的情况下,也要十分谨慎,并且只限于在一个结构内部跳转,不允许从一个结构跳到另一个结构,以便于人们能正确理解程序的功能。

(4) 借助结构化程序设计语言来书写结构化程序,并采用一定的书写格式以提高程序的清晰性,增进程序的易读性。

(5) 强调程序设计过程中人的思维方式与规律,采用"自顶向下、逐步求精"的策略,通过一组规则、规律与特有的风格对程序进行细分和组织。

学习程序设计不只是为了掌握某一种特定的语言,而应该学习程序设计的一般方法。学习语言是为了设计程序,而不是为了语言本身。高级语言有许多种,每种语言也在不断发展中,因此,掌握一种语言后,应该能举一反三,在需要的时候能很快地使用另一种语言编程。关键是掌握算法,有了正确的算法,用任何语言进行编程都是可行的。

## 1.5 练 习 题

一、单项选择题

1. 以下不是进位计数制的基本要素的是(     )。
   A. 尾数              B. 基数              C. 数位              D. 位权
2. (     )可以采用"除以基数倒取余数"的方法。
   A. 八进制整数转换成十进制整数       B. 十进制整数转换成八进制整数
   C. 八进制小数转换成十进制小数       D. 十进制小数转换成八进制小数

3. 十进制数 123 转换为十六进制数是(   )。
    A. 6B            B. 61            C. 71            D. 7B
4. (   )所代表的数值最大。
    A. $(3C)_{16}$    B. $(59)_{10}$    C. $(72)_8$    D. $(111011)_2$
5. 二进制数转换成八进制数时,从小数点往两边,(   )位二进制数组成一位八进制数。
    A. 二            B. 三            C. 四            D. 五
6. 计算机进行信息处理的最小单位是(   ),基本单位是(   )。
    A. 字,字节      B. 字节,字      C. 位,字节      D. 字节,位
7. 机器数规定(   )为符号位,其余各位为数值位。符号位为(   )表示该数为负数。
    A. 最低位,0    B. 最高位,0    C. 最低位,1    D. 最高位,1
8. 若机器数的长度为 4 字节,用该机器数表示无符号整数时,能表示的最大整数是(   )。
    A. $2^{31}-1$    B. $2^{32}-1$    C. $2^{31}$    D. $2^{32}$
9. 定点数就是约定(   )在某一固定位置上的数据格式。
    A. 浮点          B. 定点          C. 小数点        D. 整数
10. 浮点数表示法 $N=M\times R^E$ 中,E 被称为该数的(   )。
    A. 尾数          B. 阶码          C. 基数          D. 整数
11. 英文字母、阿拉伯数字、运算符号等西文字符通常用 ASCII 码进行编码,一个字符的 ASCII 码占(   )字节。
    A. 1             B. 2             C. 7             D. 8
12. 已知字符 A 的 ASCII 码是 65,那么字符 C 的 ASCII 码是(   )。
    A. 67            B. 68            C. 98            D. 99
13. 为了方便内存空间的管理,将内存划分为若干大小相等的存储单元,每个存储单元都有一个唯一的编号,称为(   )。
    A. 索引          B. 指示器        C. 地址          D. 编址
14. 计算机工作时,程序运行的中间结果存放在(   )中。
    A. CPU           B. 内存          C. 外存          D. 内存或外存
15. 为完成某个特定任务的若干指令的有序集合,称为(   )。
    A. 指令系统      B. 指令集合      C. 操作码        D. 程序
16. (   )是用二进制代码表示的、计算机能直接识别和执行的一种指令的集合。
    A. 机器语言      B. 汇编语言      C. 高级语言      D. 自然语言
17. 用高级语言编写的程序不能直接被计算机识别和运行,必须将其翻译成机器能识别的二进制代码才能执行,这种"翻译"通常有(   )两种方式。
    A. 编译、链接    B. 编译、汇编    C. 编译、解释    D. 汇编、解释
18. 先执行循环体,再判断循环条件的结构是(   )。
    A. 顺序结构      B. 选择结构      C. 直到型循环    D. 当型循环

19. （　　）结构中，循环体有可能一次都不执行。
   A. 顺序　　　　　B. 选择　　　　　C. 直到型循环　　　D. 当型循环
20. 计算机程序的三种基本结构，不包括（　　）。
   A. 顺序结构　　　B. 选择结构　　　C. 循环结构　　　　D. 跳转结构

## 二、判断题

1. 二进制整数转换成十进制整数的方法是按位权展开并相加。（　　）
2. CPU 可以直接读取硬盘上的数据。（　　）
3. 计算机算法就是利用计算机求解问题的方法和步骤。（　　）
4. 特殊情况下，一个算法可以没有输入，也可以没有输出。（　　）
5. 一个算法必须在执行有限步骤后结束。（　　）
6. 在选择结构中，特殊情况下，有可能一次执行两个分支。（　　）
7. 在直到型循环中，循环体有可能一次都不执行。（　　）
8. 用直到型循环能解决的问题，也一定可以用当型循环来解决。（　　）
9. 一个算法无论多么复杂，都可以分解成由顺序、选择、循环三种基本结构组合而成。（　　）
10. 结构化程序设计采用自底向上、逐步求精的设计方法，把一个复杂问题分解为若干模块，各个模块通过"顺序、选择、循环"的控制结构进行连接。（　　）

## 三、画出 N-S 流程图

1. 某商品的售价为：购买数量≤29 时，单价为 40 元；30≤购买数量≤59 时，单价为 35 元；购买数量≥60 时，单价为 30 元。输入购买数量，输出单价和总价。
2. 从键盘输入 3 个数，求出它们中的最小值，并输出最小值。
3. 求 1!＋2!＋3!＋4!＋…＋n!的和，输出计算结果。
4. 根据公式 $e=1+\dfrac{1}{1!}+\dfrac{1}{2!}+\dfrac{1}{3!}+\cdots+\dfrac{1}{n!}+\cdots$ 估算自然常数 e 的值，当通项 $\dfrac{1}{n!}<10^{-7}$ 时停止计算。

# 第 1 章练习题答案与解析

扫描二维码获取练习题答案与解析。

第 1 章　练习题答案与解析

# 第 2 章 C 语言基础知识

【学习要点】
- C 语言概述。
- C 程序框架。
- C 基本词法。
- 基本数据类型。
- 常量与变量。
- 运算符与表达式。
- 类型转换。

## 2.1　C 语言概述

### 2.1.1　C 语言简介

**1. C 语言的产生**

1972 年,美国贝尔实验室的 Dennis Ritchie 为了移植与开发 UNIX 操作系统,在 B 语言的基础上开发出来一种新的程序设计语言,即 C 语言。

C 语言是一种通用的、面向过程的计算机程序设计语言。由于 C 语言既可以用于开发系统软件,又可以用于开发应用软件,它逐渐成为世界上应用广泛的通用程序设计语言之一。

**2. C 语言的标准**

随着 C 语言的发展,很多有识之士和 ANSI(American National Standards Institute,美国国家标准协会)决定成立 C 标准委员会,建立 C 语言的标准。1989 年,ANSI 发布了第一个完整的 C 语言标准 ANSI C,简称 C89。

ISO(International Standard Organization,国际标准化组织)在 1990 年采纳了 C89,因此也称为 C90。后来,ISO 在 1999 年、2011 年、2017 年分别做了一些必要的修正和完善后,发布了 C99、C11、C17/ C18 标准,C17/ C18 是目前最新的 C 语言标准。

本书以 C89 为基础进行介绍。

**3. C语言的特点**

C语言具有很多优点:语言简洁,表达能力强,使用灵活,易于学习和应用;语法限制不太严格,程序设计自由度大;运算符和数据结构丰富;通过指针类型可以直接访问物理地址,也可以直接对硬件进行操作;引用结构化程序设计方法,便于软件工程化;程序代码质量高,执行效率高;适用范围广,可移植性好;具有预处理功能等。

C语言具有低级语言和高级语言的双重功能,被广泛用于系统软件和应用软件的开发中,是目前应用最广泛的计算机编程语言之一。使用C语言编写的应用软件安全性非常高,因此适用于对性能要求严格的领域,如网络程序底层和网络服务器端底层开发,以及地图查询和计算机通信等应用。

## 2.1.2 一个简单的 C 程序

为了使读者对 C 程序有一个感性认识,在系统学习 C 语言的基本语法之前,先介绍一个简单的 C 程序(注意:C 程序代码本身没有行号,本书源代码前的行号是为了便于对程序进行解释说明而添加的)。

【例 2.1】 在屏幕上输出简单字符。

【编程实现】

```
1    #include <stdio.h>
2    int main()
3    {
4        printf("Hello,C!");
5        return 0;
6    }
```

【运行结果】

【代码解析】

(1) 代码功能是在屏幕上输出"Hello,C!"。对于初学者来说,除第 4 行以外的内容是固定不变的,读者照写即可。

(2) 运行结果中的"请按任意键继续..."是系统提示信息,是**程序运行正常结束的标志**。若程序运行后没有出现该信息,则说明程序未正常结束,如出现运行错误或等待用户输入等。

(3) 代码第 4 行 printf("……")语句的作用是**输出双引号中的所有字符**,若修改为 printf("你好,C语言!"),即在屏幕上输出"你好,C语言!"。运行结果为:

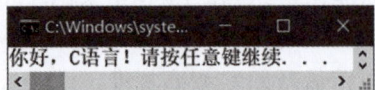

printf("……")语句的双引号中既可以使用英文字符,也可以使用汉字、中文标点符

号。而其余地方必须使用英文字符,如每条语句末尾的分号必须是英文分号。观察"你好,C语言!"和"Hello,C!"双引号中的字符,前者使用的是中文标点符号,而后者使用的是英文标点符号,注意中英文逗号和感叹号的区别,积累编程经验。

(4)可修改第4行为printf("Hello,C! \n"),这里的"\n"起换行的作用,使系统提示信息"请按任意键继续…"在"Hello,C!"的下一行输出。运行结果为:

(5)在{}里面的每条语句末尾都有一个分号(;),分号是C语言语句结束的标志。

初学者由于缺乏足够的程序语言知识和编程经验,往往不知如何下手,建议读者一开始学习C语言就尝试着编写程序,从模仿教材中的程序开始,再尝试着改写它,由浅入深、循序渐进,直到独立编写出更为复杂的程序。现在读者可以模仿例2.1,试着编写输出简单信息的程序。如何在计算机中运行已编写的程序呢?下面我们学习具体的操作方法。

## 2.1.3  C程序的开发过程

**1. C程序的开发环境**

编写C程序目前多采用集成开发环境(Integrated Development Environment,IDE),IDE是用于提供程序开发环境的应用程序,包括代码编辑器、编译器、调试器和图形用户界面等工具。使用IDE可以简化编写程序的过程,帮助用户排查程序的错误、完成程序的调试等操作。

C语言的IDE有多种,如Windows系统下常用的Visual Studio、C++ Builder,Mac系统下常用的Xcode等。本书使用Visual Studio 2010集成开发环境,在此环境下可以完成C程序的编辑、编译、链接、运行等工作。

**2. C程序的开发步骤**

(1)编辑:通过IDE的编辑器创建的文件称为源文件,扩展名为.c。源文件中包含用C语言编写的程序源代码,如例2.1。

(2)编译:C语言是高级语言,由高级语言编写的源文件无法被计算机直接识别,计算机只能识别和运行二进制的机器指令,因此必须先将高级语言编写的源文件翻译成为计算机能够识别的二进制文件,即目标文件。

C程序从编写到运行的过程微视频

翻译方法有编译和解释两种,编译是指程序执行前需要一个专门的翻译过程,把程序翻译成目标文件,再次运行时不需要重新翻译,执行效率高。编译型语言有C、C++、Delphi、Pascal、FORTRAN等。解释是指每个语句都是在执行的时候才被翻译,类似于生活中的"同声翻译",执行效率低。解释型语言有BASIC、Python等。

C语言采用编译(Compile)的方法,具有编译功能的软件称为编译器(Compiler)。C编译器将.c源文件编译成为目标文件,扩展名为.obj。

编译器可以发现程序代码中的语法错误,即违反C语法规则的错误,如拼写错误、缺少分号、括号不匹配、误用中文符号等。只有将语法错误全部修改正确,编译才能成功。

(3) 链接:目标文件虽然是二进制形式,但还是无法直接被计算机执行,这是因为编译只是将我们写的代码翻译成了二进制形式,而程序运行还需要其他系统组件(如例2.1中第1行的♯include <stdio.h>,其中 stdio.h 是 C 语言标准输入/输出库函数的头文件,程序中使用的 printf()函数在该文件中声明),因此,需要将目标文件和用到的系统组件结合起来,生成一个可执行文件。可执行文件是指由一系列机器指令构成的、可以直接运行的文件。

编译器每次只能将一个源文件编译生成一个目标文件,随着学习的深入,当我们的程序由多个源文件组成时,需要将编译器生成的多个目标文件组合起来,生成一个可执行文件。

综上,将所有目标文件和系统组件组合成一个可执行文件的过程称为链接(Link),具有链接功能的软件称为链接器(Linker)。C 链接器将目标文件(扩展名为.obj)和用到的所有系统组件链接起来,生成可执行文件,扩展名为.exe。

(4) 运行:链接生成的.exe 文件既可以在安装有 C 语言集成开发环境的机器上运行,也可以脱离 C 语言集成开发环境,在操作系统中独立运行(通过双击该.exe 文件即可运行)。

(5) 测试和修改程序:程序能够运行后,我们还需要对程序进行测试,即在计算机上使用样本数据运行程序,观察结果是否正常。常常需要通过多次测试来发现、查找、排除程序错误(Bug)。

除了在编译时能被编译器发现的语法错误之外,常见的程序错误还包括编译器无法发现的逻辑错误和运行错误。

VS2010 的安装及基本操作

逻辑错误是指程序中的代码逻辑不正确,导致程序运行无法得到预期结果的错误,如漏写语句、语句顺序错误、写错运算符号(如把加号写成减号)等。

运行错误是指在程序运行过程中出现的错误,通常会影响程序的正常运行,如除数为零、计算负数的平方根等。

综上所述,一个 C 程序从编辑到运行的过程如图 2.1 所示。

### 3. 使用 Visual Studio 2010 的操作步骤

请读者参照微课视频"VS2010 的安装"安装 Visual Studio 2010(缩写为 VS2010),并尝试编写运行你的第一个 C 程序,先在屏幕上输出"Hello,C!",然后再修改为输出"你好,C 语言!"。

VS2010 的安装微视频

使用 VS2010 环境,一个 C 程序从编辑到运行的操作步骤简述如下。

(1) 启动 VS2010。

(2) 创建工作区和项目:单击起始页→单击"新建项目"→单击"Win32 控制台应用程序"→选择位置→输入名称→单击"确定"按钮→单击"下一步"按钮→勾选"空项目"→单击"完成"按钮。

VS2010 的基本使用微视频

(3) 创建源文件:右击"源文件"→单击"添加"菜单项→单击"新建项"→单击"C++文件"→输入文件名"文件名.c"→单击"添加"按钮。

(4) 编辑程序:在编辑区输入程序代码→单击"保存"按钮。

(5) 编译链接:单击"生成"菜单→单击"生成解决方案"(若有语法错误,需修改正确

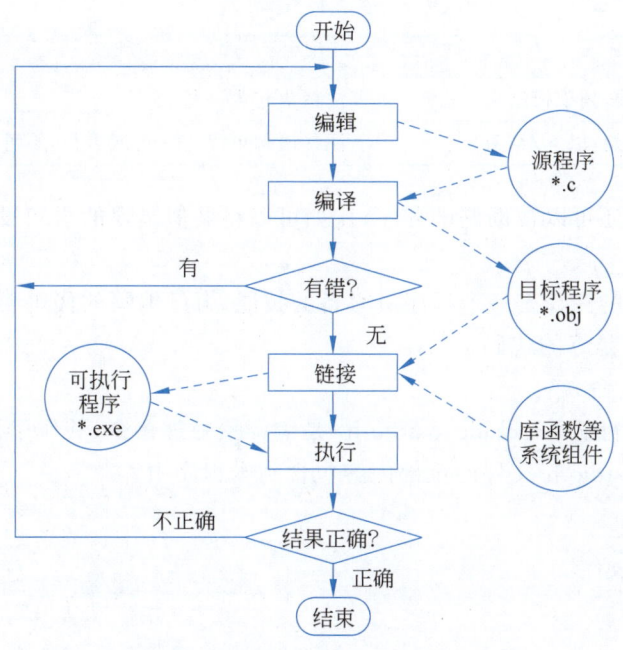

图 2.1　C 程序从编辑到运行的过程

后才能进入到下一步)。

(6) **运行**：单击"调试"菜单→单击"开始执行(不调试)"。

关于工作区和项目的详细介绍请扫码阅读"VS2010 的安装及基本操作"。

## 2.2　C 程序框架

现在我们通过对例 2.2 的详细解析了解 C 程序的框架。

C 程序框架
课堂练习

```
[注释程序功能]              1    //【例2.2】在屏幕上显示 "I love C!"
#include directives         2    #include <stdio.h>
int main()                  3    int main()
{                           4    {
    函数体                  5        printf("I love C!\n");    //输出：I love C!
    return 0;               6        return 0;
}                           7    }
```

### 1. 注释

(1) 例 2.2 的第 1 行是注释信息,添加注释是为了提高程序的可读性,向用户提示或解释某些代码的功能。编译器在编译时会忽略注释信息,即注释信息不会被计算机执行。

(2) C 程序支持两种类型的注释,即 **行注释** 和 **块注释**,如表 2.1 所示。

(3) 注释可以出现在代码中的任何位置,通常将位于源程序前、说明程序功能的注释称为 **序言注释**,如本例第 1 行;将位于其他部分、用于解释代码功能的注释称为 **解释性注释**,如第 5 行。注释应简单明了,防止出现二义性。

表 2.1　注释

| 类型 | 写法 | 说明 |
| --- | --- | --- |
| 行注释 | 以 **//** 开始，到该行结束 | 注释语句为一行 |
| 块注释 | 以 **/\*** 开始，以 **\*/** 结束 | 注释语句可以为一行或多行，不可嵌套使用 |

（4）添加注释还可以帮助调试程序，比如可以将疑似错误的语句设置为注释，从而缩小调试范围。

（5）写出优秀的注释是一个程序员必备的技能，自己编写的代码要让别人也看得懂，可读性强的代码才是好的代码。

**2．编译预处理命令**

（1）本例第 2 行的 #include <stdio.h> 是**编译预处理命令**，其作用是指示编译器在实际编译之前，要将 stdio.h 文件的全部内容包含到本程序中。

（2）格式：

#include <头文件>

或

#include "头文件"

**头文件**是指系统提供的能实现某些特定功能的文件，如：

- 头文件 stdio.h 包含处理标准输入/输出操作所需的指令集，当程序中使用输入/输出函数时需要加 #include <stdio.h>。
- 头文件 math.h 包含内置数学函数的函数声明指令集，当程序中使用数学函数时需要加 #include <math.h>。

包含头文件的常见形式如表 2.2 所示。

表 2.2　包含头文件的常见形式

| 常见形式 | 区别 | 作用 |
| --- | --- | --- |
| #include <stdio.h> | 使用**尖括号**< > | 在**系统目录**中检索该文件，常用于系统头文件 |
| #include "mytest.h" | 使用**双引号**"" | 依次在**默认用户路径**、**系统目录**中检索该文件 |
| #include "D:\test\mytest.h" | 使用""、包含路径 | 依次在**指定路径**、**系统目录**中检索该文件 |

- 编译预处理命令**以"#"开头**，结尾**不加分号**。
- C 程序一般至少包含一条编译预处理命令 #include <stdio.h>，大多数要包含多条。
- **一行只能写一条编译预处理命令**（过长时使用续行标志"\"续写在下一行）。

**3．主函数**

C 程序由一个或多个函数组成，函数是完成某项功能或任务的代码块，是 C 程序最小的功能单位。

（1）**每个 C 程序必须有且仅有一个主函数**，即 main() 函数。

（2）主函数代表了程序执行的 起始点 和 终止点，即一个 C 程序总是从主函数的第一条语句开始执行，并结束于主函数的最后一条语句。

（3）主函数的格式如下：

```
int main()
{
    函数体
    return 0;
}
```

其中：
- 第一行也可写成 int main(void)。
- return 0 语句用于结束程序，返回 0 是告诉操作系统"本程序正常结束"。有些编译器允许省略 return 0，在编译时由系统自动添加。
- 在 C99 标准之前，main() 函数的返回值类型通常被省略，视为隐含返回 int 型。C99 标准不再支持隐含返回 int 型，但目前仍有部分编译器支持这种形式。
- 有些编译器允许使用 void main() 形式，但这种形式不属于 C 语言标准。
- 建议使用 int main() 标准写法，且不要省略 return 0，以使程序在不同的编译器上都能正常运行，具有更好的可移植性。
- 主函数还有另一种形式 int main(int argc, char * argv[ ]){ }，读者可在学完本课程后，自行查阅相关资料。

（4）我们编写的程序代码放在{ }中的函数体位置，{ }中的每条语句以分号作为结束标记。

### 4. 简单的输入/输出

一个完整的计算机程序，常常要求具备输入/输出功能。C 程序的输入/输出功能是通过调用系统提供的标准函数实现的。

例 2.2 的第 5 行是通过 C 语言系统提供的内置函数 printf() 直接将若干字符输出在屏幕上。为了便于读者快速编写简单程序，本节先介绍编程初期需要用到的输入/输出数据的简单方法，如表 2.3 所示。更多输入/输出函数的使用方法将在第 3 章详细介绍。

表 2.3 输入/输出数据的简单方法

| 格　　式 | 功　　能 |
| --- | --- |
| printf("字符串"); | 输出 字符串 |
| printf("\n"); | 输出 换行符 |
| printf("%d",a);  　//a 是 int 型 | 输出 **int** 型变量 a 的值 |
| printf("%f",b);　　//b 是 double 型 | 输出 **double** 型变量 b 的值 |
| scanf("%d",&a);　　//a 是 int 型 | 从键盘输入整数存入 **int** 型变量 a 中<br>输入格式举例：20↙ |
| scanf("%lf",&c);　　//c 是 double 型 | 从键盘输入浮点数(带小数点的数)存入 **double** 型变量 c 中<br>输入格式举例：2.6↙ |
| scanf("%d%d",&a,&b);<br>//a、b 是 int 型 | 从键盘输入两个整数分别存入 int 型变量 a、b 中<br>输入格式举例：20□35↙ |

注：□表示空格，↙表示回车。

若将第 5 行修改为 printf("％d",2＋3),即输出 2＋3 的计算结果 5。但该程序只能计算 2 与 3 之和,不具有通用性。如何使程序能计算用户从键盘输入的两个整数之和呢?这时就需要将从键盘输入的数据先存储在计算机的内存空间中,这些内存空间的名称就是变量,如表 2.3 中用到了变量 a、b、c。为了便于数据处理,系统将变量设置为不同的数据类型,如使用 int 型变量存放整数,使用 double 型变量存放浮点数(带小数点的数)等。更多数据类型及变量的知识将在 2.4 和 2.5 节中详细介绍。

**5. C 程序框架**

含有输入/输出语句的 C 程序框架如下:

| [注释程序功能] | 1 //【例 2.3】求从键盘输入的两个整数的和 |
| #include directives | 2 #include <stdio.h> |
| int main() | 3 int main() |
| { | 4 { |
|   [定义变量] | 5   int a,b; |
|   [输入语句] | 6   int sum; |
|   [计算语句] | 7   printf("请输入两个整数 a b: "); |
|   [输出语句] | 8   scanf("%d%d",&a,&b); |
|   return 0; | 9   sum=a+b; |
| } | 10   printf("两数的和为: %d\n",sum); |
|  | 11   return 0; |
|  | 12 } |

注:其中[ ]表示可选项,即可以根据具体情况决定是否包含该项内容。

【运行结果】

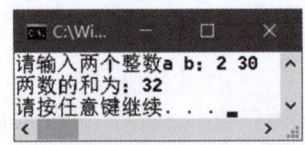

【代码解析】

(1) 代码第 5 行定义了两个 int 型变量 a、b,用于存放从键盘输入的两个整数。

(2) 第 6 行定义了 int 型变量 sum,用于存放两个整数的和。

(3) 第 7 行在屏幕上输出:"请输入两个整数 a b:"。

(4) 第 8 行从键盘输入两个整数,分别存入变量 a、b 中,如输入 2 30↙,则 a 的值为 2,b 的值为 30。

(5) 第 9 行的"="为赋值号,先计算"="右侧的 a+b,即 2＋30 得 32,再将 32 存入"="左侧的 sum 变量中。

(6) 第 10 行先输出字符串"两数的和为:",接着按照％d 格式输出 sum 的值,即 32,最后执行到\n,即输出换行。系统提示信息"请按任意键继续…"在下一行输出。

(7) 建议养成良好的编程习惯,以利于阅读。如书写代码时使用缩进对齐的格式,{和}对齐,函数体中的语句缩进 4 个空格对齐(编辑代码时按下 Tab 键向右缩进 4 个空格,按下 Shift＋Tab 向左缩进 4 个空格);每条语句占一行,花括号单独占一行,如例 2.3 所示。

**【延展学习】**

(1) 现在读者可以在 VS2010 环境下尝试编写和运行例 2.3，感受从键盘输入数据、在屏幕上输出数据的过程；再尝试漏写分号、使用中文分号、漏写编译预处理命令等错误写法，观察编译失败时系统的提示信息，积累编程经验，以后遇到类似问题就可以快速解决了。

(2) 编程实现自我介绍，输出你的姓名、年龄、学院、兴趣爱好等信息。

千里之行，始于足下，程序设计的学习就是从模仿开始，在成功完成以上程序的编辑、编译、运行后，恭喜你迈出了程序设计的第一步！多阅读程序、多编写程序、多调试程序，可以快速提高你的编程能力。

接下来我们将详细介绍数据类型、变量、表达式等基本语法知识。

## 2.3 C 基本词法

### 2.3.1 字符集

C 语言系统中允许使用的字符称为 **C 的字符集**。C 程序中除了注释信息、字符串（由双引号引起来的若干字符）中可以出现汉字或其他字符，其余所有内容必须由 C 字符集中的字符组成。C 语言的字符集如表 2.4 所示。

表 2.4　C 语言的字符集

| 形　　式 | 字　　　　　符 |
|---|---|
| 26 个字母的大写形式 | A B C D E F G H I J K L M N O P Q R S T U V W X Y Z |
| 26 个字母的小写形式 | a b c d e f g h i j k l m n o p q r s t u v w x y z |
| 数字字符 | 0 1 2 3 4 5 6 7 8 9 |
| 特殊字符 | 空格　！　＃　％　^　&　*　_（下画线）　+　=　-　~　< >　/　\　'　"　；　.　，　( )　[ ]　{ } |

### 2.3.2 常用词法符号

每种程序设计语言都有自己的一套词法符号，词法符号是由若干字符组成的具有一定意义的最小词法单元。组成词法符号的字符必须是字符集中的合法字符。

**1. 标识符**

标识符是指用来标识变量、函数、数组等的名称。C 语言把标识符分为三类：关键字、预定义标识符和用户自定义标识符。

(1) **关键字**，又称为**系统保留字**，是指在 C 语言中已预先定义、具有特定含义的标识符，用于表示语言的语法结构和关键功能，编程者**不得再重新命名**另作他用。C89 版本有 32 个关键字，如表 2.5 的前四行所示，后续版本又增加了一些新关键字，如表 2.5 的后两行所示。

(2) 预定义标识符是指在 C 语言中已预先定义、具有特定含义的标识符,如系统库函数名(printf、scanf 等)、编译预处理命令(define、include 等),编程者可以重新命名另作他用,但会使其失去系统预先定义的特定含义,如定义了名为 scanf 的变量,就无法使用 scanf()函数输入数据了。

表 2.5　C 语言的关键字

| short | int | long | float | double | char | struct | union |
|---|---|---|---|---|---|---|---|
| enum | signed | unsigned | void | if | else | switch | case |
| default | for | do | while | continue | break | goto | return |
| auto | extern | register | static | const | sizeof | typedef | volatile |
| C99、C11 新增关键字 | _Bool | _Complex | _Imaginary | inline | restrict | _Alignas | _Alignof |
| | _Atomic | _Generic | _Noreturn | _Stati | _assert | _Thread | _local |

(3) 用户自定义标识符是指程序中使用的变量、数组、自定义函数等的名称,其命名规则如下:

- 只能由字母(A~Z,a~z)、数字(0~9)、下画线(_)组成,且第一个字符必须是字母或下画线。
- 禁止使用关键字。
- 避免使用预定义标识符。
- 字母区分大小写,如 sum 和 Sum 表示不同的标识符。
- 命名时遵循"最小化名字长度、最大化信息量、见名知意"的原则。长度建议不超过 10 个字符,比如使用 sum、name、age 分别用于存储总和、名字、年龄的数值,做到见名知意。

**2. 运算符**

运算符(例如＋、－、＊、／等)是系统预定义的用于实现各种运算的符号,这些符号作用于被操作的对象,将获得一个结果值。这部分内容将在 2.6 节详细介绍。

**3. 分隔符**

分隔符又称为标点符号,用于分隔单词和程序正文。C 程序的常用分隔符如下。

(1) 分号:语句结束符。C 语句必须以分号结束,它表明一个逻辑实体的结束。

(2) 空白符:包括空格、制表符(Tab 键产生的字符)、换行符(Enter 键产生的字符)。空白符常用于作为多个单词间的分隔符,也可以作为输入数据时自然输入项的缺省分隔符。

(3) 逗号:变量说明时用于分隔多个变量。

(4) 冒号:用作语句标号等。

(5) { }:用于区分一组相对独立和完整的语句块。

## 2.4　数据类型

数据类型
课堂练习

在用计算机解决问题时,首先需要将待处理的数据存放到内存中。这些待处理数据的表现形式多种多样,例如,学生的学号是整数,学生的成绩可能含有小数,学生的姓名是字符串等。为了有效地组织数据,系统按照不同的存储格式对数据进行存储。数据在内存中的存储格式称为数据类型。不同数据类型的数据占据不同长度的存储单元,对应不同的取值范围、操作和规则。

C语言提供了种类丰富的数据类型,通常可分为基本数据类型和非基本数据类型,如表2.6所示。

表 2.6  数据类型

| 数 据 类 型 | 特　　点 | 举　　例 |
| --- | --- | --- |
| 基本数据类型 | 是C内部预先定义的数据类型,也称为内置数据类型 | 整型(int)、单精度实型(float)、双精度实型(double)、字符型(char)等 |
| 非基本数据类型 | 由基本数据类型构造出来的类型 | 数组、指针、结构体、联合体、枚举等 |

本章重点介绍常用的基本数据类型,常用的非基本数据类型将在后续章节介绍。

计算机的内存是以字节(byte)为单位组织的,对于各种数据类型在内存中占用的字节数,不同的编译系统规定的长度不同。以 VS2010 为例,表2.7列出了C基本数据类型占用的内存字节数和取值范围。

表 2.7  基本数据类型

| 内存单元可存储的数据 | | 分类符 | 数据类型 | 占用字节数 | 取 值 范 围 |
| --- | --- | --- | --- | --- | --- |
| 整型 | 短整型 | int | short [int] | 2 | －32768～32767 |
| | 整型(默认) | | int | 4 | －2147483648～2147483647 |
| | 长整型 | | long [int] | 4 | －2147483648～2147483647 |
| | 无符号短整型 | | unsigned short [int] | 2 | 0～65535 |
| | 无符号整型 | | unsigned [int] | 4 | 0～4294967295 |
| | 无符号长整型 | | unsigned long [int] | 4 | 0～4294967295 |
| 实型 | 单精度型 | float | float | 4 | ±3.4e−38～±3.4e38 |
| | 双精度型(默认) | double | double | 8 | ±1.7e−308～±1.7e308 |
| | 字符型 | char | char | 1 | －128～127 |
| | | | unsigned char | 1 | 0～255 |

注:表格中[ ]中的内容可以省略,如 short int 与 short 等价。

整型和字符型可以有符号(即有正"＋"、负"－"之分),也可以无符号。在有符号类型中,字节最高位(即最左边的位)是符号位(1表示负号、0表示正号),余下的各位代表数值。在无符号类型中,所有的位都表示数值,详细介绍见1.1.3节。

【例 2.4】 使用 sizeof()运算符观察不同数据类型数据占用内存空间的字节数。

【问题分析】

sizeof()运算符的功能是返回一个变量或数据类型占用内存空间的字节数。

【编程实现】

```c
#include <stdio.h>
int main()
{
    printf("char   类型占用内存空间：%d字节\n",sizeof(char));
    printf("int    类型占用内存空间：%d字节\n",sizeof(int));
    printf("float  类型占用内存空间：%d字节\n",sizeof(float));
    printf("double 类型占用内存空间：%d字节\n",sizeof(double));
    printf("short  类型占用内存空间：%d字节\n",sizeof(short));
    printf("long   类型占用内存空间：%d字节\n",sizeof(long));
    return 0;
}
```

【运行结果】

```
char   类型占用内存空间：1字节
int    类型占用内存空间：4字节
float  类型占用内存空间：4字节
double 类型占用内存空间：8字节
short  类型占用内存空间：2字节
long   类型占用内存空间：4字节
请按任意键继续...
```

常量课堂练习

## 2.5　常量与变量

### 2.5.1　常量

常量是指在程序运行过程中值不会发生变化的量，分为字面常量和符号常量。

字面常量也称为字面值或常数，不占用内存空间，如 38、−2.15、'x'、"sum" 等。在 C 语言中，字面常量分为整型常量、实型常量、字符常量和字符串常量。

**1. 整型常量**

(1) 整型常量也称为整数，包括正整数、负整数和零。

(2) 正整数前面的"＋"可以省略，但负整数前面的"－"不能省略。

(3) C 语言中常用的整型常量有如下 3 种表示方式。

- 十进制整数：没有前缀，数码为 0～9，如 25、−25。
- 八进制整数：以 0 开头，数码为 0～7，如 073、−073。
- 十六进制整数：以 0X 或 0x 开头，数码为 0～9，A～F 或 a～f，如 0x2A、−0X25。

(4) 整型常量的常用后缀表示如下。

- 长整型数：后缀为 L 或 l，如 258000L。
- 无符号整数：后缀为 U 或 u，如 256u。

【例 2.5】　观察十进制、八进制、十六进制整型常量的表示形式。

【编程实现】

```
#include <stdio.h>
int main()
{
    printf("%d\n",100);      //十进制整数无前缀
    printf("%d\n",0100);     //八进制整数 100,等价于十进制数 64
    printf("%d\n",0x100);    //十六进制整数 100,等价于十进制数 256
    return 0;
}
```

【运行结果】

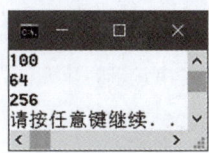

### 2. 实型常量

**实型常量**是指**包含小数点**的数,也称为**实数**或**浮点数**。C 语言中的实型常量只允许使用十进制,有两种表示方法,如表 2.8 所示。

表 2.8 实型常量

| 实型常量 | 组 成 | 特 点 | 举 例 |
| --- | --- | --- | --- |
| 小数形式<br>(浮点表示法) | 由正负号、数字和小数点组成 | 必须有小数点,小数点前后不能同时没有数字 | 0.0、0.52、.52、52.0、52.、−0.52 |
| 指数形式<br>(科学记数法) | 格式: 尾数 e 或 E 指数<br>(尾数是十进制数;e 或 E 表示×10;指数是幂次) | E 前 E 后必须有数字,E 后必须为整数;可以带符号;不能含空格 | 5E6、−3.14e2、6.626e-34 |

(1) 指数形式一般用于表示很大或很小的实数,如普朗克常数 $6.626 \times 10^{-34}$ 可以表示为 6.626e-34,也可以表示为 0.6626e-33、66.26e-35。

(2) 系统规定:当 e 前尾数部分的绝对值大于或等于 1 且小于 10 时,称为"**规范化的指数形式**",系统默认按规范化的指数形式输出,如 12.3e6、123e5 都表示 $123 \times 10^5$,规范化的指数形式为 1.23e7。

(3) 在 C 语言中,**实型常量默认为 double 型**,如 0.123 是 double 型常量,sizeof(0.123)结果为 8。若要表示 float 型的实型常量可加后缀 f 或 F,如 0.123f 是 float 型常量,sizeof(0.123f)结果为 4。

### 3. 字符常量

字符常量是用一对**单引号**引起来的**一个字符**。当存储字符常量时,它在内存中占用 1 字节的存储空间。字符常量包括普通字符常量和转义字符。

(1) **普通字符常量**:用于表示数字、字母、标点符号等可见字符,如'A'、'a'、'S'、'!'、'5'、' '(空格符),而"、'AB'是非法的。

(2) **转义字符**:对于回车符、退格符等不可见的控制字符,C 语言使用转义字符来表

示,即用一对单引号引起来的、以'\'开头的若干字符的组合来表达特殊的含义。如'\n'表示换行,将当前位置移到下一行开头。

转义字符虽然形式上是由多个字符组成,但它仍是字符常量,用于表示一个字符,占用1字节的存储空间。

C语言常用的转义字符如表2.9所示。

表2.9 常用的转义字符

| 转义字符 | 功　　能 | 转义字符 | 功　　能 |
| --- | --- | --- | --- |
| \a | 响铃 | \v | 垂直制表 |
| \b | 退格,将当前位置移到前一列 | \' | 单引号(因单引号是字符常量的开头和结尾) |
| \f | 换页,将当前位置移到下页开头 | \" | 双引号(因双引号是字符串常量的开头和结尾) |
| \n | 换行,将当前位置移到下一行开头 | \\ | 反斜杠(因反斜杠是转义字符的开头) |
| \r | 回车,将当前位置移到本行开头 | \nnn | 1~3位八进制数所代表的任意字符,如\123 |
| \t | 水平制表,跳到下一个Tab位置 | \xnn | 1~2位十六进制数所代表的任意字符,如\x23 |

注意:反斜杠"\"后的单引号、双引号等必须是英文字符。

例如,

```
printf("Hello\tWorld\n");
```

运行结果为:

```
Hello   World
```

这里,"\t"的功能是跳到下一个制表位,一个制表位是8位(8个字符的宽度),所以World从下一个制表位(第9位)开始输出。因Hello占5位,所以World前输出了3个空格。

**4. 字符串常量**

(1) 字符串常量是用双引号引起来的若干个字符(含0个),如""、"B"、"Month"。

(2) 字符串长度是指字符串中的字符个数,如"Month"的字符串长度为5。

(3) 当存储字符串常量时,系统将自动在其尾部追加一个'\0'字符(其ASCII码为0)作为该字符串的结束符。因此,长度为n的字符串常量(即含n个字符),在内存中占用n+1字节的内存空间。

例如,""是空字符串,由一个结束符\0组成,字符串长度为0,占用1字节的内存空间。

例如,将字符串"hello!\t12 3\n"存入内存中,需要占用多少字节的内存空间?

这里,每个普通字符占1字节,即普通字符'h'、'e'、'l'、'l'、'o'、'!'、'1'、'2'、' '、'3'共占10字节;每个转义字符占1字节,即'\t'、'\n'共占2字节;系统自动添加的字符串结束符'\0'占1字节;所以一共占用13字节的内存空间。读者可以通过printf("%d",sizeof("hello!\t12 3\n"))语句观察运行结果。

例如,每个汉字占2字节,"中国加油"字符串长度为8,占9字节的内存空间。

(4) 字符常量与字符串常量的比较如表2.10所示。

表 2.10　字符常量与字符串常量的比较

| 特　　点 | | 存储空间 | 示例 | 说　　明 |
| --- | --- | --- | --- | --- |
| 字符常量 | 由单引号引起的一个字符 | 1 字节 | 'A' | 存储空间为 1 字节,存放字符'A' |
| 字符串常量 | 由双引号引起的若干字符(含 0 个) | (字符个数+1)字节 | "A" | 存储空间为 2 字节,分别存放字符'A'和'\0' |

## 2.5.2　变量

变量课堂练习

我们在利用计算机程序处理问题时,往往需要与用户交互,获取由用户输入的数据;在处理过程中,也需要对原有的数据进行修改或需要存储运算结果等,为此,我们需要引入变量来存放这些数据。所谓变量就是指在程序运行过程中值可以发生改变(可以被修改)的量。

C 语言规定,变量必须"先定义、后使用"。变量的定义,即给变量命名、指定数据类型以及赋初值等。

**1. 变量的命名**

(1) 程序运行时,系统为定义的变量分配内存空间,用于存放对应类型的数据,因而变量名就是对应内存空间的名字。

(2) 变量的命名必须遵循 C 语言的自定义标识符命名规则,详见 2.3.2 节。

(3) 在 C 语言的长期使用过程中还形成了如下一些约定俗成的习惯。

- 尽量使变量名能够表达出该变量的含义(用途),即"见名知意"。

例如,描述用户名的变量用 userName 表示,描述年份的变量用 year 表示等。

- 用户最好不要用下画线作为变量名的开头。
- 习惯于变量名使用小写字母标识(或大小写字母结合),符号常量名(详见 2.5.3 节)使用大写字母标识。

(4) 几种经典的变量命名方法如下。

- 匈牙利命名法:以 1 个或多个小写字母(用于指出变量的数据类型)开头,之后由 1 个或多个首字母大写的单词(用于指出变量的用途)构成,如 iUserName,i 表示变量的数据类型为 int 型。
- 帕斯卡命名法:由 1 个或多个单词构成,所有单词的首字母大写。单词用于指出变量的用途,如 UserName。
- 骆驼命名法:由 1 个或多个单词构成,第一个单词首字母小写,其余单词的首字母大写。单词用于指出变量的用途,如 userName。

例如,判断下列变量名是否正确。

count_3　　　　　正确
5x　　　　　　　　错误　(原因:不能以数字开头)
double　　　　　 错误　(原因:不能使用系统关键字)

| date3.25 | 错误 | （原因：不能使用小数点） |

**2. 变量的定义**

定义一个变量，需要给出该变量的名称和数据类型，其语法格式如表 2.11 所示。

表 2.11　变量定义的语法格式

| 语　　法 | 示　　例 | 说　　明 |
| --- | --- | --- |
| 数据类型 变量名; | double speed; | 定义了实型变量 speed |
| 数据类型 变量名 1,变量名 2,…,变量名 n; | int i,j,k; | 定义了 i,j,k 三个整型变量 |

一般需要解释用途的变量单行定义，加注释说明该变量的用途。
例如，

```
int sum;            //sum用于存放累和值
```

不需要解释用途的变量可按类型用一条语句定义多个。
例如，

```
int i,j,k;          //循环控制变量
```

C89 规定：函数体中的所有变量定义语句应写在执行语句（含输出语句、输入语句等）之前，即写在函数体的开头位置。

**3. 变量的初值**

在 C 语言中，变量获取初值可以在定义时进行，也可以在后续的代码中进行。变量获取初值的方法如表 2.12 所示，其中初值可以是常量、变量以及其他各类表达式等。在定义变量的同时为其赋予一个初值称为**变量的初始化**，如表 2.12 中的方法 1 所示。在变量定义后的代码中，可以使用赋值运算符"="为变量赋予一个初值，或通过输入函数从键盘输入初值，如表 2.12 中的方法 2 和方法 3 所示。

表 2.12　变量获取初值的方法

| 方　　法 | 语　　法 | 示　　例 |
| --- | --- | --- |
| 1. 变量的初始化<br>（在定义变量的同时为其赋初值） | 数据类型 变量名＝初值; | int max＝0;<br>float grade＝0.0;<br>double score＝0.0;<br>char op=' '; |
| 2. 先定义变量，再使用赋值运算符为变量赋初值 | (1) 数据类型 变量名;<br>　　变量名＝初值;<br>(2) 数据类型 变量名1,变量名2,…,变量名 n;<br>　　变量名 1＝初值;<br>　　变量名 2＝初值;<br>　　…<br>　　变量名 n＝初值; | (1) int num;<br>　　char ch;<br>　　num＝56 * 24;<br>　　ch='A';<br>(2) int a,b,c;<br>　　a＝1;<br>　　b＝3;<br>　　c＝4; |

续表

| 方　　法 | 语　　法 | 示　　例 |
|---|---|---|
| 3. 使用输入函数<br>为变量赋初值 | 数据类型 变量名；<br>**scanf**("%格式符",&变量名)； | int a;<br>scanf("%**d**",&a);<br>double b;<br>scanf("%**lf**",&b); |
| 4. 从文件中读取数据<br>为变量赋初值 | 参见第 10 章 | |

在 C 语言中，如果变量没有显式初始化，那么它的值是其所在内存单元上一次存储的数据，是不确定的，称为垃圾数据。因此，为了避免不确定的行为和错误，在使用变量之前，应该显式地为其赋予一个初始值。待学习了 6.6 节关于变量的存储类型和作用域的知识后，我们会发现这段话有一定的局限性，实际上，系统会给某些特定类型的变量自动赋予初值。

说明：

(1) 程序员常常初始化 int、float、double、char 类型的变量为 **0**、**0.0**、**0.0**、**'\0'**（空字符）。

(2) 在系统学习运算符与表达式之前，我们先了解一下赋值运算符"＝"和简单的算术运算符"＋""－""＊"。

- 算术运算符"＋""－""＊"：功能是实现加、减、乘的算术运算。运算规则为先乘除后加减，优先级相同的情况下结合方向是自左向右（即左结合性）。
- 赋值运算符"＝"：功能是将"＝"右侧表达式的值（即右值）赋给"＝"左侧的变量（即左值）。左值只能是变量，右值可以是常量、变量、表达式等。赋值运算符的优先级低于算术运算符，结合方向是自右向左（即右结合性）。

例如，

```
a=1;                //将 1 赋值给 a 变量
b=b+1;              //先计算 b+1 的结果,再赋值给 b 变量
```

(3) 变量只有获得确定的数值后才能参与运算，因此建议养成给变量初始化的好习惯。例如，

```
int a, b;           //定义了两个整型变量 a、b
printf("%d",a);     //输出变量 a 的值。因 a 无确定的值,所以出错
a=b-1;              //因变量 b 无确定的值,所以出错
```

(4) 在确定变量的数据类型时，需要考虑数据溢出问题。当要存储的数据超出该数据类型的表示范围时，会出现数据溢出现象。解决办法是定义更大存储空间的数据类型存放该数据，表 2.7 中列出了常用数据类型的表示范围。例如，

```
short int a=32768;  //short int 存储数据范围是-32768~32767
printf("%d",a);     //输出-32768,数据超出范围最大值时,又从最小值开始计数
```

例如，

第 2 章　C 语言基础知识　　39

```
int b=2147483649;        //int 存储数据范围是-2147483648~2147483647
printf("%d",b) ;         //输出-2147483647,数据溢出
```

【例 2.6】 从键盘输入一个圆的半径,计算并输出该圆的面积和周长。

【问题分析】

(1) 因为半径、面积、周长是可能带小数点的数,所以定义 3 个 double 型变量 r、area 和 circum 分别存放半径、面积和周长。

(2) 从键盘输入半径值存入 r 变量。

(3) 计算 3.14×r×r 的结果并存入 area 变量。

(4) 计算 2×3.14×r 的结果并存入 circum 变量。

(5) 将 area、circum 的值输出到屏幕上。

【编程实现】

```
1    #include <stdio.h>
2    int main()
3    {
4        double r;                      //定义变量 r,用于存放半径
5        double area;                   //定义变量 area,用于存放面积
6        double circum;                 //定义变量 circum,用于存放周长
7        printf("请输入半径: ");         //输出提示信息
8        scanf("%lf",&r);               //从键盘输入半径
9        area=3.14*r*r;                 //计算面积,存入 area
10       circum=2*3.14*r;               //计算周长,存入 circum
11       printf("面积为: %f\n",area);    //输出面积
12       printf("周长为: %f\n",circum);  //输出周长
13       return 0;
14   }
```

【运行结果】

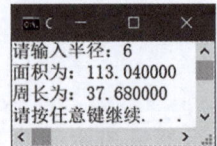

【延展学习】

(1) 观察运行结果,输出浮点数时,系统默认保留 6 位小数。若想设置小数位数,可参阅第 3.2 节。

(2) 代码第 9 行和第 10 行两处用到圆周率 3.14,若需改变其精度为 3.14159,则需在代码中修改两处。若程序中出现 n 次 3.14,则需修改 n 次,这样不仅费时,而且很容易出现漏改错改现象。为避免此类问题,建议使用符号常量 PI 代替 3.14,改变精度时只需修改一次,便可达到一改全改的效果,详见 2.5.3 节。

### 2.5.3 符号常量

符号常量
课堂练习

在 C 语言中,可以用一个符号名来代表一个常量,称为符号常量。在编译时编译器

会将符号常量直接替换为定义的常量值。符号常量具有<u>含义清楚</u>、<u>一改全改</u>的特点,建议编程时使用符号常量取代字面常量。

符号常量必须在程序中特别的"指定",即必须<u>先定义后使用</u>。符号常量的命名遵循 C 语言的标识符命名规则,习惯使用大写字母。

C 语言中定义符号常量有两种方法,使用 #define 预处理器,或使用 const 关键字。

【例 2.7】 求圆的面积和周长(使用符号常量)。

```
//例 2.7.1 使用宏常量
#include <stdio.h>
#define PI 3.14
int main()
{
    double r,area,circum;
    printf("请输入半径: ");
    scanf("%lf",&r);
    area=PI * r * r;
    circum=2 * PI * r;
    printf("面积为: %f\n",area);
    printf("周长为: %f\n",circum);
    return 0;
}
```

```
//例 2.7.2 使用 const 常量
#include <stdio.h>
const double PI=3.14;
int main()
{
    double r,area,circum;
    printf("请输入半径: ");
    scanf("%lf",&r);
    area=PI * r * r;
    circum=2 * PI * r;
    printf("面积为: %f\n",area);
    printf("周长为: %f\n",circum);
    return 0;
}
```

(1) 使用 #define 预处理器定义<u>宏常量</u>,格式:

#define 常量名 常量值

特点:#define 定义的符号常量称为<u>宏常量</u>,在编译时宏常量会被直接替换为定义的常量值,称为<u>宏替换</u>,为简单的文本替换。用 define 进行定义时,必须用"#"开头,命令行<u>末尾不能加分号</u>。若误加了分号,分号会被当作替换文本的一部分。

例如,例 2.7.1 的代码中通过 #define PI 3.14 定义了宏常量 PI,原来两处使用 3.14 的地方被修改为 PI。程序运行时,编译器会将所有的 PI 替换为 3.14。当需要修改 PI 的数值时,只需要在 #define 命令行中修改常量值。

(2) 使用 const 关键字定义 <u>const 常量</u>,格式:

const 数据类型 常量名 = 常量值; 或 数据类型 const 常量名 = 常量值;

特点:使用 const 关键字定义的符号常量称为 <u>const 常量</u>,相当于一个只读变量,在程序运行时会为其分配内存,并且具有类型信息。每个 const 常量对应着一个存储空间,在程序运行过程中该存储空间中的值不可改变,即只允许读取它的值而<u>不允许再次赋值</u>。const 常量<u>在定义时必须进行初始化</u>。

例如,例 2.7.2 的代码中通过 const double PI=3.14 语句定义了符号常量 PI,在程序运行中使用该常量时,编译器会将所有的 PI 替换为 3.14。

(3) 两种定义方法的区别如下。

- #define 定义的宏常量是进行简单的文本替换,不进行类型检查。而 const 常量具有类型信息,编译器可以对其进行类型检查,可以帮助捕获一些潜在的类型错误,

所以 建议使用 const 常量。

- 宏常量的定义语句只能写在函数体的外面,通常将其写在源文件的开头部分,如例 2.7.1 所示。
- const 常量的定义语句可以写在函数体的外面,如例 2.7.2 所示,则在该定义语句之后的整个程序中都可使用它;也可以写在函数体里面,即写在左花括号的下一行,则只能在该函数内部使用它。

## 2.6 基本运算符与表达式

### 2.6.1 运算符与表达式

**1. 运算符**

运算符是指计算机能够对数据完成的基本操作,从功能上可以分为:算术运算符、关系运算符及逻辑运算符等;从操作数(即运算对象)的个数上可以分为:单目运算符、双目运算符和三目运算符。例如,-3 中的一号只需要一个操作数,是单目运算符;3+2 中的+号需要两个操作数,是双目运算符;后面将要学到的条件运算符?:是三目运算符。

**2. 表达式**

表达式是指由运算符(如+、-、*、/等)、操作数(可以是常量、变量等)组成的用于完成相关计算的式子。运算符指定对操作数所做的运算,一个表达式的运算结果是一个值,即表达式的值。

C 语言提供了丰富的运算符,根据使用的运算符类型,可将表达式分为算术表达式、赋值表达式、关系表达式、逻辑表达式、条件表达式及逗号表达式等。

**3. 运算符的优先级与结合性**

(1) 优先级:表示不同运算符参与运算时的先后顺序,先进行优先级高的运算,再进行优先级低的运算。单目运算符的优先级高于双目运算符。

例如,* 和 / 的优先级高于+和-;负号的优先级高于减号。

(2) 结合性:当优先级相同时,按照运算符的结合方向确定运算的顺序。自左向右的运算顺序称为左结合性,自右向左的运算顺序称为右结合性。大多数 C 语言运算符都是采用左结合方式。常用运算符的优先级与综合性见附录 B。

例如,1+2+3 的+号具有左结合性。a=2+3 的赋值号=具有右结合性。

含有多种运算符或含有不同类型操作数的表达式称为混合运算表达式。

算术运算符
课堂练习

### 2.6.2 算术运算符

基本算术运算符的功能、优先级、结合性如表 2.13 所示,数字越小表示优先级越高。

**1. 求余运算符 %(模运算)**

(1) 用于计算两个整数相除的余数。如 7%3 的值为 1,3%7 的值为 3。

表 2.13　基本算术运算符

| 运 算 符 | 运　　算 | 优 先 级 | 结 合 性 |
| --- | --- | --- | --- |
| ( ) | 改变正常优先级 | 2 | 自左向右 |
| — | 负号 | 3 | |
| *、/、% | 乘法、除法、求余运算 | 4 | |
| +、— | 加法、减法 | 5 | |

(2) 求余运算的两个操作数必须是**整型**。如 7%2.5 为非法表达式。

(3) 求余运算结果的符号与被除数相同。如 —10 % 3 的值为 —1，10 % —3 的值为 1。

**2. 除法运算符 /**

(1) **普通除法**运算：当两个操作数中至少有一个是浮点数时，为普通的除法运算。如 1.0/2、1/2.0 和 1.0/2.0 的结果都为 0.5。

(2) **整数除法**运算：又称**除法取整**运算，当两个操作数都是整数时，除法运算的结果是**向下取整**，即去除小数部分。如 1/2 的结果为 0，8/3 的结果为 2。

**3. 改变优先级使用( )**

算术表达式中的括号均使用( )，可嵌套使用( )，不能使用[ ]、{ }，如 5 * 3/((6—(7+5)) * 2)。

**4. 常用运算举例**

(1) 取整数的某位数字(数码)：

例如，已知 int num=2573，则 num%10 的值为个位数字 3，num/10%10 的值为十位数字 7，num/100%10 的值为百位数字 5，num/1000%10 或 num/1000 的值为千位数字 2。

规律：num%10 得到 num 最后一位数字，num/10 得到 num 去除最后一位数字后的整数。

(2) 判断一个整数是否是另一个整数的倍数：

- num%2 的值为 0，表示 num 为偶数；不为 0，则表示 num 为奇数。
- num%5 的值为 0，表示 num 能被 5 整除，即 num 是 5 的倍数。

**5. 常见错误写法**

常见错误写法如表 2.14 所示。

表 2.14　算术表达式常见错误写法

| 数学表达式 | C 表达式 | 易错写法 | 错 误 原 因 |
| --- | --- | --- | --- |
| $b^2-4ac$ | b*b—4*a*c | b^2—4ac | 不能使用^表示幂次、漏写乘号 |
| (x+y)(x—y) | (x+y)*(x—y) | (x+y)(x—y) | 漏写乘号 |
| b/2a | b/(2*a)或 b/2/a | b/2*a 或 b/2a | 漏写 * 或( ) |
| x=1/4(y+z); | x=1.0/4*(y+z)或<br>x=1/4.0*(y+z)或<br>x=1.0/4.0*(y+z) | x=1/4*(y+z); | 1 和 4 均为整型，整除的结果为 0 |

## 2.6.3 赋值运算符

**1. 赋值运算符**

赋值运算符如表 2.15 所示。

表 2.15 赋值运算符

| 语　法 | 功　能 | 示　例 |
|---|---|---|
| 变量名=表达式； | 将赋值运算符"="右侧表达式的值（右值）赋值给"="左侧的变量（左值） | speed＝62.5；<br>s＝3.14＊r＊r；<br>i＝i+1； |

（1）变量每次只能存储一个值，当把新值赋给该变量后，新值会取代原有的值，即**新值覆盖旧值**。例如，执行下面语句

```
int age=1;
age =3;
```

后 age 的值为 3。

（2）赋值运算符的优先级低于算术运算符，结合方向是自右向左（**右结合性**）。例如，已知

```
int age=1;
```

执行语句

```
age=age+1;
```

先计算 age+1，即 1+1 得 2，再将 2 赋值给 age 变量，所以 age 的值为 2。

（3）不能使用赋值运算符给常量赋值。"**=**"**左侧只允许是变量**，不能是常量、表达式或其他。"="右侧可以是常量、变量、函数、表达式等。例如，

```
x+y=5;
6=i+1;
```

均为错误语句。

（4）"="右侧表达式值的数据类型应和"="左侧变量的**数据类型匹配**。不匹配时系统会进行自动类型转换，详见 2.7.1 节。

（5）赋值表达式也是有值的，它的值就是左侧变量的值。如果将赋值表达式的值再赋值给另外一个变量，就构成了**连续赋值**。例如，

```
x=y=z=8;    //正确。"="具有右结合性，其赋值过程等效于 z=8;y=8;x=8;
```

特别注意：C 允许多重赋值，但**变量定义语句中不允许采用多重赋值**。例如，

```
int x=y=z=8;    //错误。可修改为 int x=8, y=8, z=8;
```

**2. 复合赋值运算符**

C 语言为了使程序代码更为简洁，提供了复合赋值运算符，即在赋值号"="前加上其

他运算符。C 语言常用的复合赋值运算符如表 2.16 所示。

表 2.16 复合赋值运算符

| 运算符 | 示 例 | 功 能 | 说 明 |
|---|---|---|---|
| += | a+=3; | 等价于 a=a+3; | 无 |
| -= | b-=5; | 等价于 b=b-5; | 无 |
| *= | y*=x-2; | 等价于 y=y*(x-2); | 复合赋值运算符的右侧是一个整体 |
| /= | y/=x+6; | 等价于 y=y/(x+6); | 复合赋值运算符的右侧是一个整体 |
| %= | x%=5 | 等价于 x=x%5; | 无 |

例如,已知

```
int m=2;
```

问执行

```
m+=m-=m*m;
```

后 m 的值是多少?

由于赋值运算符具有右结合性,所以先执行 m-=m*m,等价于 m=m-m*m,则 m=2-2*2,m 为 -2。再执行 m+=-2,等价于 m=m+(-2),则 m=-2+(-2),m 为 -4。

### 3. 自增自减运算符

(1) C 语言提供了自增运算符(++),作用是使变量的值自增 1,如 i++ 和 ++i。还提供了自减运算符(--),作用是使变量的值自减 1,如 i-- 和 --i。

(2) ++ 和 -- 运算符是单目运算符,<u>只能用于变量</u>,不能用于常量或表达式。

(3) 格式及功能:

- ++变量名　　//++ 为前置运算符,功能为"**变量自加 1 后再参与运算**"
- --变量名　　//-- 为前置运算符,功能为"**变量自减 1 后再参与运算**"
- 变量名++　　//++ 为后置运算符,功能为"**变量参与运算后再自加 1**"
- 变量名--　　//-- 为后置运算符,功能为"**变量参与运算后再自减 1**"

(4) 当 i++ 和 ++i 分别充当完整的语句时,功能相同,相当于 i=i+1。当 i++ 与 ++i 分别充当语句的一部分时,功能则不同。比如 ++ 出现在赋值语句、输出语句、表达式中,如果变量名在前,则变量先参与运算,然后变量再自增 1;如果 ++ 在前,则变量先自增 1,然后变量再参与运算。

例如,已知

```
int i=1, x=0, y=2;
```

分别执行表 2.17 中的语句后,变量 i、x、y 的值各为多少?

(5) 为了增加程序的可读性,在使用自增自减运算符时,尽量不要在一个表达式中对同一个变量进行多次自增自减操作,如(++x)+(++x),不同的编译器可能产生不同的运算结果;++ 和 -- 最好单独使用,尽量不要和其他运算符混合在一起组成表达式,容易产生二义性,如语句 x=a－－－b 最好写成 x=(a－－)－b。

表 2.17  自增自减运算符举例

| 示例 | 功能 | 说明 | i | x | y |
|---|---|---|---|---|---|
| i++; | 等价于 i=i+1; | 完整的语句,i 自加 1,同++i; | 2 | | |
| i－－; | 等价于 i=i－1; | 完整的语句,i 自减 1,同－－i; | 0 | | |
| ++i; | 等价于 i=i+1; | 完整的语句,i 自加 1,同 i++; | 2 | | |
| －－i; | 等价于 i=i－1; | 完整的语句,i 自减 1,同 i－－; | 0 | | |
| x=y++; | 等价于 x=y; y=y+1; | ++后置,先使用 y,y 再自加 1 | | 2 | 3 |
| x=++y; | 等价于 y=y+1; x=y; | ++前置,y 先自加 1,再使用 y | | 3 | 3 |
| x=y－－; | 等价于 x=y; y=y－1; | －－后置,先使用 y,y 再自减 1 | | 2 | 1 |
| x=－－y; | 等价于 y=y－1; x=y; | －－前置,y 先自减 1,再使用 y | | 1 | 1 |

**4. 用计算机解决实际问题举例**

【例 2.8】 已知甲、乙两车所在地的距离和车速(匀速行驶),两车同时相向而行,求相遇的时间。

【问题分析】

(1) 定义 double 型变量 t、s、v1、v2,分别存放相遇时间、距离、车速 1、车速 2。

(2) 从键盘输入距离 s、车速 v1、车速 v2;应使用友好的提示信息提示用户输入数据。

(3) 通过 t=s/(v1+v2)得到 t 的值。

(4) 输出相遇时间 t。

【编程实现】

```
1    #include <stdio.h>
2    int main()
3    {
4        double t,s,v1,v2;
5        printf("请输入距离(千米)和两车的车速(千米/小时): ");
6        scanf("%lf%lf%lf",&s,&v1,&v2);
7        t=s/(v1+v2);                          //计算相遇时间
8        printf("相遇时间为: %f 小时\n",t);
9        return 0;
10   }
```

【运行结果】

```
C:\Windows\system32\cmd.exe
请输入距离(千米)和两车的车速(千米/小时): 10000 50 65
相遇时间为: 86.956522 小时
请按任意键继续. . .
```

【关键知识点】

(1) 用计算机解决问题的步骤:

- 思考:①输出什么?②必不可少的输入是什么?③使用什么样的数据结构?④如何从输入得到输出?

- 设计算法、检验算法、将算法编码实现。在 VS2010 中编辑代码、编译、运行。
- 设计算法的基本步骤：定义数据结构＋数据赋值＋计算＋输出。

（2）顺序结构程序中的"计算"一般是利用算术表达式和赋值表达式实现，即输出变量＝输入变量的相关计算；计算"＝"右边的表达式的值，将其赋值给"＝"左边的输出变量。如本例代码第 7 行，通过执行 t＝s/(v1＋v2);，变量 t 获得计算结果，再输出 t 的值即可。

【延展学习】

（1）仿照本例解决问题的步骤，解决其他顺序结构的实际问题。

（2）如果希望输出的结果保留两位小数，如何实现？详见 3.2 节。

### 2.6.4 逗号运算符

逗号表达式的格式：

表达式 1,表达式 2,表达式 3,…,表达式 n

逗号运算符
课堂练习

（1）逗号表达式的运算过程为：从左往右依次计算各表达式的值。

（2）逗号表达式作为一个整体，它的值为最后一个表达式的值，即表达式 n 的值。

（3）逗号运算符的优先级在所有运算符中最低。

（4）逗号表达式常用在 for 语句中，详见 5.3.1 节。

例如，已知

int a,b,c;

则表达式(a＝3,b＝5,b＋＝a,c＝b＊5)的值是多少？

解析：依次执行各语句，a 为 3,b 为 5,b＋＝a 等价于 b＝b+a,b 为 8,c＝b＊5 即 c 为 40,所以表达式的值是 40。

若想输出该表达式的值，可以写成 printf("%d",(a＝3,b＝5,b＋＝a,c＝b＊5))，此处的逗号表达式必须加圆括号。

例如，已知

double t;

则表达式(t＝1,t＋5,t＋＋)的值是多少？

解析：依次执行各语句，t 为 1,t＋5 为 6(此时 t 的值并没有改变,t 仍为 1),t＋＋为后置运算，即先使用 t 的值 1 作为表达式的值(所以整个逗号表达式的值是 1)，然后 t 自增 1,t 为 2。

扩展学习：
数据类型

## 2.7　类　型　转　换

类型转换
课堂练习

类型转换是将一种数据类型的值转换为另一种数据类型的值。C 语言有两种类型转换，即自动类型转换和强制类型转换。

### 2.7.1 自动类型转换

**自动类型转换**是当表达式中含有不同类型的常量或变量时,由编译系统按相应原则自动转换为同一种类型,也称为**隐式类型转换**。

自动类型转换由编译系统自动完成,无须进行任何明确的指令或函数调用。发生自动类型转换时,编译器可能会报警告信息,因此编程时应尽量避免出现自动类型转换。

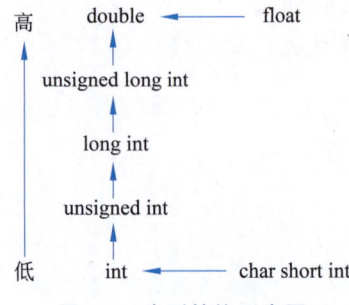

图 2.2 类型转换示意图

**1. 算术运算中的类型转换**

当多种类型的数据进行混合运算时,自动类型转换的原则是提升数据类型,即**低级别类型向高级别类型转换**,以保证不降低数据的精度。一般来说,占用的存储空间越大,数据类型的级别越高,反之,数据类型的级别越低。常用的类型转换如图 2.2 所示。

例如,系统在计算表达式 7.0/2 时,7.0 是 double 型,2 是 int 型,两个操作数类型不同,系统会进行自动类型转换,自动将 int 型的 2 转换成 double 型的 2.0,相当于计算 7.0/2.0,结果为 3.5。

**2. 赋值运算中的类型转换**

在执行赋值运算时,若赋值运算符两侧的数据类型不同,系统自动将赋值号右侧的数据类型转换为赋值号左侧变量的类型。

(1) **高类型向低类型转换**。此时的自动类型转换可能会导致**数据精度丢失**或**数据截断**。例如,

```
int a; a=15.5;            //a 的值为 15(取整,舍去小数部分)
```

解析:15.5 是 double 型占 8 字节,a 是 int 型占 4 字节,系统进行自动类型转换,将 double 型数据转换为赋值号左侧的 int 型,则**将 double 型数据的整数部分赋值给 a,小数部分直接丢弃**(称为数据截断)。此时会丢失一部分数据,数据的精度降低。

例如,

```
int b; b=3456789012.9;    //数据溢出,此时输出 b 的值是一个负数
```

解析:若 double 型数据的整数部分超出了 int 型的表示范围,则会发生**数据溢出**,最终得到错误的结果。3456789012 超出了 int 型的表示范围,发生了数据溢出现象,数据出错。

(2) **低类型向高类型转换**。此时的自动类型转换不会导致数据精度丢失或数据截断。例如,

```
double a; a=10;           //a 的值为 10.0(数值不变,以实数形式存储)
printf("%f",a/4);         //输出结果为 2.5,因为 a 是 double 型,10.0/4 得 2.5
```

解析:10 是 int 型占 4 字节,a 是 double 型占 8 字节,自动类型转换时编译器会将 10

转换为 double 型的格式进行存储，占 8 字节。

**3. 常见的自动类型转换规则**

（1）字符型转换为整型：取字符的 ASCII 码。

（2）实型转换为整型：取整，舍去小数部分。

（3）整型转换为实型：数值不变，以实数形式存储。

（4）double 型转换为 float 型：截取前 7 位有效数字（float 型数据的有效位数为 6～7 位）。

【例 2.9】 将从键盘输入的大写字母转换为小写字母，并输出该小写字母及其 ASCII 码。

【问题分析】

通过 1.1.4 节的学习，我们了解到在 ASCII 码表中，A～Z、a～z、0～9 均是连续编码的（即各个字符的 ASCII 码是连续的，依次增加 1。如 A 的 ASCII 码是 65，B 的 ASCII 码是 66，……），且大、小写字母的 ASCII 码相差 32，即 $C_大 = C_小 - 32$。

定义一个 char 型变量 ch，用于存放从键盘输入的大写字母；使用 ch＝ch＋32 语句得到对应的小写字母；然后输出小写字母及其 ASCII 码。

【编程实现】

```
1    #include <stdio.h>
2    int main()
3    {
4        char ch;
5        printf("请输入一个大写字母：");
6        scanf("%c",&ch);                       //从键盘输入一个字符,格式符使用%c
7        ch=ch+32;                              //大写字母转换为小写字母
8        printf("对应的小写字母是：%c\n",ch);     //输出字符,格式符使用%c
9        printf("%c 的 ASCII 值是：%d\n",ch,ch); //使用%d 格式输出 ch 的 ASCII
10       return 0;
11   }
```

【运行结果】

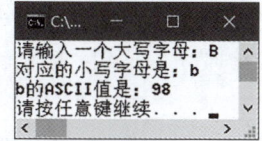

【关键知识点】

（1）字符型数据在内存中存储的是其 ASCII 码，如字符 A 的 ASCII 码为 01000001，即十进制数 65。因此字符型数据可以以其 ASCII 码参与算术运算。

（2）代码第 6 行，从键盘输入一个*字符型*数据，格式符使用**%c**。

（3）第 7 行，char 型变量 ch 转换成 int 型参与算术运算。若从键盘输入的大写字母是 B，则相当于 ch＝66＋32，将计算结果 98 存入 ch 中。

（4）第 8 行，对于 char 型变量 ch，可使用**%c**格式符，以*字符形式*输出字符 b。

（5）第 9 行，对于 char 型变量 ch，可使用**%d**格式符，以*数值形式*输出其 ASCII 码。

【延展学习】

(1) 大写字母转换为小写字母,还可使用 ch$_小$ = ch$_大$ - 'A'+'a'的方法实现。

(2) 小写字母转换为大写字母,还可使用 ch$_大$ = ch$_小$ - 'a'+'A'的方法实现。

### 2.7.2 强制类型转换

**强制类型转换**也称为**显式类型转换**,是由编程者明确指出需要进行的类型转换。格式:

> (类型说明符)(表达式)

功能:把表达式的运算结果强制转换成类型说明符所表示的数据类型。

表达式也可以是常量、变量,此时后面的圆括号可以省略,如(int)(3.2+2)、(int)2.5、(char)a。

强制类型转换可以使编程者在必要时对数据类型进行更精确的控制,但也可能会导致数据的丢失或截断。

例如,

```
(int)3.5+4.8;       //先将 3.5 转换为 int 型的 3,然后计算 3+4.8,结果为 7.8
(int)(3.5+4.8);     //先计算 3.5+4.8 得 8.3,然后将 8.3 转换为 int 型,结果为 8
```

例如,已知

```
int x=10, y=4;
```

则(double)x/y、x/(double)y、(double)x/(double)y 均为 2.5。而(double)(x/y)的结果为 2.0,这是因为先做了整除运算,x/y 得 2,再对 2 进行强制类型转换。

**注意:**

(1) 强制类型转换只作用于变量的值,即仅得到中间结果,原变量的类型不发生变化。如语句 int x=10,y=4;(double)x/y 将 x 的值整数 10 转换为浮点数 10.0,计算 10.0/4 结果为 2.5,但变量 x 的类型不变,仍然为 int 型。

(2) 在强制类型转换中,从高级别类型转换为低级别类型时,容易引起数据的丢失或截断。如实型数据强制转换为整型时,直接取整数部分,舍弃小数部分;double 型数据强制转换为 float 型时,直接截取前 7 位有效数字,舍弃多余位数。

(3) 编程中需要类型转换时,建议使用强制类型转换运算符,以形成良好的编程习惯。

【例 2.10】 修改例 2.8 的代码,将计算出的相遇时间以几小时几分钟的形式输出,秒数忽略不计。

【问题分析】

增加 int 型变量 hour、minute 分别存放小时数、分钟数。计算出相遇时间的分钟数 t;使用(int)t/60 得到小时数(整数除法,结果取整);使用(int)t%60 得到分钟数(%的两个操作数必须是整型)。

【编程实现】

```
1    #include <stdio.h>
2    int main()
3    {
4        double t,s,v1,v2;
5        int hour,minute;
6        printf("请输入距离(千米)和两车的车速(千米/小时): ");
7        scanf("%lf%lf%lf",&s,&v1,&v2);
8        t=s/(v1+v2) * 60;              //计算相遇时间(分钟数)
9        hour=(int)t/60;                //强制类型转换,整数除法
10       minute=(int)t%60;              //强制类型转换,%取余运算
11       printf("相遇时间为:%d小时%d分钟\n",hour,minute);
12       return 0;
13   }
```

【运行结果】

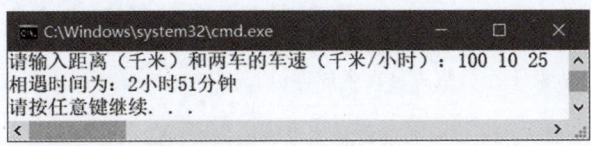

【关键知识点】

(1) 需要利用整除运算(两个整数相除,结果取整)得到小时数,所以代码第 9 行使用强制类型转换(int)t/60。

(2) 需要利用模运算计算分钟数,%的左右操作数必须都是整型,所以第 10 行使用强制类型转换(int)t%60。

【延展学习】

若需将相遇时间转换成几小时几分钟几秒钟的形式呢？读者可以尝试着修改例 2.10。

## 2.8 常见错误小结

| 常见错误示例 | 错误描述及解决方法 | 错误类型 |
| --- | --- | --- |
| fatal error LNK 1123：转换到 COFF 期间失败：文件无效或损坏 | 解决方法一：将"项目→项目属性→配置属性→清单工具→输入和输出→嵌入清单"中的"是"改为"否"即可,但是每新建一个项目都要这样设置一次<br>解决方法二：找到计算机中的两个 cvtres.exe 文件：一个是 C:\Program Files(x86)\Microsoft Visual Studio 10.0\vc\bin\cvtres.exe,另一个是 C:\Windows\Microsoft.NET\Framework\v4.0.30319\cvtres.exe。从右键菜单中选择"属性→详细信息",查看两者版本号,重命名(或删除)较旧的版本。该方法可彻底解决问题 | 编译错误 |

续表

| 常见错误示例 | 错误描述及解决方法 | 错误类型 |
| --- | --- | --- |
| fatal error LNK1169：找到一个或多个多重定义的符号 | 错误描述：在一个项目中有多个 main()函数；或在一个项目中包含多个.c 文件，而每个文件中有一个 main()函数<br>解决方法：删除多余的 main()函数或.c 文件 | 编译错误 |
| error LNK2019：无法解析的外部符号 \_WinMain@16，该符号在函数 \_\_tmainCRTStartup 中被引用 | 解决方法：在 VS2010 中新建项目时不能选择新建"Win 32 项目"，改为选择新建"Win32 控制台应用程序" | 编译错误 |
| fatal error LNK1168：无法打开 D:\mytest\Debug\mytest.exe 进行写入<br>注意：错误提示信息中的文件名不一定是 mytest.exe | 错误描述：运行结果窗口（对应的就是 mytest.exe）未关闭<br>解决方法：关闭运行结果窗口后，再次生成（按 F7 键）即可。若任务栏上未显示运行结果窗口，可按 Ctrl＋Alt＋Del 键，打开任务管理器，然后在"详细信息"选项卡下找到 mytest.exe（单击"名称"可排序），单击"结束任务"，然后再次生成即可 | 编译错误 |
| void main()<br>{<br>    …<br>    return 0；<br>} | 错误描述：void 类型的函数是无返回值函数，在函数体中不能通过 return 返回一个值<br>解决方法：可改为以下两种写法，建议用前一种：<br>int main()       void main()<br>{                 {<br>    …               …<br>    return 0；     } | 编译错误 |
| y=2； | 错误描述：变量未定义就使用<br>解决方法：改为 int y=2；或者 int y；  y=2； | 编译错误 |
| x=2；<br>int x； | 错误描述：变量先使用，后定义<br>解决方法：可改为：int x；x=2；<br>//变量必须先定义、再使用，要注意语句的书写顺序 | 编译错误 |
| int x,y；<br>int x； | 错误描述：变量不能重复定义<br>解决方法：int x,y；int z； | 编译错误 |
| int x,y；<br>y=x+3； | 错误描述：运行时报错"The variable 'x' is being used without being initialized"<br>错误原因：变量 x 未赋初值<br>解决方法：根据实际情况将第 1 行修改为以下内容（三选一）：<br>(1) int x=2,y；    //定义变量的同时赋初值<br>(2) int x,y; scanf("%d",&x)；    //通过键盘输入 x 的值<br>(3) int x,y; x=2；    //先定义变量，在使用 x 前先给 x 赋值 | 编译警告 |

| 常见错误示例 | 错误描述及解决方法 | 错误类型 |
|---|---|---|
| int x=6.5; | **警告描述**：从 double 转换到 int,可能丢失数据<br>**警告原因**：发生了自动类型转换,6.5(double 型)转换成赋值号左边的变量类型(int),只保留整数部分<br>**解决方法**：改为 double x=6.5;　　// x 的值为 6.5<br>或者 int x=(int)6.5;　　// x 的值为 6 | 编译警告 |
| printf("**********\n");<br>int a; | **错误描述**：C89 规定：函数体中的所有变量定义语句应写在执行语句(含输出语句、输入语句等)之前,即写在函数体的开头位置。变量 a 的定义语句放在了执行语句之后,所以错误<br>**解决方法**：将 int a 放在 printf 语句之前 | 编译错误 |
| const double PI; | **错误描述**：const 常量必须在定义的同时赋初值<br>**解决方法**：改为 const double PI=3.14; | 编译错误 |
| const double PI=3;<br>PI=3.14; | **错误描述**：程序运行过程中符号常量的值不能被修改<br>**解决方法**：直接在定义语句中修改,改为 const double PI=3.14; | 编译错误 |
| #define PI | **错误描述**：宏常量必须在定义时指定替代字符串<br>**解决方法**：改为 #define PI 3.14 | 运行错误 |
| #define PI 3.14; | **错误描述**：多了分号,PI 将由"3.14;"替代<br>**解决方法**：改为 #define PI 3.14 | 运行结果错误 |
| #define PI 3.14<br>PI=3.14159; | **错误描述**：程序运行过程中宏常量的值不能被修改<br>**解决方法**：直接在定义语句中修改,改为 #define PI 3.14159 | 编译错误 |
| int x=y=2; | **错误描述**：在定义变量时不能使用多重赋值语句<br>**解决方法**：改为 int x=2, y=2; 或者 int x,y; x=y=2; | 编译错误 |
| double x=4;<br>double y;<br>y=x%3; | **错误描述**：%非法使用,左操作数是 double 型<br>**错误原因**：只能对整型数据进行模运算(%)<br>**解决方法**：改为 int x=4; 或者 y=(int)x%3; | 编译错误 |
| int x=6;<br>double y;<br>y=x/4; | **错误描述**：若被除数、除数均为整型数据,则进行的是整除运算,结果只保留商的整数部分,故 x/4 的结果为 1<br>**解决方法**：若想得到含小数的计算结果,则被除数、除数至少有一个应为浮点型。若想得到结果 1.5,可修改为以下形式之一：<br>(1) int x=6; double y; y=x/4.0;<br>(2) int x=6; double y; y=(double)x/4;<br>(3) nt x=6; double y; y=x/(double)4;<br>(4) double x=6; double y; y=x/4;<br>**注意**：int x=6;double y;y=(double)(x/4);仍然只能得到结果 1,原因是先做了整数除法,得到了结果 1 后,再进行强制类型转换 | 计算结果不精确 |

续表

| 常见错误示例 | 错误描述及解决方法 | 错误类型 |
|---|---|---|
| char x="a"; | **错误描述**：字符常量应该用单引号引起来<br>**解决方法**：改为 char x='a'; | 编译错误 |
| 程序中出现：零做除数，对负数开平方、取对数等 | **错误描述**：零作为除数进行除法运算，结果无穷大，出现溢出现象；对负数开平方、取对数，是非法的浮点数运算<br>**解决方法**：程序中避免出现此类操作 | 运行错误 |

## 2.9 练 习 题

**一、单项选择题**

1. 一个 C 语言的源程序总是从（　　）开始执行。
   A. 程序的第一个函数　　　　　　B. 程序的第一行代码
   C. 子函数　　　　　　　　　　　D. 主函数

2. 以下选项中，（　　）是合法的变量名。
   A. int　　　　　B. B+A　　　　　C. 2a　　　　　D. a2

3. 以下选项中，（　　）不是 C 语言的基本数据类型。
   A. 字符型　　　B. 数组　　　　　C. 整型　　　　D. 浮点型

4. char 型变量在内存中占用（　　）字节。
   A. 1　　　　　　B. 2　　　　　　C. 4　　　　　　D. 8

5. 若有语句 int s,t,A=100;double B=6;s=sizeof(A);t=sizeof(B);printf("%d,%d\n",s,t);;，则执行后输出（　　）。
   A. 2,4　　　　　B. 4,4　　　　　C. 4,8　　　　　D. 8,4

6. 以下选项中，（　　）表示的是不正确的转义字符。
   A. '\\'　　　　　B. '\t'　　　　　C. '\b'　　　　　D. '\'

7. 字符串常量 "hello□\n\t" 占用的内存空间是（　　）字节。（注：□表示空格）
   A. 10　　　　　B. 9　　　　　　C. 8　　　　　　D. 7

8. 以下选项中，能用作 C 语言常量的是（　　）。
   A. o115　　　　B. 0118　　　　C. 1.5e1.5　　　D. 0x7AF

9. 以下选项中，能正确定义变量的语句是（　　）。
   A. double x;y;　　　　　　　　　B. double x=y=1;
   C. double ,x,y;　　　　　　　　　D. double x=1,y=2;

10. 以下选项中，能正确定义变量且赋初值的语句是（　　）。
    A. int a=2.8;　　　　　　　　　B. char c=48;
    C. float f=f+0.1;　　　　　　　D. double d=1.23E1.2;

11. 以下选项中,能正确定义符号常量 AGE 的是(　　)。
    A. ♯define AGE＝18;　　　　　　　　B. ♯define AGE 18
    C. ♯define AGE 18;　　　　　　　　 D. ♯define AGE＝18

12. 若有定义 const double PI＝3.14;int x＝1;double y＝2.5;char z＝'z';,则以下选项中错误的是(　　)。
    A. x++;　　　　B. y++;　　　　C. z++;　　　　D. PI++;

13. 若有定义 int a,b;double x,y;,则以下选项中正确的表达式是(　　)。
    A. a％(int)(x－y)　　　　　　　　B. a＋x＝y
    C. (a＊y)％b　　　　　　　　　　D. y＝x＋y＝x

14. 若有定义 int x＝8,y＝3;,则 x/y 的结果是(　　)。
    A. 2.7　　　　B. 2.666666...　　　C. 2　　　　D. 2.66667

15. 若有定义 int n＝14,i＝4;,则语句 n％＝i＋1;执行后 n 的值是(　　)。
    A. 2　　　　　B. 3　　　　　　C. 4　　　　　D. 4.5

16. 下列运算符中,优先级最低的是(　　)。
    A. ＝　　　　　B. ,　　　　　　C. ＋　　　　　D. /

17. 若有定义 int j＝3.2＊4;,则变量 j 的值是(　　)。
    A. 12　　　　　B. 12.8　　　　 C. 13　　　　　D. 14

18. 若有定义 int x＝17;,则表达式(＋＋x＊1/2)的值是(　　)。
    A. 8　　　　　B. 8.5　　　　　C. 9　　　　　D. 9.5

19. 若有定义 int x＝17;,则表达式(x＋＋＊1/2)的值是(　　)。
    A. 8　　　　　B. 8.5　　　　　C. 9　　　　　D. 9.5

20. 若有语句 int a＝6,x; x＝(a＊6,a％4);,则执行后 x 的值是(　　)。
    A. 0　　　　　B. 2　　　　　　C. 9　　　　　D. 36

21. 若有语句 int n1,n2; n1＝6; n2＝＋＋n1; n1＝n2＋＋;,则执行后 n1、n2 的值分别是(　　)。
    A. 7、8　　　　B. 7、7　　　　 C. 6、7　　　　D. 6、6

22. 若有定义 int i＝6;,则表达式(－－i/2＊5)的值是(　　)。
    A. 15　　　　　B. 12.5　　　　 C. 10　　　　　D. 5

23. 若有定义 int m＝3;,则执行 m＋＝m－＝m＊m;后,m 的值是(　　)。
    A. 3　　　　　B. －3　　　　　C. －9　　　　　D. －12

24. 若有定义 int x＝2;,则以下表达式中值不为 6 的是(　　)。
    A. x＊＝x+1　　B. 2＊x,x＋＝2　　C. x＊＝(1＋x)　　D. x＋＋,2＊x

25. 若有定义 int x;float y;double i;,则表达式 y＋'b'＋x＊i 的结果类型是(　　)。
    A. int　　　　　B. float　　　　　C. double　　　　D. 不确定

26. 若有语句 int a＝10,b＝20; printf("％d",(a,b));,则执行后输出结果是(　　)。
    A. 10　　　　　B. 20
    C. 输入格式符不够,输出不确定的值　　D. 10,20

27. 若有语句 double x; int a＝3,b＝6; x＝(double)(a/b);,则执行后变量 x 的值

是（　　）。

  A. 0      B. 0.5      C. 1.0      D. 2.0

28. 若有语句 char c1,c2;c1='A'+'7'－'3';c2='A'+'7'－'4';printf("％c,％d\n",c1,c2);;,执行后输出结果是(　　)。

  A. E,68     B. D,69     C. E,D     D. 输出不定值

## 二、判断题

1. C 源程序文件的扩展名是.cpp。　　　　　　　　　　　　　　　　　　（　　）
2. C 语言的编译系统对源程序编译时,可以检查出注释语句中的语法错误。（　　）
3. C 语言的源程序中,至少要有一个主函数 main()。　　　　　　　　　　（　　）
4. "C"是字符常量。　　　　　　　　　　　　　　　　　　　　　　　　（　　）
5. C 语言中,变量 Sum 和 sum 是不同的。　　　　　　　　　　　　　　（　　）
6. C 语言的程序中,对变量一定要先定义再使用,定义只要在使用之前就可以。

  　　　　　　　　　　　　　　　　　　　　　　　　　　　　　　　（　　）

7. 执行语句 const double PI=3.14;后,可以重新对 PI 赋值。　　　　　（　　）
8. 语句 c_char='\n';表示将小写字母 n 赋值给字符变量 c_char。　　　（　　）
9. 若有语句 double x=2.5; int i=(int)x;语句执行后 x 的类型是 int 型。（　　）
10. 表达式(int)((double)(5/2)+2.5)的值是 4。　　　　　　　　　　　　（　　）

## 三、阅读程序,写出运行结果

```
#include<stdio.h>
int main()
{
    int octn,decn=0,s=1;
    scanf("%d",&octn);
    decn=decn+octn%10*s;
    octn=octn/10;
    s=8*s;
    decn=decn+octn%10*s;
    printf("%d\n",decn);
    return 0;
}
```

输入数据为：10。

## 四、程序填空题

**程序功能**：从键盘输入一个三位整数,计算并输出该数的各位数字之和。例如,输入 568,由 568 分离出其百位 5、十位 6、个位 8,然后计算 5＋6＋8 的结果并输出。输入/输出格式参见运行结果。

【运行结果】

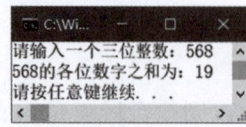

```
#include <stdio.h>
int main()
{
    int num,a,b,c,sum;
    printf("请输入一个三位整数：");
    scanf("%d",&num);
    a=_____①_____;        //a 存放个位数
    b=_____②_____;        //b 存放十位数
    c=_____③_____;        //c 存放百位数
    sum=a+b+c;
    printf("%d 的各位数字之和为：%d\n",num,sum);
    return 0;
}
```

**五、程序改错题**

**程序功能**：求从键盘输入的三个整数的平均数并输出。输入/输出格式参见运行结果。

（一行算一个错误，共 5 个错误）

```
1       /*求三个整数的平均数
2       int main()
3       {
4           int a,b,c,sum;
5           double avg;
6           printf("请输入三个整数：\n");
7           scanf("%d%d%d",&a,&b,&c);
8           sum=a+b+c;
9           avg=sum/3;
10          printf("平均数是：%d\n",avg);
11          return 0;
12      }
```

【运行结果】

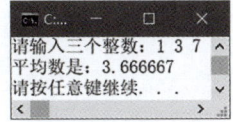

**六、编程题**

1. **程序功能**：用 n 个球排圆圈，每个圆圈由 m 个球组成，问最多能排出多少个圆圈？排完后还剩多少个球？输入/输出格式参见运行结果。

【运行结果】

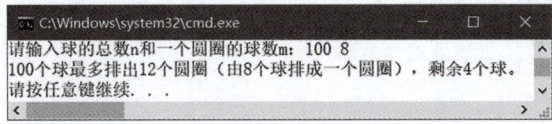

2. **程序功能**：将从键盘输入的摄氏温度转换为华氏温度并输出。转换公式：摄氏温度＝(华氏温度－32)×5/9。输入/输出格式参见运行结果。

第 2 章　C 语言基础知识

【运行结果】

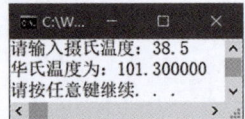

3. 程序功能：从键盘输入一个[1000,9999]内的整数，输出其反序数。例如，输入的数为2345，则输出5432。输入/输出格式参见运行结果。

【运行结果】

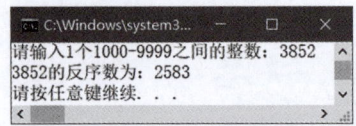

4. 程序功能：从键盘输入球的半径，计算并输出球的体积。球的体积公式：$V=\frac{4}{3}\pi r^3$，π取3.14159。要求使用宏常量或const常量定义π的值。输入/输出格式参见运行结果。

【运行结果】

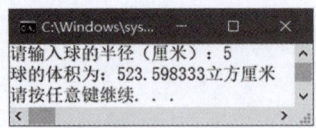

5. 程序功能：从键盘输入一个字母序号（1～26，A、a字母序号为1），判断它对应字母表中的哪个字母，输出该字母的大写、小写形式以及ASCII码。输入/输出格式参见运行结果。

【运行结果】

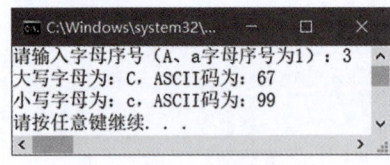

# 第2章练习题答案与解析

扫描二维码获取练习题答案与解析。

第2章 练习题答案与解析

# 第 3 章 顺序结构

【学习要点】
- 字符的输入与输出。
- 数据的格式化输出。
- 数据的格式化输入。
- 顺序结构程序设计。

## 3.1 字符的输入与输出

在 C 语言中,字符有字符常量和字符型变量两种表示方法。字符常量是用单引号引起来的一个字符。例如,'A'是一个字符常量,而语句"char A;"中的 A 是一个字符型变量,可以用来存储任意一个字符。'9'是一个字符常量,而 9 则是一个整型常量。

C 语言的标准库函数中,有专门用于字符的输入函数 getchar()和输出函数 putchar()。

### 3.1.1 字符常量的输出

字符常量的值是固定不变的,其值不能修改,可用 putchar()函数将一个字符常量输出到屏幕上。字符常量的输出主要有以下两种方法。

字符常量的输出课堂练习

**1. 单引号表示的字符常量的输出**

putchar()的参数可以是字符常量,必须加单引号,例如:

```
putchar('a');          //输出字符 a
putchar('9');          //输出字符 9
putchar('\\');         //输出字符 \
putchar('\101');       //输出字符 A。'A'的 ASCII 码为 65,其八进制表示为 101
putchar('\x42');       //输出字符 B。'B'的 ASCII 码为 66,其十六进制表示为 0x42
putchar('\n');         //输出换行符
```

**2. 整型表达式表示的字符常量的输出**

putchar()的参数也可以直接是字符常量的 ASCII 码(不能加单引号),或者是计算结果为整数的表达式。例如：

```
putchar(97);           //输出字符a,97是'a'的ASCII码
putchar(57);           /*输出字符9,57是'9'的ASCII码。若写成putchar(9);错误
                         但输出的是ASCII码为9的字符,它是一个不可见字符*/
putchar('a'-32);       /*输出字符A,'a'的ASCII码为97,减32得到65,
                         即'A'的ASCII码*/
```

### 3.1.2 字符型变量的输入/输出

字符型变量的输入/输出课堂练习

**1. 字符型变量的输入**

若要输入字符型变量的值,可用getchar()函数实现。当程序调用getchar()函数时,该函数会从输入缓冲区(也称为标准输入流)中读取字符,每调用一次就读取一个字符,即getchar()函数一次读取一个字符,函数调用的返回值是其读取到的字符的ASCII码。如果用户一次输入了多个字符,则未被读取的字符会保留在输入缓冲区中,后续调用getchar()函数时将被读取。

**2. 字符型变量的输出**

与字符常量相同,字符型变量的输出仍然可以使用putchar()函数。例如：

```
char ch = 'A';          //定义字符型变量ch并进行初始化
putchar(ch);            //输出大写字母A。变量名不能加单引号
putchar(ch+32+1);       /*输出小写字母b。计算表达式ch+32+1时,会进行自动类型转换,
                          用ch中所存字符A的ASCII码65参与运算,即65+32+1=98,
                          98为小写字母b的ASCII码 */
```

【**例3.1**】 从键盘输入由3个小写字母构成的人名,将其第一个字母转换成大写后输出完整的人名。

【**问题分析**】

大小写字母的ASCII码相差32,即$C_大 = C_小 - 32$。英文名的3个英文字母可以用3个字符型变量来接收,然后将第一个变量转换成大写字母,再输出3个变量的值即可。

【**编程实现**】

```
1    #include <stdio.h>
2    int main()
3    {
4        char ch1,ch2,ch3;
5        printf("请输入由3个小写字母构成的人名：");
6        ch1=getchar();              //接收第一个英文字母
7        ch2=getchar();              //接收第二个英文字母
8        ch3=getchar();              //接收第三个英文字母
9        ch1=ch1-32;                 //将第一个小写字母转换为大写字母
10       printf("处理后的人名：");
11       putchar(ch1);               //输出第一个英文字母
12       putchar(ch2);               //输出第二个英文字母
13       putchar(ch3);               //输出第三个英文字母
14       putchar('\n');              //输出一个换行符
15       return 0;
16   }
```

【**运行结果**】

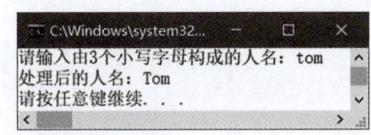

【关键知识点】

(1) 代码第 6~8 行调用 getchar() 函数分别接收 3 个英文字母,将接收字母的 ASCII 码分别赋值给对应的字符型变量 ch1、ch2、ch3。

(2) 调用 getchar() 或 putchar() 函数一次只能输入或输出一个字符,若要处理多个字符,必须多次调用函数才能实现。

【延展学习】

(1) getchar() 函数能否接收不可显示的字符?

(2) 若每次输入的人名长度不相等,该如何处理?详见 7.4 节。

## 3.2 数据的格式化输出

数据的格式化输出 课堂练习

在 C 语言的标准库函数中,专门用于格式化输出的函数为 printf(),在头文件 stdio.h 中声明,主要功能是向标准输出设备(一般指显示器)按规定格式输出信息。

**1. printf() 函数的一般格式**

printf() 函数的调用格式为:

printf(格式控制字符串,输出数据项参数表);

(1) 格式控制字符串是双引号引起来的字符串,包含两部分:普通字符和格式控制符。在输出时,普通字符将按原样输出,格式控制符并不直接输出,而是用于控制 printf() 函数中参数的转换和输出。每个格式控制符都由一个百分号(%)开始,以转换说明字符结束,说明输出数据项的类型、宽度、精度等输出格式,如表 3.1 所示。

表 3.1　printf() 函数的格式控制符

| 格式控制符 | 数据类型 | 描述 |
| --- | --- | --- |
| %d | int | 输出有符号十进制整数,正数的符号省略 |
| %u | unsigned | 输出无符号十进制整数 |
| %o | unsigned | 输出无符号八进制整数(没有前导 0) |
| %x | unsigned | 输出无符号十六进制整数(没有前导 0x),十六进制的数码 abcdef 以小写形式输出 |
| %X | unsigned | 输出无符号十六进制整数(没有前导 0X),十六进制的数码 ABCDEF 以大写形式输出 |
| %f | float 或 double | 输出十进制表示的浮点数,默认输出 6 位小数 |

第 3 章　顺序结构

续表

| 格式控制符 | 数据类型 | 描述 |
|---|---|---|
| %lf | double | 输出十进制表示的浮点数,默认输出6位小数(lf从C99开始加入C语言标准) |
| %e | float 或 double | 输出科学记数法表示的浮点数,默认输出6位小数,e以小写形式输出,如3.500000e−3 |
| %E | float 或 double | 输出科学记数法表示的浮点数,默认输出6位小数,E以大写形式输出,如3.500000E−3 |
| %g | float 或 double | 自动选取%f或%e格式输出宽度较小的一种使用,且不输出无意义的0 |
| %c | char | 输出一个字符 |
| %s | | 输出一个字符串 |
| %% | | 输出一个百分号% |

(2) 输出数据项可以是常量、变量或表达式,多个输出数据项之间用逗号隔开,每个数据项与格式控制字符串中的格式控制符一一对应。

例如,若有

```
int age=18;
char sex='M';
float score=98.5;
```

则相应的输出语句及其输出结果如图3.1所示,图中标明了格式控制说明符与输出参数表之间的一一对应关系,例如,第一个输出数据项"张三",是字符串,因此双引号中的第一个格式控制符应为%s;第二个输出数据项age+1的计算结果为int型,因此双引号中的第二个格式控制符应为%d;以此类推,sex对应格式控制符为%c,score对应格式控制符为%f。

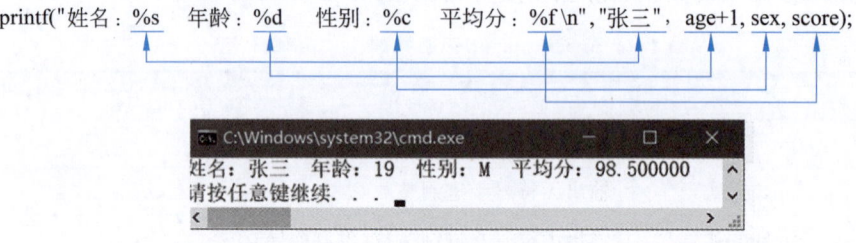

图3.1 基本数据格式输出

【例3.2】 从键盘输入一个B~Z的大写英文字母,输出该英文字母,及其前驱字母、后继字母的基本信息(包括字母及其ASCII码)。

【问题分析】

从ASCII码表可以看出,大写英文字母的ASCII码是连续的,即'A'的ASCII码是65,'B'的ASCII码是66,以此类推。故除'A'和'Z'之外,所有字母的前驱字母的ASCII码就是该字母的ASCII码减1,后继字母的ASCII码就是该字母的ASCII码加1。

【编程实现】

```
1    #include<stdio.h>
2    int main()
3    {
4        char ch1,ch2,ch3;
5        printf("请输入一个大写英文字母：");
6        ch1=getchar();              //接收一个英文字母
7        ch2=ch1-1;                  //得到 ch1 的前驱字母
8        ch3=ch1+1;                  //得到 ch1 的后继字母
9        printf("字母%c 的 ASCII 码是：%d。\n",ch1,ch1);
10       printf("字母%c 的前驱字母是：%c,其 ASCII 码是：%d。\n",ch1,ch2,ch2);
11       printf("字母%c 的后继字母是：%c,其 ASCII 码是：%d。\n",ch1,ch3,ch3);
12       return 0;
13   }
```

【运行结果】

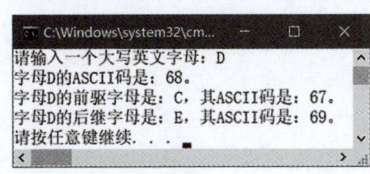

【关键知识点】

（1）语句 printf("%c",ch)和语句 putchar(ch)等价，都是输出一个字符。

（2）语句 printf("\n")和语句 putchar('\n')等价，都是在屏幕上输出一个换行符。请注意两条语句中分别用的是双引号、单引号。

（3）字符型变量，可以用格式控制符%c 进行输出，输出的是字符；也可以用格式控制符%d 进行输出，输出的是该字符的 ASCII 码。

**2. printf( )函数的格式修饰符**

在 printf( )函数的格式说明中，在%和格式符中间插入如表 3.2 所示的格式修饰符，可以对输出格式进行控制，如设置数据的域宽（输出宽度）、输出精度、左右对齐方式等。

表 3.2　printf( )函数的格式修饰符

| 格式修饰符 | 用　　法 |
| --- | --- |
| l | 修饰格式符 d、o、x、u 时，表示输出数据类型为 long |
| L | 修饰格式符 f、e、g 时，表示输出数据类型为 long double |
| h | 修饰格式符 d、o、x 时，表示输出数据类型为 short |
| 输出宽度 m（m 为整数） | 指定输出项输出时所占的列宽，即域宽<br>（1）若 m>0 时，当输出数据宽度小于 m 时，在域内向右对齐，输出数据左边多余位补空格；若 m 前有有导符 0，则输出数据左边多余位补 0；当输出数据宽度大于或等于 m 时，按实际宽度全部输出数据；<br>（2）若 m<0，则输出数据在域内向左对齐，输出数据右边多余位补空格 |

| 格式修饰符 | 用法 |
|---|---|
| 显示精度.n(n为大于或等于0的整数) | 由一个圆点及其后的整数构成,若与输出宽度同时使用,应写在输出宽度的后面,即形式为 m.n<br>(1) 对于浮点数,用于指定输出的小数位数<br>(2) 对于字符串,用于指定从字符串左侧开始截取的子串的字符个数 |

【例 3.3】 输入球的半径,求其体积与表面积。要求将圆周率定义为常量,输出结果保留 2 位小数。

【问题分析】

根据球的体积公式 $V = \dfrac{4}{3}\pi R^3$ 与表面积公式 $S = 4\pi R^2$ 即可求解。

【编程实现】

```
1    #include<stdio.h>
2    #define PI 3.1415926
3    int main()
4    {
5        double R,S,V;
6        printf("请输入球的半径 R: ");
7        scanf("%lf",&R);              //输入球的半径
8        V=4.0/3*PI*R*R*R;             //求球的体积
9        S=4*PI*R*R;                   //求球的表面积
10       printf("默认输出:\n");
11       printf("球的体积:%f;表面积:%f。\n\n", V, S);
12       printf("设置为保留2位小数:\n");
13       printf("球的体积:%.2f;表面积:%7.2f。\n", V, S);
14       return 0;
15   }
```

【运行结果】

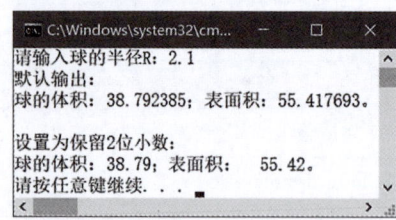

【关键知识点】

(1) 对于 double 型变量,输入时(程序第 7 行)必须使用格式符%lf,其详细解释见 3.3 节;而输出时可以用%f 或%lf,即第 11、13 行的%f 都可改为%lf。

(2) 第 8 行求体积的公式中,若写成 4/3,表示整除法,其计算结果为 1,无法求出正确的体积。所以应写成 4.0/3 或 4/3.0,表示普通除法。

(3) 从第 11 行代码对应的输出可以看到,浮点数默认输出 6 位小数。

(4) 第 13 行,输出球的体积时,将输出格式设置为％.2f,表示不设置输出宽度(按实际宽度输出),设置小数位数为 2 位,因此,输出值 38.79 紧挨着前面的中文冒号。输出表面积时,将输出格式设置为％7.2f,表示输出宽度为 7,小数位数为 2 位,而输出值 55.42 已经占了 5 个字符的宽度(包括小数点),故需要在该数前补充 2 个空格。在输出时,会进行四舍五入。

## 3.3 数据的格式化输入

数据的格式化输入课堂练习

在 C 语言的标准库函数中,专门用于格式化输入的函数为 scanf(),在头文件 stdio.h 中声明,主要功能是从标准输入设备(一般指键盘)按规定格式读取信息。

**1. scanf()函数的一般格式**

scanf()函数的调用格式为:

scanf(格式控制字符串,输入项参数地址表);

(1) 格式控制字符串指定了输入的格式,它包含格式控制符和分隔符两部分。格式控制符用于指定各参数的输入格式,通常由％开始,并以一个格式字符结束,如表 3.3 所示。分隔符是指输入数据时两个数据之间的分隔符号,如空格、♯号、逗号等。

表 3.3　scanf()函数的格式控制符

| 格式控制符 | 描　　述 |
| --- | --- |
| ％d | 十进制整数的输入 |
| ％o | 八进制整数的输入 |
| ％x | 十六进制整数的输入 |
| ％c | 一个字符的输入,空白字符也会作为一个有效字符输入 |
| ％f 或％e | float 型实数的输入 |
| ％％ | 输入一个百分号 |
| ％s | 一个字符串的输入(字符串以空格、回车、制表符结束) |

(2) 输入项参数地址表是由变量地址组成的列表,参数之间用逗号隔开。通过取地址运算符 & 获取变量的地址,例如,&age 表示变量 age 的地址。scanf()函数要求必须指定接收数据的变量地址,否则数据不能读入到指定的内存单元。变量的地址列表必须与格式说明符依次对应。

**2. scanf()函数的格式修饰符**

与 printf()函数一样,在 scanf()函数的％和格式符中间也可以加入相关的格式修饰符,如表 3.4 所示。scanf()函数在输入数值型数据时,一般遇到回车符、空格符、制表符(Tab)、非数值字符时表示数据输入结束,而这些字符出现在数值前面时被忽略;在 scanf() 函数中出现域宽修饰符时,当输入的数据达到输入域宽时,数据输入也会结束。

表3.4 scanf()函数的格式修饰符

| 格式修饰符 | 描 述 |
|---|---|
| l | 加在格式符 d、o、x、u 之前,用于输入 long 型数据<br>加在格式符 f、e 之前,用于输入 double 型数据 |
| L | 加在格式符 f、e 之前,用于输入 long double 型数据 |
| h | 加在格式符 d、o、x 之前,用于输入 short 型数据 |
| 域宽 m(正整数) | 指定输入数据的宽度,系统自动按此宽度截取所需数据 |
| * | 表示对应的输入项在读入后不赋给任何变量 |

【例 3.4】 演示 scanf()函数的输入格式。

【编程实现】

```
1    #include<stdio.h>
2    int main()
3    {
4        int m, n;
5        float a, b;
6        double x, y;
7        printf("请输入 2 个整数: ");
8        scanf("%d%d", &m, &n);
9        printf("%d+%d=%d\n\n", m, n, m+n);
10       printf("请输入 2 个整数,用逗号隔开: ");
11       scanf("%d,%d", &m, &n);
12       printf("%d+%d=%d\n\n", m, n, m+n);
13       printf("请输入 2 个实数: ");
14       scanf("%f%f", &a, &b);
15       printf("%f+%f=%f\n\n", a, b, a+b);
16       printf("请输入 2 个实数,用#隔开: ");
17       scanf("%lf#%lf", &x, &y);
18       printf("%f+%f=%f\n", x, y, x+y);
19       printf("%g+%g=%g\n", x, y, x+y);
20       return 0;
21   }
```

【运行结果】

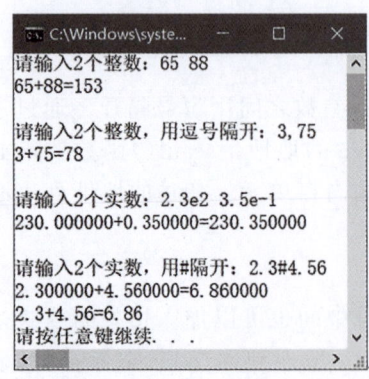

【关键知识点】

(1) 代码第 8、11、14、17 行的参数地址列表,必须在参数变量名前加上地址符 &,否则数据不能输入。如语句 scanf("%d%d",m,n)会导致程序运行时异常终止。

（2）第 8 行的 scanf()的两个格式说明符%d 之间没有任何分隔符，则输入的两个数据之间可以用空格键、Tab 键或回车键作为分隔符。通常采用空格作为分隔符输入数据，即 65　88✓ ，其中✓表示回车键。

（3）若格式说明符之间用了指定的分隔符，输入数据时必须按照指定的分隔符（区分中英文状态）输入，否则数据输入失败。例如，第 11 行的两个%d 之间用英文逗号进行分隔，则数据的输入格式为：65,88✓，即两个整数之间必须用英文逗号隔开，若使用中文逗号、空格或其他符号隔开，则是错误的。

若将输入语句改为

```
scanf("m=%d,n=%d",&m,&n);
```

则数据输入格式为：

```
m=65,n=88✓
```

（4）对于 float 型变量，输入时可以使用格式说明符%f 或%e，如第 14 行所示；对于 double 型变量，输入时可以使用%lf 或%le（不能用%f 或%e），如第 17 行所示。程序运行时，从键盘输入的数据，既可以是普通小数（如 2.3），也可以是指数形式的（如 2.3e2）。

（5）不管是 float 型还是 double 型变量，输出时既可以使用%f，也可以使用%lf，因此，第 15、18 行的%f 也可改为%lf。

（6）对比第 18、19 行代码对应的输出，可以发现：用%f 输出时，默认输出 6 位小数，小数不够 6 位时补 0；用%g 输出时，不会输出无意义的 0。

【延展学习】

关于 scanf()函数的格式控制字符串，除了本例中的基本用法以外，还有以下用法。

（1）通过格式修饰符指定输入数据的宽度（即域宽），这样，在输入数据时，将自动按照域宽从输入的数据中截取所需数据。例如：

```
scanf("%2d%2d",&m,&n);
```

输入数据为：356289✓时，m 和 n 的宽度都为 2，故 m=35,n=62。

虽然在输入时可以指定域宽，但是不能指定小数的位数，例如：

```
float a; scanf("%5.2f",&a);
```

是错误的；将%5.2f 改为%5f 后，语句正确。

（2）通过忽略输入修饰符 * 忽略输入数据中的部分内容，例如，在输入两个数据时，若想以任意字符作为分隔符，则输入语句可写成：

```
scanf("%d%*c%d",&m,&n);
```

其中，%*c 表示与其对应的输入项在读入后不赋给任何变量，也就意味着用户可以用任意字符作为分隔符来输入数据。当用户输入 65　88✓ 或 65,88✓ 或 65&88✓ 时，m、n 均能正确获取数据 65、88。

如语句：

```
scanf("%2d%*3d%2d",&m,&n);
```

其中,%*3d 表示在从输入缓冲区读入数据时,有 3 个字符宽度的数据在读入后不赋给任何变量,即忽略这部分输入。若输入的数据为 123456789↙,m=12,n=67。

**3. 用%c 输入字符时存在的问题及解决方法**

请对比以下两段程序及其运行结果。

程序一:
```
#include<stdio.h>
int main()
{
    int a;
    char ch;
    printf("请输入一个字符: ");
    scanf("%c",&ch);
    printf("请输入一个整数: ");
    scanf("%d",&a);
    printf("输入的是: %c 和%d",ch,a);
    printf("\n");
    return 0;
}
```

程序二:
```
#include<stdio.h>
int main()
{
    int a;
    char ch;
    printf("请输入一个整数: ");
    scanf("%d",&a);
    printf("请输入一个字符: ");
    scanf("%c",&ch);
    printf("输入的是: %c 和%d",ch,a);
    printf("\n");
    return 0;
}
```

【运行结果】

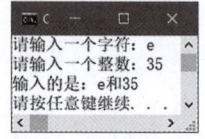

【运行结果】

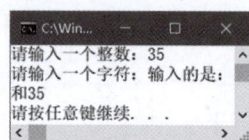

程序一先输入字符,再输入整数,运行结果正常。程序二先输入整数,再输入字符,运行时出现了问题:程序直接跳过字符的输入。其原因是:输入 35↙后,35 被变量 a 接收,但回车符仍然留在输入缓冲区,接下来执行语句

```
scanf("%c",&ch);
```

时,直接从缓冲区提取回车符并存入变量 ch 中,最终导致了不正常的运行结果。

解决该问题的方法有如下 3 种。

(1) 在 scanf("%c",&ch)前增加一条语句 getchar()来接收上一次输入时存入缓冲区的回车符,这样 scanf("%c",&ch)便可正常接收用户输入的字符。

(2) 将输入语句改为 scanf("%*c%c",&ch),此时%*c 将忽略上一次输入时存入缓冲区的回车符。

(3) 在格式说明符%c 前加一个空格,即改为 scanf("  %c",&ch),此处加入的空格作为分隔符。则程序运行时,用户在输入有效字符前可以按下任意多个空格键、Tab 键或回车键,这正好对应了上一次输入时存入缓冲区的回车符。

第 3 种方法更为常用。

## 3.4 顺序结构程序设计

顺序结构程序设计 微视频

任何一个 C 语言源程序的整体结构都是顺序结构。顺序结构是最简单的程序结构，也是最常用的程序结构，只要按照解决问题的先后顺序写出相应的语句即可，其执行顺序是自上而下，依次执行。

顺序结构的程序主要包括数据的输入、处理、输出（**I**nput、**P**rocess、**O**utput），可用 IPO 图表示，如图 3.2 所示。作为初学者，应熟悉并掌握 IPO 图。

| 输入数据（从键盘输入初值或用"="赋值） |
|---|
| 处理数据 |
| 输出结果 |

图 3.2 顺序结构程序的 IPO 图

【例 3.5】 输入职工的职工号、性别、基本工资和奖励工资，计算其工资总和，输出其工资单（保留 2 位小数）。

【问题分析】

根据图 3.2 的 IPO 图，本例的 N-S 流程图如图 3.3 所示。

| 定义变量：职工号(int)、性别(char)、基本工资、奖励工资、工资总和(double) |
|---|
| 从键盘输入职工号、性别、基本工资、奖励工资 |
| 计算工资总和 |
| 输出职工的基本信息和工资总和 |

图 3.3 例 3.5 算法的 N-S 流程图

【编程实现】

```
1   #include<stdio.h>
2   int main()
3   {
4       int eNo;                         //职工号
5       char sex;                        //性别,M代表男,F代表女
6       double basic, bonus, total;      //依次为基本工资、奖励工资、工资总和
7       printf("请输入职工号: ");
8       scanf("%d",&eNo);
9       printf("请输入性别: ");
10      scanf(" %c",&sex);               //%c 前有一个空格
11      printf("请输入基本工资和奖励工资: ");
12      scanf("%lf%lf", &basic, &bonus);
13      total=basic+bonus;
14      printf("\n%14s\n","工资单");
15      printf("****************************\n");
16      printf("工资号: %-9d 性别: %c\n", eNo, sex);
17      printf("本月基本工资: %8.2f 元\n", basic);
18      printf("本月奖励工资: %8.2f 元\n", bonus);
19      printf("本月工资总和: %8.2f 元\n", total);
20      return 0;
21  }
```

【运行结果】

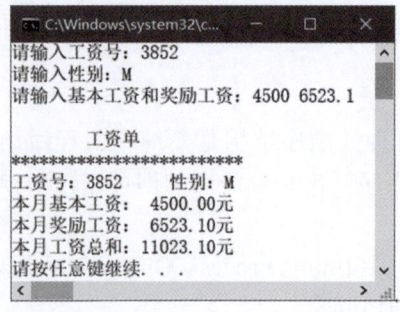

【关键知识点】

（1）代码第 10 行的 %c 前需要加一个空格，若不加，则运行该程序时，输入工资号后会跳过性别的输入。也可采用 3.3 节介绍的其他方法来解决这一问题。

（2）第 14 行的 %14s 表示输出一个字符串，输出宽度为 14 且右对齐。本例输出字符串"工资单"占 6 个字符的宽度，在其左侧补充了 8 个空格。

（3）第 16 行的 %－9d 表示输出一个整数，输出宽度为 9 且左对齐。因此，在输出 3852 时，在其右侧补充了 5 个空格。

（4）第 17～19 行在输出数据时均进行了宽度设置，只要工资号不超过 9 位，且工资总和在 10 万元以内，那么工资单的四行数据就可以确保右侧对齐输出，以达到美观的效果。

## 3.5　常见错误小结

| 常见错误示例 | 错误描述及其解决方法 | 错误类型 |
| --- | --- | --- |
| printf("Welcome");<br>print("Welcome"); | 错误原因：误将 printf() 函数写成 print() 或 printf()，编译系统无法识别这些函数<br>解决方法：printf("Welcome"); | 链接错误 |
| int a;<br>scanf("a＝%d, &m"); | 错误原因：误将参数地址表写入格式控制字符串的双引号中，运行时不能输入数据到变量中<br>解决方法：scanf("a＝%d", &m); | 运行错误 |
| int a;<br>scanf("a＝%d", m); | 错误原因：变量名前未加地址符 &<br>解决方法：scanf("a＝%d", &m); | 编译警告 |
| printf(Welcome);<br>scanf("a＝%d", &m); | 错误原因：缺少双引号，或者使用中文双引号<br>解决方法：printf("Welcome"); scanf("a＝%d", &m); | 编译错误 |
| int m, n;<br>scanf("%2d%2d\n", &m, &n); | 错误原因：在 scanf() 的格式说明符中出现转义字符 \n<br>解决方法：删掉 \n | 运行错误 |
| double a;<br>scanf("%f", &a); | 错误原因：输入 double 数据时，格式说明符写成了 %f<br>解决方法：将 %f 改为 %lf，即格式控制字符串中的格式说明符应与输入的数值类型一致 | 运行错误 |

续表

| 常见错误示例 | 错误描述及其解决方法 | 错误类型 |
|---|---|---|
| int a=5;<br>printf("a=%d");<br>printf("a=", a); | 错误原因：第 1 次输出，printf()函数缺少了对应的输出项；第 2 次输出，printf()函数缺少了格式说明符<br>解决方法：printf("a=%d", a); | 运行错误 |
| int a, b;<br>scanf("%d%d", &a, &b);<br>用户输入数据：23,45↵ | 错误原因：从键盘输入数据时使用的分隔符与 scanf()函数的格式控制字符串中指定的分隔符不一致<br>正确输入：23□45↵ | 运行错误 |
| float m;<br>scanf("%7.2f", &m); | 错误原因：用 scanf()函数输入浮点数时不能设置精度<br>解决方法：scanf("%7f", &m); 或者 scanf("%f", &m); | 运行错误 |

## 3.6 练 习 题

**一、单项选择题**（注：□代表空格，↵代表回车）

1. 以下不能输出字符'B'的语句是(　　)。
   A. putchar(66);　　　　　　　　B. putchar(B);
   C. putchar('\x42');　　　　　　D. putchar('A'+1);

2. 以下不能输出字符'B'的语句是(　　)。
   A. printf("%c\n",'a'−31);　　　B. printf("%d\n",'A'+1);
   C. printf("%c\n",66);　　　　　D. printf("%c\n",'B');

3. 以下程序段的输出结果是(　　)。

```
int a=1, b=0;
printf("%d,",b=a+b);
printf("%d\n",a=2*b);
```

   A. 1,2　　　　B. 1,0　　　　C. 3,2　　　　D. 0,0

4. 以下程序段的输出结果是(　　)。

```
char c1='A', c2='D';
printf("%d,%d", c1, c2-2);
```

   A. 65,68　　　B. A,68　　　　C. A,B　　　　D. 65,66

5. 以下程序段的输出结果是(　　)。

```
int x=32;
double y=3.141593;
printf("%d%8.6f",x,y);
```

   A. 323.141593　　　　　　　　　B. 32□3.141593
   C. 32,3.141593　　　　　　　　 D. 323.1415930

6. 以下程序段的输出结果是(　　)。

第 3 章　顺序结构

```
int x=32;
double y=3.141593;
printf("%d%9.5f",x,y);
```

　　A. 323.141593　　　　　　　　　　B. 323.14159

　　C. 32□3.14159　　　　　　　　　　D. 32□□3.14159

7. 有以下程序段：

```
int a,b;
scanf("%d;%d",&a,&b);
```

若想通过键盘输入，使变量 a、b 的值分别为 3、5，则正确的输入是(　　)。

　　A. 3□5↙　　　　B. 3,5↙　　　　C. 3;5↙　　　　D. 35↙

8. 有以下程序段：

```
int m,n,p;
scanf("m=%dn=%dp=%d",&m,&n,&p);
```

若想通过键盘输入，使变量 m、n、p 的值分别为 123、456、789，则正确的输入是(　　)。

　　A. m=123n=456p=789↙　　　　　B. m=123 n=456 p=789↙

　　C. m=123,n=456,p=789↙　　　　D. 123□456□789↙

9. 有以下程序段：

```
int a,b,c;
scanf("%d,%d,%d", &a,&b &c);
```

若想通过键盘输入，使变量 a、b、c 分别为 3、4、5，则错误的输入是(　　)。

　　A. 3,4,5↙　　　　　　　　　　　B. □□□3,4,5↙

　　C. 3,□□4,□□5↙　　　　　　　D. 3□4□5↙

10. 有以下程序段：

```
int a1, a2;
char c1, c2;
scanf("%d%c%d%c", &a1, &c1, &a2, &c2);
printf("%d,%c,%d,%c", a1, c1, a2, c2);
```

若想通过键盘输入，使变量 a1、a2、c1、c2 的值分别为 22、44、'a'、'b'，输出结果是：

```
22,a,44,b
```

则正确的输入是(　　)。

　　A. 22□a44□b↙　　　　　　　　B. 22□a□44□b↙

　　C. 22,a,44,b↙　　　　　　　　　D. 22a44b↙

11. 有以下程序段：

```
int a; float b;
scanf("%2d%f",&a,&b);
```

若从键盘输入：875□544.0↙，则变量 a 和 b 的值分别是(　　)。

A. 87 和 5.0　　　　B. 875 和 544.0　　　C. 87 和 544.0　　　D. 75 和 544.0

12. 有以下程序段：

```
char a, b, c, d;
scanf("%c%c", &a, &b);
c=getchar();
d=getchar();
printf("%c%c%c%c\n", a, b, c, d);
```

若按下列方式输入数据（从第1列开始，↙代表回车，注意：回车也是一个字符）：
42↙
34↙

则输出结果是(　　)。

　　A. 42□34　　　　B. 42　　　　　　C. 4234　　　　　D. 423

13. 有以下程序段：（说明：字符0的ASCII码值为48）

```
char c1,c2;
scanf("%d",&c1);
c2=c1+9;
printf("%c,%c\n",c1,c2);
```

若从键盘输入：48↙
则输出结果是(　　)。

　　A. 48,57　　　　B. 4857　　　　　C. 0,9　　　　　D. 09

14. 以下输出语句中错误的是(　　)。

　　A. printf("%f\n",'s');　　　　　　B. printf("%d %c\n",'s','s');
　　C. printf("%c\n",'s'－32);　　　　D. printf("%c\n",65);

15. 若有定义

```
char ch; int a; double d;
```

若从键盘输入：12345□678910.36↙
以下能给各个变量正确赋值的输入语句是(　　)。

　　A. scanf("%d%c%lf",&a,&ch,&d);
　　B. scanf("%5d%2c%7.2lf",&a,&ch,&d);
　　C. scanf("%d%c%lf",a,ch,d);
　　D. scanf("5d%2c%7.2lf",&a,&ch,&d);

二、判断题

1. scanf()函数不能实现字符数据的输入。　　　　　　　　　　　　　　(　　)
2. 格式控制符%e表示可以以指数形式输入一个浮点数。　　　　　　　(　　)
3. 格式控制符%d%*c%d表示在输入两个整数时，这两个整数之间的间隔符可以是任意字符。　　　　　　　　　　　　　　　　　　　　　　　　　　　(　　)
4. %7.2f表示输出一个浮点数时，浮点数的宽度为7(不包括小数点)，小数保留2位。
　　　　　　　　　　　　　　　　　　　　　　　　　　　　　　　　(　　)

5. 对于 double 型的实数,可以在 printf() 函数的格式化字符串中使用 n1.n2 的形式来指定输出宽度。n1 指定输出数据的宽度(包括小数点),n2 指定小数点后小数位数,也称为精度。（　　）

6. 格式控制符％-5f 表示输出的浮点数在域内靠右对齐。（　　）

7. 已定义了整型变量 d1 和 d2,则输入语句 scanf("%d,%d\n",&d1,&d2);可以实现数据的输入。（　　）

8. 输入浮点数时,可以在 scanf() 函数中设置输入浮点数的精度。（　　）

9. 使用 getchar() 函数时,只可以接收可显示字符。（　　）

10. 已定义了字符型变量 ch,语句 scanf(" %c",&ch);中,在％c 前面加了一个空格,可用于忽略上一次输入的回车键。（　　）

11. 在输入整数或实数等数值型数据时,输入数据之间必须用空格、回车符、制表符等间隔符隔开,间隔符个数不限。（　　）

12. 格式控制符％f 既可用于输出 float 型实数,也可用于输出 double 型实数。（　　）

### 三、编程题

1. **程序功能**：从键盘输入三个整数,计算其平均值并输出。要求：输出平均值时,数据宽度为 7,保留 2 位小数。输入/输出格式参见运行结果。

【运行结果】

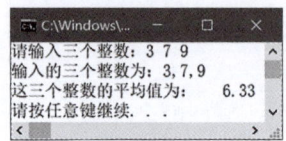

2. **编程实现**：有人从一山顶绝壁向下抛石头,经过 t 秒后听到石头落地的声音,请计算此山的高度 h(不考虑声音的传播用时)。

提示：自由落体公式 $h=\frac{1}{2}gt^2$。要求：将重力加速度 g 定义为符号常量,山的高度保留 1 位小数。输入/输出格式参见运行结果。

【运行结果】

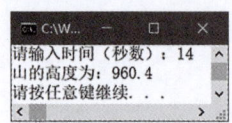

3. **编程实现**：从键盘输入一角度值,计算并输出其对应的弧度值。要求：圆周率 π 使用符号常量,值取 3.14159;弧度值保留 3 位小数。输入/输出格式参见运行结果。

【运行结果】

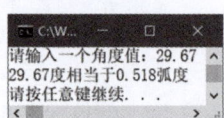

4. **编程实现**：输入某人的身高、体重,求其 BMI 值。BMI 称为身体质量指数,是用体

重(千克)除以身高(米)的平方得出的值,是目前国际上常用的衡量人体胖瘦程度以及是否健康的一个标准。输出结果保留 2 位小数。输入/输出格式参见运行结果。

【运行结果】

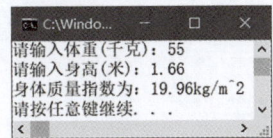

5. **编程实现**:一小孩在光滑的桌面弹弹球,请输入弹球的初速度、末速度和经过的时间,速度单位为"米/分钟",时间单位为"分钟",计算弹球的加速度(保留 2 位小数)并输出。输入/输出格式参见运行结果。提示:加速度=(末速度-初速度)÷经过的时间。

【运行结果】

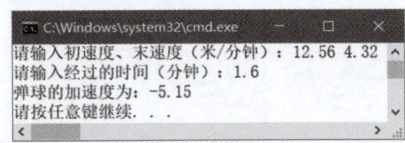

6. **程序功能**:从键盘依次输入 3 个数字字符('0'除外),然后将这 3 个字符组成一个 3 位数输出。例如,输入的字符为'1'、'2'、'6',则组成的 3 位数为 126。输入/输出格式参见运行结果。

【运行结果】

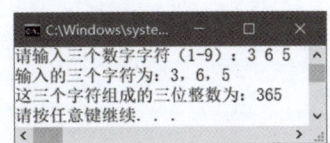

7. **程序功能**:计算地球与月球之间的万有引力。万有引力公式为:$F=\dfrac{Gm_1m_2}{r^2}$,其中:万有引力常量 $G=6.67\times10^{-11}\mathrm{N\cdot m^2/kg^2}$,$m_1$ 和 $m_2$ 的单位为千克(kg),$r$ 的单位为米(m)。从键盘输入地球质量 $m_1$、月球质量 $m_2$、地月距离 $r$,输出地球与月球之间的万有引力。

提示:地球质量为 $5.965\times10^{24}$ kg,月球质量为 $7.349\times10^{22}$ kg,地月距离为 $3.84\times10^{8}$ m。

要求:在程序中用宏常量表示万有引力常量 G。输出结果保留 4 位小数。

输入/输出格式参见运行结果。

【运行结果】

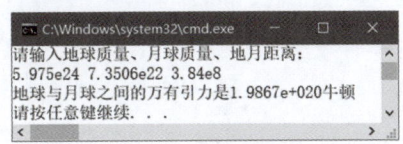

8. **程序功能**:从键盘输入某同学的学号、性别及三门课程的成绩,计算其平均成绩并输出。输出成绩保留 2 位小数,并注意输出格式美观,每项对齐,输入/输出格式参见运行结果。

【运行结果】

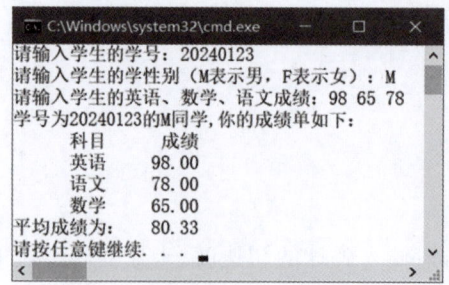

## 第 3 章练习题答案与解析

扫描二维码获取练习题答案与解析。

第 3 章　练习题答案与解析

# 章 选 择 结 构

【学习要点】

在解决实际问题时,经常需要根据某个判断条件是否成立来选择执行不同的操作,此时需要用到选择结构。其中,简单的判断条件可以用关系表达式表示,复杂的判断条件通常用逻辑表达式表示。在C语言中,用于实现选择结构的语句有单分支语句 if、双分支语句 if-else 和开关语句 switch。本章的学习要点如下:

- 关系运算符与关系表达式。
- 逻辑运算符与逻辑表达式。
- 用 if 语句实现单分支选择结构。
- 用 if-else 语句实现双分支选择结构。
- 条件运算符与条件表达式。
- 用 if-else 嵌套语句实现多分支选择结构。
- 用 switch 语句实现多分支选择结构。

## 4.1 关系运算符与关系表达式

### 4.1.1 关系运算符

如果需要比较两个数据的大小,可以使用关系运算符。C语言提供的关系运算符如表 4.1 所示。

表 4.1 关系运算符

| 运 算 符 | 含 义 | 优 先 级 | 结合方向 |
| --- | --- | --- | --- |
| <、<= | 小于、小于或等于 | 7 | 自左至右 |
| >、>= | 大于、大于或等于 | | |
| ==、!= | 等于、不等于 | 8 | |

关系运算符的优先级高于赋值运算符、低于算术运算符。关系运算符的两个字符之间不能加空格,如>=不能写成 > =。

## 4.1.2 关系表达式

关系表达式
课堂练习

用关系运算符将两个表达式连接起来的式子称为**关系表达式**，语法格式如下：

&lt;表达式&gt; 关系运算符 &lt;表达式&gt;

其中，表达式可以是常量、变量、算术表达式、关系表达式、赋值表达式等。

关系表达式通常用于表示一个判断条件，判断的结果只有两种可能性：**条件成立（真）** 或 **条件不成立（假）**。在C语言中，用整数1表示"真"，用整数0表示"假"，即关系表达式的值是整数1或0。

例如，若判断条件为"n不能被3整除"，可以用以下两个表达式来表示：

```
(1) n%3!=0     //若n除以3的余数不等于0，则表达式的值为真
(2) n%3        //当n%3的结果等于1或2时，为真；当n%3的结果等于0时，为假
```

在C语言中，当数值型数据直接作为判断条件时，**非0（含正数、负数）等价于"真"，0 等价于"假"**。

例如，已知

```
int A=5, B=9, C=2;
```

求下列各关系表达式的值。

```
(1) A<B        //比较结果为真，表达式的值为1
(2) A==B<C     //等价于A==(B<C)，B<C的值为假(0)，A==0为假(0)，表达式的值为0
(3) A<B<C      //等价于(A<B)<C，A<B的值为真(1)，1<C为真(1)，表达式的值为1
```

在上例(3)中，B的值并不在A和C之间，但表达式 A<B<C 的值为真，即数学中的不等式 A<B<C 在C程序中不能直接书写，那么这种情况应该如何表示呢？详见4.2节。

**使用关系运算符时应注意：**

(1) = 与 == 的区别：= 为赋值运算符，其作用是将 = 右侧表达式的值（即右值）赋给其左侧的变量（即左值）；== 为关系运算符，其作用是比较其左右两侧的值是否相等。== 的左右两侧可以是常量、变量或表达式。

(2) 编程时对浮点数一般不用 == 进行判断，原因是十进制的浮点数转换成二进制存储时有精度损失，无法精确表示。一般通过判断两数之差的绝对值是否在可接受的范围内，从而确定两个浮点数是否相等。例如，比较两个 double 型变量 a 和 b 是否相等，可以通过判断关系表达式 fabs(a−b)<1e−8 是否成立来确定，若表达式成立，则表示 a 与 b 之差小于 $10^{-8}$，可以认为 a 和 b 相等。其中，fabs() 函数的功能是求浮点数的绝对值，详见 6.3 节。

# 4.2 逻辑运算符与逻辑表达式

## 4.2.1 逻辑运算符

经过前面的分析可知，在C语言中，关系表达式 A<B<C 无法表示"B大于A且B小

于 C"这个判断条件。要表示这种比较复杂的条件,需要用到逻辑运算符。

**逻辑运算符**也称**布尔运算符**,包括**逻辑与 &&**、**逻辑或||**和**逻辑非!** 3种运算符,如表 4.2 所示。&& 和||是双目运算符,在运算符两侧各有一个操作数,如 4&&6、A<B&&B<C、8||x+y 等。!为单目运算符,其左侧无操作数,右侧有一个操作数,如!5、!x、!(x>y)等。

表 4.2 逻辑运算符

| 运 算 符 | 运 算 | 优 先 级 | 结合方向 |
| --- | --- | --- | --- |
| ! | 逻辑非 | 3 | 自右向左 |
| && | 逻辑与 | 12 | 自左向右 |
| \|\| | 逻辑或 | 13 | |

逻辑运算的结果只有"真"或"假",即 **1** 或 **0**。逻辑运算的运算规则如表 4.3 所示。

表 4.3 逻辑运算真值表

| a | b | !a | a&&b | a\|\|b |
| --- | --- | --- | --- | --- |
| 0 | 0 | 1 | 0 | 0 |
| 0 | 非0 | 1 | 0 | 1 |
| 非0 | 0 | 0 | 0 | 1 |
| 非0 | 非0 | 0 | 1 | 1 |

数值型数据直接参与逻辑运算时,**非 0(含正数、负数)等价于"真",0 等价于"假"**,如 5&&0 的值为 0,-3||0 的值为 1。

&& 和||的结合性为自左向右,优先级低于关系运算符;! 是单目运算符,运算顺序为自右向左,优先级高于所有的双目运算符。已学的常用运算符的优先级如图 4.1 所示。

优先级高 ──── ! 算术运算符 关系运算符 && || 赋值运算符 逗号运算符 ──── 优先级低

图 4.1 常用运算符的优先级

## 4.2.2 逻辑表达式

用**逻辑运算符**连接而成的表达式称为**逻辑表达式**,其值只有两种:**条件成立**时为**真**,用 **1** 表示;**条件不成立**时为**假**,用 **0** 表示。语法格式如下:

<表达式>双目逻辑运算符<表达式>

或

单目逻辑运算符<表达式>

其中的表达式可以为常量、变量、算术表达式、关系表达式、赋值表达式等。

例如,已知

```
int A=5,B=0;
```

求下列各逻辑表达式的值。

```
(1) !A                  //A 为 5,相当于真(值为 1),!1 结果为 0
(2) B&&A                //B 为 0,相当于假(值为 0),即表达式的值为 0
(3) !B<2 || 5&&A<=5     //B 为 0,!B 为 1,结果为 1
```

例如,写出满足以下条件的合法的 C 语言表达式。
(1) 数学算式 $60 \leqslant score < 80$:

```
score>=60 && score<80
```

(2) 有 char 型变量 ch,且已正确赋值。判断 ch 是否为大写字母:

```
ch>='A' && ch<='Z'
```

判断 ch 是否为字母:

```
ch>='A' && ch<='Z' || ch>='a' && ch<='z'
```

(3) 数学算式 $|a| < 10^{-5}$:

```
a>-1e-5 && a<1e-5
```

数学算式 $|a| >= 10^{-5}$:

```
a<=-1e-5 || a>=1e-5
```

### 4.2.3 逻辑运算的短路特性

在求解逻辑表达式时,并不是所有的运算都会被执行,当求解过程中可以确定整个逻辑表达式的值时,后续的运算将不再进行,这个特性称为逻辑运算的**短路特性**,它提高了程序的执行效率。

当多个表达式用 **&&** 连接,自左向右计算时,如果其中一个表达式的值为假,则不必计算其后的各个表达式,逻辑与的结果一定为假。

当多个表达式用 **||** 连接,自左向右计算时,如果其中一个表达式的值为真,则不必计算其后的各个表达式,逻辑或的结果一定为真。

例如,

```
int x=2, y=3, z;    z=x>4&&(y=5);
```

其执行过程为:先计算 x>4,其值为 0,&& 的左边为 0,发生短路,可以直接确定 z 的值为 0。所以 && 右侧的表达式不再执行,y 不会被赋值为 5,代码执行完后,y 仍然为 3。若改为 z=x<4&&(y=5),则执行完后,z 为 1,y 为 5。

**注意**:由于赋值运算符的优先级低于逻辑运算符,所以,以上代码中的圆括号不能省略。

```
int x=2, y=3, z;   z=x<4||(y=5);
```
其执行过程为:先计算 x<4,其值为 1,|| 的左边为 1,发生短路,可以直接确定 z 的值为 1。所以 || 右侧的表达式 y=5 不再执行,代码执行完后,y 仍然为 3。

## 4.3　单分支与双分支选择结构

如果判断条件成立,则执行操作 A,否则什么都不执行,这种选择结构称为**单分支选择结构**,用 if 语句实现。如果判断条件成立,则执行操作 A,否则执行操作 B,这种选择结构称为**双分支选择结构**,用 if-else 语句实现。两种选择结构的语法格式如下。

```
单分支选择结构:                双分支选择结构:
if (判断条件 P)                if (判断条件 P)
    语句块 A                       语句块 A
                              else
                                  语句块 B
```

其中:

(1) **判断条件 P** 一般为关系表达式或逻辑表达式。

(2) **语句块 A 或 B** 可以是一条语句(建议省略{ }),也可以是由花括号定界的多条语句,称为**复合语句**。复合语句必须加{ },在语法上将其作为一条语句对待。

(3) else 分句不能单独使用,必须与 if 配对使用。

两种选择结构的 N-S 流程图如图 4.2 和图 4.3 所示。

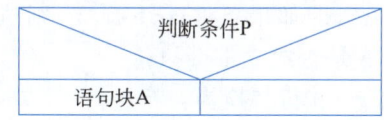
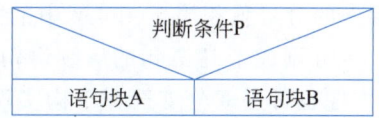

图 4.2　单分支选择结构的 N-S 流程图　　　图 4.3　双分支选择结构的 N-S 流程图

单分支选择结构的执行过程为:先计算"判断条件 P"的值,若为真(非 0),则执行语句块 A;若为假(0),则什么都不执行;继续执行选择结构的后继语句。

双分支选择结构的执行过程为:先计算"判断条件 P"的值,若为真(非 0),则执行语句块 A;否则执行语句块 B;继续执行选择结构的后继语句。

【例 4.1】　从键盘输入两个整数 a 和 b,计算并输出其中的较大值。

【问题分析】

定义变量 max 用于存储较大值,可以先假设 a 是较大值,即将 a 存入 max,然后用 if 语句判断条件 a<b 是否成立,若成立,则将 b 存入 max,最后输出 max 的值。

算法的 N-S 流程图如图 4.4 所示。

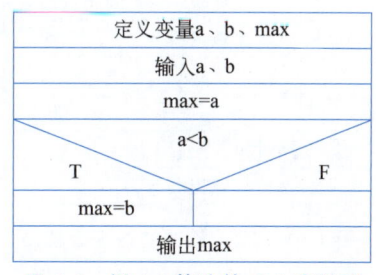

图 4.4　例 4.1 算法的 N-S 流程图

【编程实现】

```
1    #include <stdio.h>
2    int main()
3    {
4        int a,b,max;
5        printf("请输入 a,b: ");
6        scanf("%d,%d",&a,&b);         //输入两个整数时用逗号分隔
7        max=a;
8        if(a<b)
9            max=b;
10       printf("max=%d\n",max);
11       return 0;
12   }
```

【运行结果】

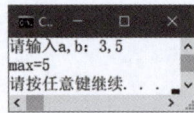  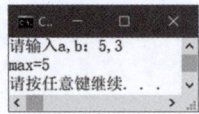

【关键知识点】

（1）代码第 8、9 行是选择结构，若条件 a<b 不成立，则跳过第 9 行，直接执行第 10 行。

（2）第 8 行后面不能加分号，若误加了分号，程序无语法错误，但有逻辑错误。在 C 程序中，单独使用的分号称为空语句，空语句是一条语句，但它不执行任何操作。写在 if(a<b) 后面的分号就相当于图 4.2 中的"语句块 A"，即如果条件 a<b 成立，则执行空语句；而 max=b 则成了 if 语句的后续语句，不论 a<b 是否成立都会执行。

（3）本题也可用双分支选择结构实现，即将第 7~9 行替换为：

```
if(a<b)
    max=b;
else
    max=a;
```

【例 4.2】 从键盘输入两个实数 x 和 y，比较大小后，在 x 中存放大数、y 中存放小数，顺序输出 x 和 y 的值。

【问题分析】

本题实质上是对 x 和 y 进行降序排列，x 中保存较大的数，y 中保存较小的数。如果 x≥y，则直接输出 x 和 y；如果 x<y，则先交换 x 和 y 的值，然后输出 x 和 y。

算法的 N-S 流程图如图 4.5 所示。

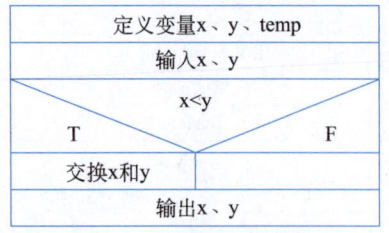

图 4.5　例 4.2 算法的 N-S 流程图

【编程实现】

```
1    #include <stdio.h>
2    int main()
3    {
4        double x,y,temp;
5        printf("请输入 x,y: ");
6        scanf("%lf%lf",&x,&y);
7        if(x<y)    //若x<y成立则执行复合语句,交换x和y的值;否则直接执行第13行
8        {
9            temp=x;
10           x=y;
11           y=temp;
12       }
13       printf("x,y的值为: %g,%g\n",x,y);
14       return 0;
15   }
```

【运行结果】

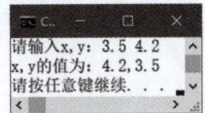

【关键知识点】

（1）代码第9~11行的3条赋值语句,借助于中间变量temp实现了两数交换。若不借助中间变量,可通过语句

x=x+y; y=x-y; x=x-y;

实现两数交换。不管使用哪种方法,3条语句都有严格的先后顺序。

（2）由于在if分支下需要执行3条语句,因此必须加{}构成复合语句,如第8、12行所示。

（3）第13行的%g格式符：自动选取%f或%e格式输出宽度较小的一种,且不输出无意义的0。

【例4.3】 分析以下3段程序,理解{}的作用。

程序一：
int a=2,b=3,c;
if(a>b)
    a=5;
    b=10;
else
    c=12;

程序二：
int a=2,b=3,c;
if(a>b)
{
    a=5;
    b=10;
}
else
    c=12;

程序三：
int a=2,b=3,c;
if(a<=b)
    c=12;
else
    a=5;
    b=10;

【问题分析】

程序一中的语句

```
        if(a>b) a=5;
```
是单分支选择结构,而

```
        b=10;
```
是 if 语句的后继语句(与缩进格式无关),从而导致 else 无法与 if 配对,程序编译时会报错"没有匹配 if 的非法 else"。其正确写法应该是程序二,即 if 分支下有多条语句时必须加{ }构成复合语句。

程序三无语法错误,但

```
        b=10;
```
是 if-else 的后继语句(与缩进格式无关),无论条件 a<=b 是否成立,

```
        b=10;
```
都会执行。若希望程序三的功能与程序二相同,则应在语句

```
        a=5; b=10;
```
的前后分别加{和}构成复合语句。

条件运算符与条件表达式课堂练习

## 4.4 条件运算符与条件表达式

在双分支选择结构中,不论判断条件为真还是为假,都要给同一个变量赋值时,可以用条件运算符来实现,从而简化程序。

**条件运算符"? :"** 是 C 语言中唯一的三目运算符,由条件运算符连接 3 个表达式构成条件表达式。语法格式如下:

表达式 P ? 表达式 A : 表达式 B

条件表达式的 3 个操作数都可以是任意类型的表达式。表达式 P 通常是关系表达式或逻辑表达式,表达式 A 和表达式 B 可以是常量,也可以是算术表达式或其他表达式。

条件表达式的 N-S 流程图如图 4.6 所示。

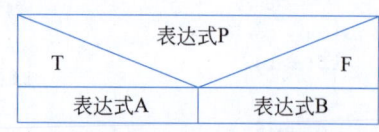

图 4.6 条件表达式的 N-S 流程图

条件表达式的**执行过程**为:首先计算表达式 P,如果表达式 P 的值为真(非 0),则条件表达式的值为表达式 A 的值,否则为表达式 B 的值。

其中,表达式 A 和表达式 B 的类型可以不同,条件表达式的运算结果取表达式 A 和表达式 B 中较高的类型。例如,表达式 A 为 int 型,表达式 B 为 double 型,则条件表达式的值为 double 型。

条件运算符的优先级高于赋值运算符,低于关系运算符和逻辑运算符,具有右结合性,即结合方向为自右向左。

例如,

(1) 用条件表达式求出两个整数 a 和 b 中的较大值,赋值给变量 max。

**解析**:将条件 a>b 作为图 4.6 中的"表达式 P",若该条件成立,则较大值为 a,因此将变量 a 作为图 4.6 中的"表达式 A",相应地,将变量 b 作为图 4.6 中的"表达式 B"。因此,求较大值的条件表达式可写为 max=a>b?a:b,用该语句替换例 4.1 的第 7~9 行即可得到完整的程序。

(2) 已知:

```
int x=5, y=3, m;
```

求赋值表达式 m=x<y?x+y:x-y 的值。

**解析**:以上表达式等价于 m=x<y?(x+y):(x-y),先求解 x<y,即 5<3 为假,则条件表达式的值为 x-y,即 2,所以 m=2,即赋值表达式的值为 2。

(3) 已知:

```
int a=1, b=2, c=3, d=4, m;
```

求赋值表达式 m=a>b?a:c>d?c:d 的值。

**解析**:由于条件运算符具有右结合性,以上表达式等价于语句

```
m=a>b?a:(c>d?c:d);
```

先求解 c>d,因为 3>4 为假,所以 c>d?c:d 的值为 d;然后求解 a>b?a:d,因为 a>b 即 1>2 为假,所以条件表达式的值为 d,即 4;最后得出 m=4,即赋值表达式的值为 4。

## 4.5 多分支选择结构

多分支选择结构课堂练习

在编程解决实际问题时,经常会遇到需要进行多次判断后才能最终决定执行哪个操作的情况。例如,在判断条件 A 成立(或不成立)时,还需要进一步根据判断条件 B 是否成立来决定执行哪个操作,则需要用到选择结构的嵌套形式(也称为**多分支选择结构**),即**在外层选择结构的 if 分支或 else 分支中又包含了内层选择结构**。

多分支选择结构可以用嵌套的 if-else 语句来实现,由外层选择结构执行的判断,称为**主要判断**;由内层选择结构执行的判断,称为**次要判断**,次要判断依赖于主要判断。由于外层、内层选择结构既可以是 if 语句,也可以是 if-else 语句,所以嵌套形式多种多样,常见的嵌套形式如表 4.4 所示。

嵌套形式 1 和 2 的 N-S 流程图如图 4.7 和图 4.8 所示,两者的区别在于:嵌套形式 1 在外层选择结构的 if 分支下嵌套的是 if-else 语句,而嵌套形式 2 在外层选择结构的 if 分支下嵌套的是 if 语句。

表 4.4  多分支选择结构的常见嵌套形式

| 行号 | 嵌套形式 1 | 嵌套形式 2 | 嵌套形式 3 |
|---|---|---|---|
| 1 | if(条件 1) | if(条件 1) | if(条件 1) |
| 2 |     if(条件 2) | { |     语句 1; |
| 3 |         语句 1; |     if(条件 2) | else if(条件 2) |
| 4 |     else |         语句 1; |     语句 2; |
| 5 |         语句 2; | } | else if(条件 3) |
| 6 | else | else |     ⋮ |
| 7 |     if(条件 3) |     if(条件 3) | else if(条件 n−1) |
| 8 |         语句 3; |         语句 2; |     语句 n−1; |
| 9 |     else |     else | else |
| 10 |         语句 4; |         语句 3; |     语句 n; |

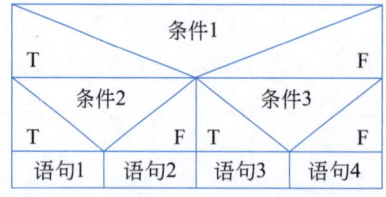

图 4.7  嵌套形式 1 的 N-S 流程图

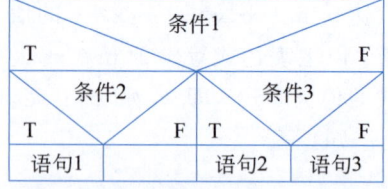

图 4.8  嵌套形式 2 的 N-S 流程图

嵌套形式 3 的 if 分支下仅有一条语句(也可以是加了{}的复合语句),而所有内嵌的选择结构均出现在上层选择结构的 else 分支。在书写程序时,习惯上将内层选择结构的 if 和上层选择结构的 else 书写在同一行。这种嵌套的层次通常可以无限增加,在实现多分支选择结构程序设计时经常使用此种形式。

**在使用嵌套的选择结构时应注意:**

(1) if-else 是一个不可分割的整体,不管它有多少行代码,在语法上都当成一条语句对待。例如,表 4.4 中嵌套形式 1 的第 2~5 行在语法上被当成一条语句对待,所以不用加{},但加上也不会出错;表 4.4 中嵌套形式 1 和嵌套形式 2 的第 7~10 行也算一条语句。

(2) 在嵌套的选择结构中,else 与 if 的配对规则为: **else 总是与在它前面、离它最近、尚未配对的 if 配对**,也可以通过增加花括号来确定配对关系。例如,在表 4.4 中的嵌套形式 2 中,第 3~4 行的 if 是单分支选择结构,而它正好出现在外层选择结构的 if 分支下,此时,即使该部分只有这一条语句,也需要用{}将单分支的 if 语句括起来,以隔离内外层选择结构。若不加{},则第 6 行的 else 将与第 2 个 if 配对,而不是与第 1 个 if 配对。

【例 4.4】 阅读以下两段程序,写出运行结果。

```
程序一:                                程序二:
1  int a=2,b=-1,c=2;                   1  int a=2,b=-1,c=2;
2  if(a<b)                             2  if(a<b)
3      if(b<0)                         3      {  if(b<0)
4          c=0;                        4             c=0;    }
5  else                                5  else
6      c+=1;                           6      c+=1;
7  printf("c =%d\n",c);                7  printf("c =%d\n",c);
```

【代码解析】

在程序一中,else与第3行的if配对(与缩进格式无关),因此,第3~6行是一个整体,它嵌套在外层if语句的if分支之下。从变量的初值可知a<b不成立,所以第3~6行不会执行,程序的运行结果是"c=2"。

程序二对应表4.4中的嵌套形式2,已加{ }明确指出第3~4行是单分支选择结构,所以else与第2行的if配对,条件a<b不成立,所以执行else分支下的c+=1,程序的运行结果是"c=3"。

【例 4.5】 从键盘输入三个整数a、b、c,计算并输出它们中的最大值。

【问题分析】

方法1:首先判断a是否为三者中的最大值(a大于b且a大于c),如果是,则最大值为a,将其赋值给变量max;否则,最大值在b、c中,接着判断b和c的大小关系,将其中的大者赋值给max。

方法1的N-S流程图如图4.9所示。

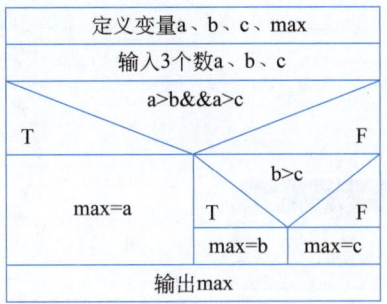

图 4.9  例 4.5 方法 1 N-S 流程图

方法2:首先判断主要条件a>b是否成立,(1)如果成立,则最大值必然是a或c,再继续判断次要条件a>c是否成立,如果成立,则最大值为a,否则最大值为c;(2)如果主要条件不成立,则最大值必然是b或c,再继续判断次要条件b>c是否成立,如果成立,则最大值为b,否则最大值为c。

方法2的N-S流程图如图4.10所示。

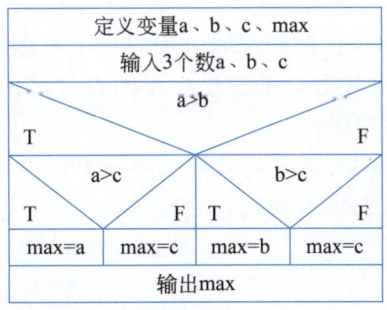

图 4.10  例 4.5 方法 2 N-S 流程图

【编程实现】

```
//求三个整数最大值的方法 1
#include <stdio.h>
int main()
{
    int a,b,c,max;
    printf("请输入三个整数：");
    scanf("%d%d%d",&a,&b,&c);
    if(a>b&&a>c)
        max=a;
    else
        if (b>c)
            max=b;
        else
            max=c;
    printf("最大值为：%d\n",max);
    return 0;
}
```

```
//求三个整数最大值的方法 2
#include <stdio.h>
int main()
{
    int a,b,c,max;
    printf("请输入三个整数：");
    scanf("%d%d%d",&a,&b,&c);
    if(a>b)
        if(a>c)
            max=a;
        else
            max=c;
    else
        if (b>c)
            max=b;
        else
            max=c;
    printf("最大值为：%d\n",max);
    return 0;
}
```

【运行结果】

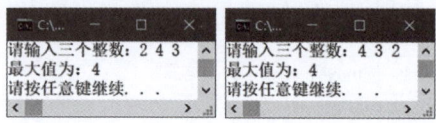

【关键知识点】

（1）方法 1 对应表 4.4 中的嵌套形式 3，方法 2 对应表 4.4 中的嵌套形式 1。

（2）方法 1 的代码更简洁，方法 2 在 if 分支和 else 分支中都有内嵌的选择结构，将需要满足的条件进一步分解，逻辑上更容易理解。

switch 语句
课堂练习

## 4.6　switch 语句

当分支数较多，且每次的条件判断都取决于同一个表达式的值时，除了使用 if-else 嵌套语句之外，还可以使用 switch 语句来简化程序的设计。但是，并不是所有的多分支选择结构都可以用 switch 语句实现。

**switch 语句**被称为**开关语句**，执行时就像多路开关一样，可以根据一个表达式的不同取值，选择其中一个分支去执行。其语法格式如下：

```
switch(表达式)
{
    case 常量 1:    语句序列 1; break;
    case 常量 2:    语句序列 2; break;
```

```
    ...
    case 常量 n:   语句序列 n; break;
    default:语句序列;
}
```

其中：

(1) 每个 case 后的常量称为<u>开关常数</u>，一般为<u>整型常量</u>、<u>字符常量</u>或<u>枚举型常量</u>。case 与开关常数之间需加空格；开关常数起到入口标号的作用，必须互不相同。

(2) break 是 C 语言中的一条控制语句。若执行完某个 case 分句后，需要<u>立即结束整个 switch 结构的执行</u>，则需要使用 break 语句，否则不需要。break 还可以用于循环结构中，详见 5.5 节。

(3) case 分句或 default 分句下有多条语句时，可以省略{ }。

(4) default 分句可以缺省。

<u>switch 语句的执行过程</u>如下：

(1) 先计算 switch 语句中表达式的值，其结果只能是 int 型、char 型或枚举型。

(2) 寻找与表达式的值相匹配的开关常数，从匹配之处开始顺序往下执行；如果没有找到与之匹配的开关常数，则从 default 分句开始顺序往下执行。不管从哪里开始执行，都是遇到第一个 break 或 switch 的右花括号时结束整个 switch 语句。

【例 4.6】 用 switch 语句编程实现，将从键盘输入的百分制成绩（整数）转换成五级制成绩输出。转换规则如下：

- 90～100 分：A；
- 80～89 分：B；
- 70～79 分：C；
- 60～69 分：D；
- 59 分及以下：E。

【问题分析】

假设用变量 score 存储百分制成绩，观察转换规则可知，各成绩段的下边界都是 10 的倍数，可考虑用 score/10 作为 switch 的表达式，例如，成绩为 80～89 分中的每个成绩除以 10 都得到整数 8，因此这个成绩段可以对应 case 8 分句；而 59 分及以下的成绩除以 10 后得到的整数较多，若都写成 case 分句，则程序不够简洁，因此可以对应 default 分句。

考虑用户可能会输入负数或大于 100 的数（称为非法数据），则应先使用 if-else 语句排除非法数据，再使用 switch 语句处理 0～100 的数。

【编程实现】

```
1    #include <stdio.h>
2    int main()
3    {
4        int score;
5        char level;
6        printf("请输入百分制成绩：");
7        scanf("%d",&score);
```

```
8       if(score<0||score>100)
9           printf("输入有误！\n");
10      else
11      {
12          switch(score/10)
13          {
14              case 10:
15              case 9:   level='A'; break;
16              case 8:   level='B'; break;
17              case 7:   level='C'; break;
18              case 6:   level='D'; break;
19              default:  level='E'; break;    //最后一个分支的break可省略
20          }
21          printf("转换结果为：%d---%c\n",score,level);
22      }
23      return 0;
24  }
```

【运行结果】

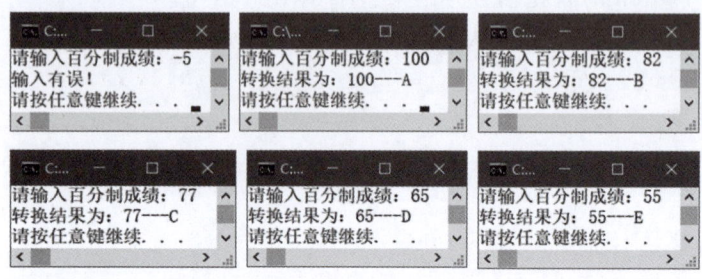

【关键知识点】

（1）程序的else分支下有两条语句(代码第12～20行的switch结构是一个整体,语法上等同一条语句;第21行是一条语句),必须加{ }构成复合语句。

（2）若输入100,则能匹配第14行的case 10,其后无任何语句,则程序顺序往下执行,会执行到case 9后面的语句,遇到break后,整个switch结构结束。

（3）此程序中各case分句(将case 10和case 9作为一个整体)和default分句后都有break,因此它们之间的顺序可以任意交换,对程序的运行结果不产生影响。在实用程序中,通常将default分句写在最后(如本例所示),但将它写在case分句的前面也符合语法要求。

【延展学习】

（1）若删掉程序中所有的break,运行结果是什么？

（2）若成绩有小数,即将score定义为double型变量,应如何修改程序？由于switch表达式的值不能是double型,因此需要对score的值进行强制类型转换,构造switch表达式为：(int)score/10。

## 4.7 应用案例

【例 4.7】 输入一个年份,判断该年是否为闰年,并输出判断结果。

【问题分析】

满足以下两个条件之一的年份就是闰年:

(1) 能被 4 整除,但不能被 100 整除的年份。

判断条件可表示为:

```
year%4==0 && year%100!=0
```

(2) 能被 400 整除的年份。

判断条件可表示为:

```
year%400==0
```

因此,判断某年是否为闰年的逻辑表达式为:

```
year%4==0&&year%100!=0 || year%400==0
```

由于 || 的优先级低于 &&,所以该表达式中无须加( )来指定运算顺序。

算法的 N-S 流程图如图 4.11 所示。

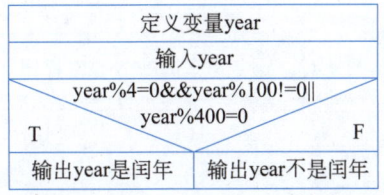

图 4.11 例 4.7 算法的 N-S 流程图

【编程实现】

```
1   #include <stdio.h>
2   int main()
3   {
4       int year;
5       printf("请输入一个年份: ");
6       scanf("%d",&year);
7       if(year%4==0&&year%100!=0||year%400==0)
8           printf("%d 年是闰年\n",year);
9       else
10          printf("%d 年不是闰年\n",year);
11      return 0;
12  }
```

【运行结果】

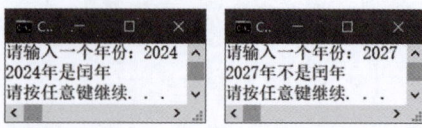

【例 4.8】 编程实现一个简易计算器：由键盘输入一个四则运算式，输出该运算式和运算结果。

【问题分析】

从键盘输入的数据分别为实数 x、运算符号 op、实数 y，根据运算符号 op 的值决定对 x、y 两个数据执行何种算术运算。

算法的 N-S 流程图如图 4.12 所示。

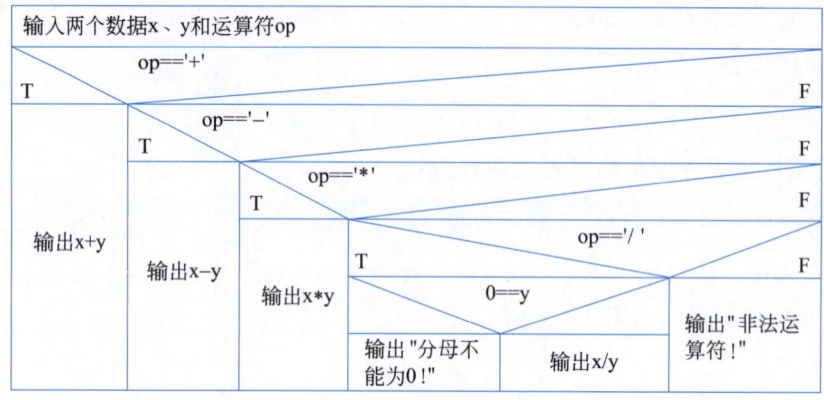

图 4.12　例 4.8 算法的 N-S 流程图

【编程实现】

```
1   #include <stdio.h>
2   int main()
3   {
4       float x,y;
5       char op;
6       printf("请输入一个四则算式：");
7       scanf("%f%c%f",&x,&op,&y);
8       if(op=='+')
9           printf("%g+%g=%g\n",x,y,x+y);   //用%g，不会输出无意义的0
10      else if(op=='-')
11          printf("%g-%g=%g\n",x,y,x-y);
12      else if(op=='*')
13          printf("%g*%g=%g\n",x,y,x*y);
14      else if(op=='/')
15          if(0==y)
16              printf("分母不能为0！\n");
17          else
18              printf("%g/%g=%g\n",x,y,x/y);
```

```
19          else
20              printf("非法运算符！\n");
21          return 0;
22      }
```

【运行结果】

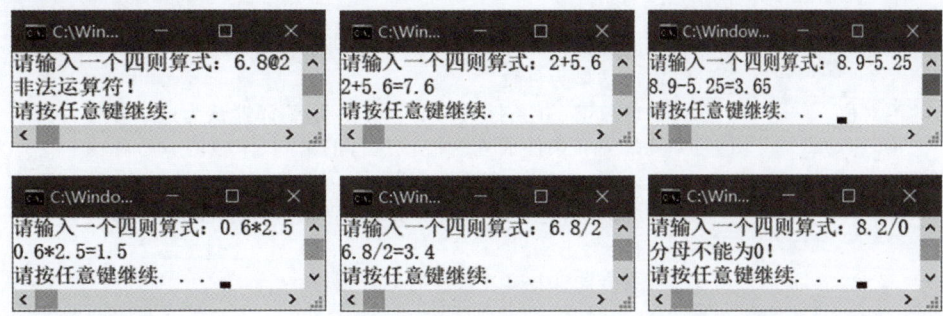

【关键知识点】

（1）本题采用嵌套的 if-else（对应表 4.4 中的嵌套形式 3，处理闰月的第 15～18 行除外）对变量 op 的值进行判断，从而实现四则运算。

（2）由于第 7 行的格式符％c 前未加空格，所以程序运行输入四则算式时运算符号前面不能加空格。

（3）如果将 x 和 y 定义为 int 型变量，则第 18 行进行除法计算时，需要进行强制类型转换。

【延展学习】

本题的代码第 8、10、12、14 行的判断条件都是基于变量 op 的值，这种情况可使用 switch 语句实现，代码将更为简洁，将第 8～20 行替换为以下代码即可。由于 op 是 char 型的，所以相应的开关常量应为字符常量，即运算符必须加单引号，如'+'。

switch 语句
案例微视频

```
switch(op)
{
    case '+':   printf("%g+%g=%g\n",x,y,x+y); break;
    case '-':   printf("%g-%g=%g\n",x,y,x-y); break;
    case '*':   printf("%g * %g=%g\n",x,y,x * y); break;
    case '/':   if(0==y)
                    printf("分母不能为 0！\n");
                else
                    printf("%g/%g=%g\n",x,y,x/y);
                break;
    default:    printf("非法运算符！\n");
}
```

## 4.8 常见错误小结

| 常见错误示例 | 错误原因及解决方法 | 错误类型 |
| --- | --- | --- |
| ```
//求 x 的绝对值
scanf("%d",&x);
if(x<0);
    x=-x;
``` | **错误描述**：输入负数或 0 时，结果正确；但是输入正数时，输出结果为负数<br>**错误原因**：if 条件后多了一个分号，编译器认为这个分号就是当 if 条件成立时应该执行的语句(单独的分号称为空语句，不执行任何实际操作)；因此 x=-x 为 if 语句的后继语句，是顺序结构部分，无论 if 条件是否成立，都会执行 x=-x；<br>**解决方法**：去掉 if 条件后的分号 | 逻辑错误 |
| ```
if(x=3)
    y=2*x;
else
    y=3*x;
``` | **错误描述**：不管 x 的值为多少，y 的值始终为 6<br>**错误原因**：比较两个数是否相等要用==，若写成=，则表示 x 被赋值为 3。此时赋值表达式 x=3 作为 if 条件，赋值表达式的值为 3，非 0 为真，此处的 if 条件恒为真值<br>**解决方法**：第 1 行改为 if(x==3) | 逻辑错误 |
| ```
if(x>10&&x%3=0)
    printf("YES");
else
    printf("NO");
``` | **错误描述**："="左操作数必须为变量<br>**错误原因**：误将==写为=，编译器认为程序员要执行一个赋值操作，而赋值运算符的左边必须为变量，不能是表达式，故编译报错<br>**解决方法**：第 1 行改为 if(x>10&&x%3==0) | 语法错误 |
| ```
if(0<x<10)
    y=1;
else
    y=2;
``` | **错误描述**：两个关系运算符连接 3 个操作数实现复合条件<br>**错误原因**：0<x<10 是合法的表达式，计算过程为：先算 x<0，若条件成立则值为 1，不成立则值为 0，都满足<10 的条件，故此 if 条件恒为真值<br>**解决方法**：第 1 行改为 if(x>0&&x<10) | 逻辑错误 |
| ```
if(x<=0)
    printf("error");
else
    y=3*x; printf("%d",y);
``` | **错误描述**：输入正数时，结果正确；但是输入 0 或负数时，会报错"变量 y 未初始化"<br>**错误原因**：if 或 else 分支下有多条语句时，一定要用{ }将多条语句括起来，使之变成复合语句。此处的 else 分支下有两条语句，未加{ }，编译器认为只有 y=3*x 属于 else 分支，而 printf("%d",y) 是顺序结构的语句，在任何情况下都会执行<br>**解决方法**：第 4、5 行改为 { y=3*x; printf("%d",y);} | 逻辑错误 |
```

续表

| 常见错误示例 | 错误原因及解决方法 | 错误类型 |
|---|---|---|
| ```
char x,y;
x=getchar();
switch(x)
{
  case +: y='A'; break;
  case -: y='B'; break;
  default:y='C';
}
``` | 错误原因：x是字符型(char)变量,则case后的开关常数也应该是字符型常量,需用单引号引起来<br>解决方法：case 分句改为<br>case '+':  y='A'; break;<br>case '-':  y='B'; break; | 语法错误 |
| ```
int x,y;
scanf("%d",&x);
switch(x)
{
  case '1': y=2*x; break;
  case '2': y=3*x; break;
  default: y=4*x;
}
``` | 错误描述：输入1或2时,都会执行y=4*x这个分支<br>错误原因：x是int变量,则case后的开关常量也应该是整数,不能是字符常量,即不能加单引号。本段代码的开关常量加了单引号,编译未报错,其原因是：字符型常量'1'、'2'在计算机中存储的是其ASCII码49,50,从本质上来说也是一个整数。当输入49(或50)时,会执行y=2*x(或y=3*x),输入其他数据时,执行y=4*x<br>解决方法：去掉case开关常量的单引号,改为整数1和2 | 逻辑错误 |
| ```
int x,y;
scanf("%d",&x);
switch(x)
{
  case 1: y=2*x;
  case 2: y=3*x;
  default: y=4*x;
}
``` | 错误描述：无论输入什么,都会执行y=4*x这个分支<br>错误原因：两个case分句都没有break语句,这会导致程序从匹配上的case分句开始执行,直至遇到了switch的右花括号才结束。所以当输入2时,会执行y=3*x和y=4*x这两条语句<br>解决方法：在y=2*x和y=3*x后面都加上break | 逻辑错误 |

## 4.9　练　习　题

**一、单项选择题**

1. 下列运算符中优先级最高的运算符是(　　)。
   A. !　　　　　　B. &&　　　　　　C. *=　　　　　　D. ==

2. 下列运算符中优先级最低的运算符是(　　)。
   A. <=　　　　　　B. <　　　　　　C. !=　　　　　　D. ||

3. 下列选项中,当x为大于1的偶数时,值为0的表达式是(　　)。
   A. x%2==0　　B. x/2　　　　C. x%2!=0　　D. x%2!=1

4. 执行语句a=5>2之后,a的值为(　　)。
   A. 5　　　　　　B. 2　　　　　　C. 1　　　　　　D. 0

5. 数学关系式x≥y≥z,在C语言中正确的表示是(　　)。
   A. x≥y≥z　　　　　　　　　　B. x>=y>=z
```

C. x>=y&&y>=z                          D. x>=y||y>=z

6. 已知有 int x=2,y=5,z=7;,则以下值为 0 的表达式为(　　)。
   A. x&&y                                B. !(x||z-y-x&&1)
   C. x<=y                                D. !z||x

7. 已知有 char ch;,则以下(　　)表达式可判定键盘输入的 ch 是否为英文字母。
   A. ch>='A'&&ch<='z'
   B. ch>='A'&&ch<='Z'||ch>='a'&&ch<='z'
   C. ch>=65&&ch<=122
   D. ch>='A'||ch<='Z'&&ch>='a'||ch<='z'

8. 已知有 int a=4,x=3,y=2,z=1;,则表达式 a<x? a:z<y? z:x 的值为(　　)。
   A. 1                B. 2                C. 3                D. 4

9. 已知有 int a=1,b=2,c=3;,以下语句中执行结果与其他 3 个不同的是(　　)。
   A. if(a>b)   c=a,a=b,b=c;              B. if(a>b)   c=a;a=b;b=c;
   C. if(a>b)   { c=a,a=b,b=c; }          D. if(a>b)   { c=a;a=b;b=c; }

10. 下列选项中与 if(a==1) a=b; else a++;语句功能不同的 switch 语句是(　　)。
    A. switch(a==1)                       B. switch(a)
       {                                     {
         case 0: a=b; break;                   case 1: a=b; break;
         case 1: a++;                          default: a++;
       }                                     }
    C. switch(a)                          D. switch(a==1)
       {                                     {
         default: a++; break;                  case 1: a=b; break;
         case 1: a=b;                          case 0: a++;
       }                                     }

二、判断题

1. 关系运算符和逻辑运算符均具有左结合性,即相同优先级的运算符按从左向右的顺序完成计算。                                                           (　　)
2. 关系运算符的运算优先级高于逻辑运算符。                                  (　　)
3. if(x)中的 x 如果小于 0,则表示 if 条件不成立。                          (　　)
4. else 总是与在它前面、离它最近、尚未配对的 if 配对。                      (　　)
5. switch 语句中的 case 分句必须包含 break。                              (　　)
6. switch 语句中 default 分句可以省略,但只能作为最后一个分句出现。         (　　)
7. if-else 的嵌套语句可以实现多分支选择结构程序设计。                      (　　)
8. 所有多分支选择结构都可以用 switch 语句来编程实现。                      (　　)
9. switch 语句中 case 后的开关常数可以是整数,也可以是字符。                (　　)
10. 语句 m=x>y?x:y 和语句 if(x>y) m=x; else m=y 是等价的。                (　　)

三、阅读程序，写出运行结果

1. 程序如下：

```c
#include <stdio.h>
int main()
{
    int a=2,b=-1,c=2;
    if(a>b)
        if(b=0)
            c=a+b;
    else
        c++;
    printf("c=%d\n",c);
    return 0;
}
```

2. 程序如下：

```c
#include <stdio.h>
int main()
{
    float score;
    printf("请输入课程成绩：");
    scanf("%f",&score);
    switch ((int)score/15)
    {
        case 6: printf("%.1f***A\n",score);
        case 5: printf("%.1f***B\n",score);
        case 4: printf("%.1f***C\n",score);
        default: printf("%.1f***D\n",score);
    }
    return 0;
}
```

输入数据为：

76.5

四、程序填空题

1. 程序功能：普通话水平等级分为 3 级 6 等，其中一级甲等失分在 3% 以内；一级乙等失分在 8% 以内；二级甲等失分在 13% 以内；二级乙等失分在 20% 以内；三级甲等失分在 30% 以内；三级乙等失分在 40% 以内。输入应试者的普通话水平测试得分，输出其普通话水平等级。要求用 if-else 编程实现。输入/输出格式参见运行结果。

```c
#include <stdio.h>
int main()
{
    int grade;
    float rate;
    printf("请输入测试得分：");
    scanf("%d",&grade);
    rate=_____①_____;
```

```
        if (rate<=0.03)
            printf("一级甲等！\n");
        else if(____②____)
            printf("一级乙等！\n");
        else if(rate<=0.13)
            printf("二级甲等！\n");
        else if(rate<=0.2)
            printf("二级乙等！\n");
        else if(rate<=0.3)
            printf("三级甲等！\n");
        else if(____③____)
            printf("三级乙等！\n");
        else
            printf("得分太低,未获等级证书！\n");
    return 0;
}
```

【运行结果】

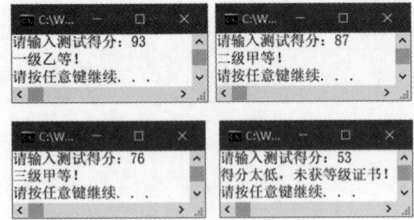

2. 程序功能：从键盘输入某年某月，用switch语句编程求该年的该月有多少天。要求考虑闰年以及输入月份不在合法范围的情况。输入/输出格式参见运行结果。

```
#include <stdio.h>
int main()
{
    int y,m,d;
    printf("请输入年份和月份：");
    scanf("%d%d",&y,&m);
    switch (____①____)
    {
      case 1:
      case 3:
      case 5:
      case 7:
      case 8:
      case 10:
      case 12:
        d=31;
        printf("%d年的%d月有%d天\n",y,m,d);
        break;
      case 4:
      case 6:
      case 9:
```

```
            case 11:
                d=30;
                printf("%d年的%d月有%d天\n",y,m,d);
                break;
            case 2:
                if(_____②_____)
                    d=29;
                else
                    d=28;
                printf("%d年的%d月有%d天\n",y,m,d);
                break;
            _____③_____
                printf("月份输入有误！\n");
        }
        return 0;
    }
```

【运行结果】

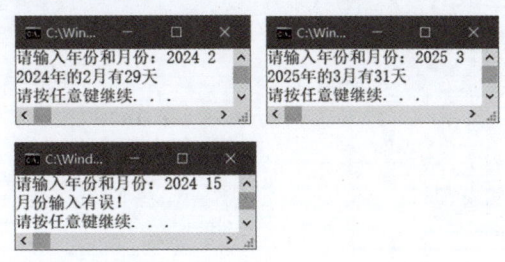

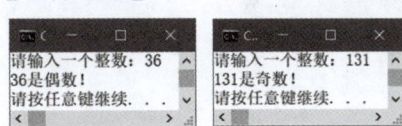

五、编程题

1. **程序功能**：从键盘输入一个整数，判断它的奇偶性。输入/输出格式参见运行结果。

【运行结果】

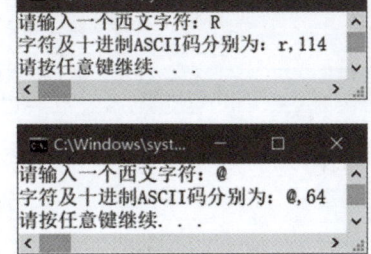

2. **程序功能**：从键盘输入一个字符，如果它是大写英文字母，则将其转换为小写字母；如果它是小写英文字母，则将其转换为大写字母，输出转换后的英文字母及其十进制 ASCII 码；如果不是英文字母，则直接输出该字符及其十进制 ASCII 码。输入/输出格式参见运行结果。

【运行结果】

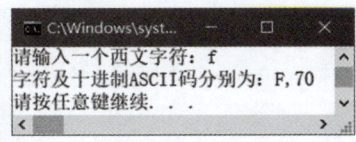

3. **程序功能**：求解下面的分段函数：

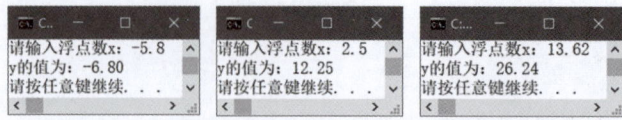

输入/输出格式参见运行结果。

【运行结果】

请输入浮点数x：-5.8
y的值为：-6.80
请按任意键继续...

请输入浮点数x：2.5
y的值为：12.25
请按任意键继续...

请输入浮点数x：13.62
y的值为：26.24
请按任意键继续...

4. **程序功能**：某一高校购买《高等数学》教材，根据购买数量的多少，每本教材的单价有所不同，如表 4-5 所示。

表 4-5　教材数量和单价

| 购买教材数量(本) | 每本教材单价(元/本) |
|---|---|
| 0≤num<50 | 39 |
| 50≤num<100 | 37 |
| 100≤num<200 | 34 |
| 200≤num<300 | 31 |
| num≥300 | 28 |

从键盘输入教材的购买数量，输出需要付款的总金额。要求用 switch 语句编程实现。输入/输出格式参见运行结果。

【运行结果】

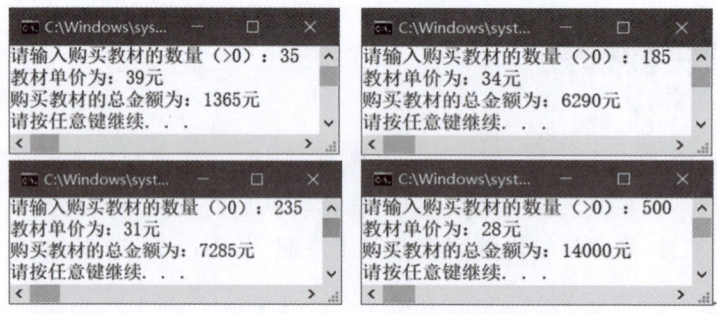

5. **程序功能**：某金融公司推出一年期信托基金产品，不同资金的年化收益率如表 4-6 所示。

表 4-6　不同资金的年化收益率

| 资金(万) | 年化收益率(%) |
|---|---|
| 资金<300 | 5 |
| 300≤资金<600 | 5.3 |
| 600≤资金<900 | 5.7 |

续表

| 资金(万) | 年化收益率(%) |
|---|---|
| 900≤资金<1500 | 6 |
| 1500≤资金<3000 | 6.5 |
| 资金≥3000 | 7 |

从键盘输入投资信托基金的本金,求一年到期后收益与本金的总和,结果保留4位小数。输入/输出格式参见运行结果。

要求:

(1) 用 if-else 嵌套语句实现;

(2) 用 switch 语句实现。

【运行结果】

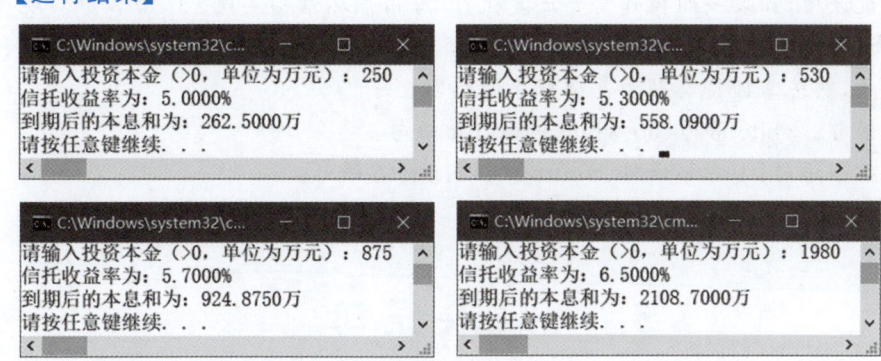

## 第 4 章练习题答案与解析

扫描二维码获取练习题答案与解析。

第 4 章　练习题答案与解析

# 第 5 章 循环结构

【学习要点】

在程序设计中,如果一组操作需要反复执行,可用循环结构实现。C 语言中实现循环结构的控制语句有三种:while 语句、do-while 语句和 for 语句。这三种语句在功能和用法上各有特点,熟练掌握将有助于复杂程序的编写。

- 循环语句:while 语句、do-while 语句、for 语句。
- 流程控制语句:break 语句、continue 语句、goto 语句。
- 嵌套循环。

while 语句
课堂练习

## 5.1　while 语句

### 5.1.1　while 语句

while 语句用于实现当型循环结构,语法格式为:

```
while(条件)
    循环体
```

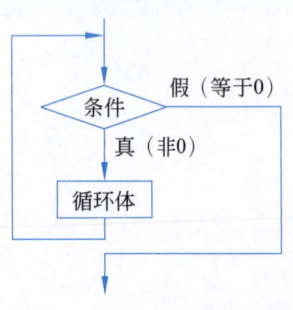

图 5.1　while 语句的流程图

while 语句的执行过程是:**先判断循环条件**,如果条件成立(值不为 0)则执行循环体,然后重复"判断条件-执行循环体"的过程,直到循环条件不成立(值为 0)时退出 while 语句,结束循环,然后执行 while 语句的后续语句,如图 5.1 所示。

说明:

(1) 在循环条件为真的情况下,需要重复执行一个语句序列,被重复执行的语句序列称为**循环体**。循环体可以是单条语句或语句组,语句组是指两条或两条以上的语句,需要用花括号{ }括起来,称为**复合语句**。

(2) while 语句的循环体有可能一次都不会被执行。

(3) 如果循环条件永远为真,循环将变成无限循环,又称为"**死循环**"。编程时应避免陷入"死循环"。

## 5.1.2 while 语句的应用

【例 5.1】 计算 1~n(含边界值)的所有整数之和,其中 n 为正整数,由键盘输入。

【问题分析】

要计算 1+2+3+…+n 的结果,实际上就是多次进行两个数相加的操作(操作次数与 n 有关),只是每次相加的被加数和加数不一样。

规划数据结构如下:

(1) 定义 int 型变量 sum,用于存储求和结果,同时也作为被加数;

(2) 定义 int 型变量 i,用于存储加数,通过循环,i 依次取值 1、2、3、…、n。

算法的 N-S 流程图如图 5.2 所示。

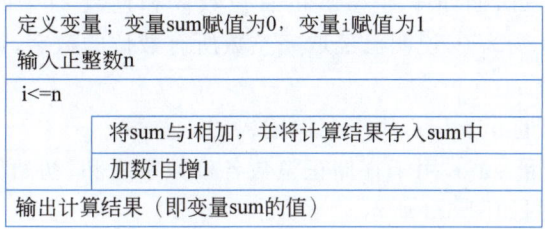

图 5.2 例 5.1 算法的 N-S 流程图

【编程实现】

```
1   #include <stdio.h>
2   int main()
3   {
4       int n,i=1,sum=0;
5       printf("请输入一个正整数:");
6       scanf("%d",&n);
7       while(i<=n)
8       {
9           sum=sum+i;
10          i=i+1;
11      }
12      printf("1 到 %d 之间所有整数之和为:%d\n",n,sum);
13      return 0;
14  }
```

【运行结果】

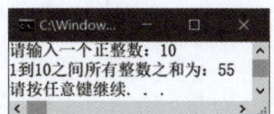

【关键知识点】

(1) 循环体由两条语句构成,所以需要加{ }构成复合语句,如代码第 8~11 行所示。

(2) 代码第 10 行 i=i+1 修改了变量 i 的值,每执行一次循环,变量 i 的值增加 1。这样,当循环到一定次数的时候,循环条件 i<=n 不再成立,从而结束循环。

【延展学习】

(1) 如果只计算 1~n 的奇数和,该如何修改程序呢?

(2) 如果要计算 1~n 的所有整数的乘积,即求 n 的阶乘,该如何修改程序呢?

(3) 如果要计算实数 i 的 n 次方,该如何修改程序呢?

【例 5.2】 输入一个正整数,求该数的各位数字之和。

【问题分析】

由于不知道输入的正整数有几位,所以只能从个位开始,向高位方向逐一取出各位数字。以整数 2345 为例,第一次循环通过 2345%10 得到 2345 的个位数 5,通过 2345/10 去掉最低位得到 234;第二次循环通过 234%10 取出 2345 的十位数 4,通过 234/10 去掉最低位得到 23;同理,第三次循环得到 2345 的百位数 3 和整数 2;第四次循环得到 2345 的千位数 2,且此时 2/10 变为 0,说明已经取完整数所有数位的数字,循环结束。

规划数据结构如下:

(1) 定义 int 型变量 number,用于存储输入的正整数;

(2) 定义 int 型变量 sum,用于存储正整数各位数字之和,初始值为 0。

算法的 N-S 流程图如图 5.3 所示。

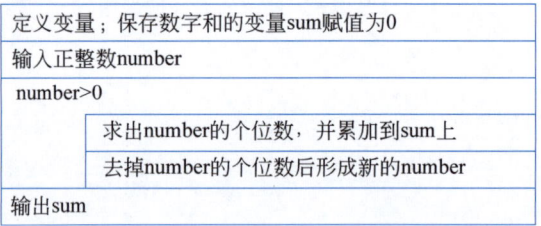

图 5.3 例 5.2 算法的 N-S 流程图

【编程实现】

```
1    #include <stdio.h>
2    int main()
3    {
4        int number,sum=0;
5        printf("请输入一个正整数:");
6        scanf("%d",&number);
7        while(number>0)
8        {
9            sum=sum+number%10;
10           number=number/10;
11       }
12       printf("该数的各位数字之和为:%d\n",sum);
13       return 0;
14   }
```

【运行结果】

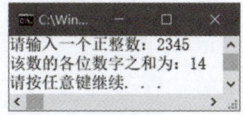

【关键知识点】

(1) number％10 可以得到正整数 number 的个位。

(2) number/10 可以去掉正整数 number 的个位。

【延展学习】

(1) 如果要得到正整数的反序数(也称逆序数,例如 2345 的反序数为 5432),该如何编程实现?

分析:以 number＝2345 为例,第 1 次取出个位数 5,进行计算 0＊10＋5 得到 5 后存入 sum 中;第 2 次取出十位数 4,进行计算 5＊10＋4 得到 54 后存入 sum 中;第 3 次取出百位数 3,进行计算 54＊10＋3 得到 543 存入 sum 中,以此类推,直到 number 等于 0 为止。因此,将例题代码的第 9 行修改为 sum＝sum＊10＋number％10;即可求出 number 的反序数,再适当修改第 12 行代码中的提示信息即可得到正确的运行结果。

(2) 如果要判断某正整数是否为回文数(正读和反读都一样的数,例如 1231 不是回文数,1221 是回文数),该如何编程实现?

分析:先求出正整数 number 的反序数 sum,再判断原数与反序数是否相等即可。需要注意的是,当循环结束时,number 等于 0,原数已不存在,无法判断原数与 sum 是否相等。因此需要在循环开始前,将 number 的值赋值给变量 backup,循环结束后,再判断 backup 与 sum 是否相等。

## 5.2 do-while 语句

do-while 语句
课堂练习

### 5.2.1 do-while 语句

do-while 语句用于实现直到型循环,流程图如图 5.4 所示,语法格式为:

```
do
    循环体
while(条件);
```

do-while 语句的执行过程:首先执行循环体,然后重复"判断条件-执行循环体"的过程,直到循环条件不成立为止,退出 do-while 语句,结束循环,执行 do-while 语句的后续语句。

说明:

(1) do-while 语句的循环体可以是单条语句,也可以是加花括号后构成的复合语句。

(2) while(条件)后面的分号是 do-while 语句的结束标志,不能省略。

(3) do-while 语句的循环体至少执行一次。

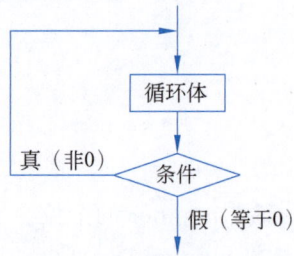

图 5.4　do-while 语句流程图

求圆周率
微视频

### 5.2.2　do-while 语句的应用

【例 5.3】 利用莱布尼茨公式 $\pi=4\left(1-\dfrac{1}{3}+\dfrac{1}{5}-\dfrac{1}{7}+\cdots+(-1)^{n-1}\dfrac{1}{2n-1}+\cdots\right)$ 计算圆周率，直到最后一项的绝对值小于 0.00003 时结束运算。

【问题分析】

与例 5.1 类似，本例也是累和计算，但各累加项（也称为通项）正负交替变化。可以定义一个变量用来存储 1 或 -1，代表通项的值为正或负，使用该变量乘以通项的值，可实现通项的正负交替变化。

规划数据结构如下：

（1）定义 double 型变量 sum，用于存储累加和（被加数）。

（2）定义 double 型变量 term，用于存储通项（加数）的绝对值。

（3）定义 int 型变量 sign，用于存储实现正负符号的数值 1 或 -1。

算法的 N-S 流程图如图 5.5 所示。

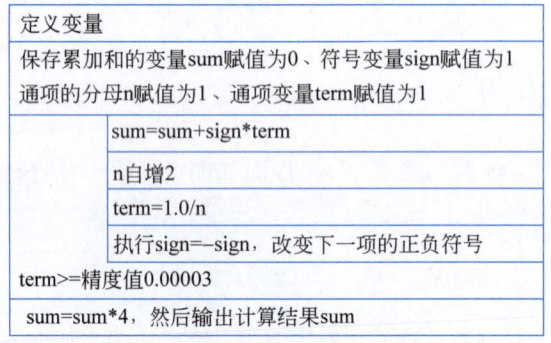

图 5.5　例 5.3 算法的 N-S 流程图

【编程实现】

```
1    #include <stdio.h>
2    int main()
3    {
4        double sum=0,term=1.0;
```

```
5            int sign=1,n=1;
6            do
7            {
8                sum=sum+sign*term;
9                n=n+2;
10               term=1.0/n;
11               sign=-sign;
12           }while(term>=3e-5);
13           sum=sum*4;
14           printf("PI=%f\n",sum);
15           return 0;
16       }
```

【运行结果】

【关键知识点】

（1）第 10 行 term=1.0/n，其中分子 1.0 是 double 类型，分母 n 是 int 类型，计算时自动进行类型转换，将 n 的值转换为 double 类型，从而得到 double 类型的除法结果。若写成 term=1/n，则进行的是整除运算，如 1/5 得 0，不是 0.2。

（2）第 11 行，对变量 sign 进行取负运算，从而实现正负交替变化。

（3）本题的计算结果 3.141653，和圆周率的值有较大误差，若需减小误差，可修改循环条件，例如，将循环条件修改为 term>=1e−8，则计算结果为 3.141593。

【延展学习】

（1）如果不使用变量 sign，而是用 if 语句处理通项正负符号的问题，即经过判断后，决定执行 sum=sum+term 或 sum=sum−term 的操作，该如何修改程序？

（2）用沃利斯公式计算圆周率 $\frac{\pi}{2}=\frac{2}{1}\times\frac{2}{3}\times\frac{4}{3}\times\frac{4}{5}\times\frac{6}{5}\times\frac{6}{7}\cdots$ 该如何编程实现？

【例 5.4】 编程模拟计算机进行进制转换的过程，即从键盘输入一个十进制整数，将其转换为二进制输出。

【问题分析】

在 1.1.1 节中已介绍，十进制整数转换为二进制数的方法是：除以基数倒取余数，直到商为 0 为止。将得到的余数倒序排列（即最后得到的余数是最高位），即得到转换后的结果，如图 5.6 所示。

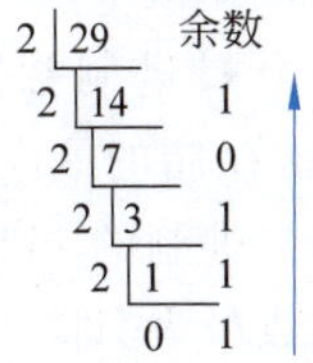

本题的难点是如何将每次得到的余数倒序存储构造成一个整数，即将图 5.6 中的余数按公式 $1\times10^0+0\times10^1+1\times10^2+1\times10^3+1\times10^4=11101$ 计算后，用 int 型变量存储转换结果 11101。

规划数据结构如下：

（1）定义 int 型变量 n，用于存储输入的十进制整数。

（2）定义 int 型变量 result，初值为 0，用于存储转换后的二

图 5.6 十进制整数转二进制整数计算过程

进制整数。

（3）定义 int 型变量 w，表示位权，初值为 1，每循环一次，w 乘以 10，用以表示上述计算公式中的 $10^0$、$10^1$、$10^2$ 等。

算法的 N-S 流程图如图 5.7 所示。

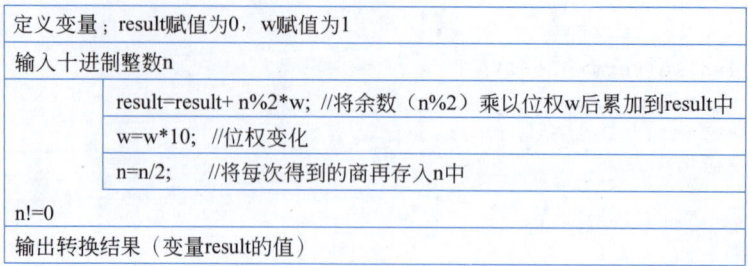

图 5.7　例 5.4 算法的 N-S 流程图

【编程实现】

```
#include <stdio.h>
int main()
{
    int n,w=1,result=0;
    printf("请输入一个十进制整数：");
    scanf("%d",&n);
    do
    {
        result=result+n%2*w;
        w=w*10;
        n=n/2;
    }while(n!=0);
    printf("该数转换为二进制是：%d\n",result);
    return 0;
}
```

【运行结果】

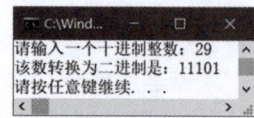

【关键知识点】

在计算机中，图 5.6 中的转换结果 11101 实际上是按十进制数存储的，只是用户认为这是一个二进制数。由于 int 型变量的最大取值为 $2^{31}-1=2147483647$，因此，变量 result 能存储的最大数是 1111111111（计算机认为该数是十进制，用户认为该数是二进制），将二进制的 1111111111 转换为十进制是 1023。因此，本题的程序运行时，输入的十进制整数最大只能为 1023，否则 result 的值会溢出，得到错误的计算结果。

【延展学习】

（1）将十进制整数转换成八进制数并输出。

(2) 将二进制整数转换成十进制数并输出。二进制转十进制的方法详见 1.1.1 节。
(3) 将八进制整数转换成十进制数并输出。

## 5.3　for 语句

for 语句课堂练习

### 5.3.1　for 语句

**for 语句**用于实现**当型循环**，流程图如图 5.8 所示，语法格式为：

> for(表达式 1;表达式 2;表达式 3)
> 　　循环体

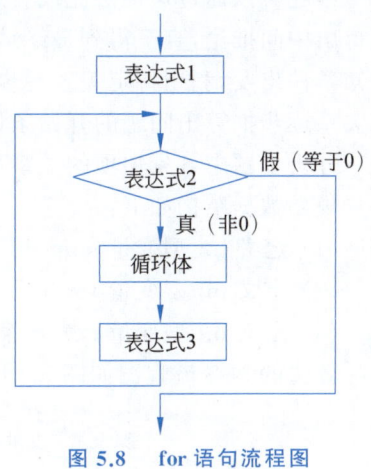

图 5.8　for 语句流程图

for 语句的执行过程：首先求解表达式 1，然后判断表达式 2（即循环条件）是否为真，若为真则执行循环体，然后求解表达式 3；之后重复"判断表达式 2→执行循环体→求解表达式 3"的过程，当表达式 2 的值为假（即循环条件不成立）时，结束循环，执行 for 语句的后续语句。

说明：

(1) 循环体可以是单条语句，也可以是加花括号后构成的复合语句。

(2) for 语句的圆括号中有且仅有 2 个分号，用于将 3 个表达式分开。表达式 1 用于为循环控制变量赋初值；表达式 2 是循环控制条件；表达式 3 常用于修正循环控制变量的值。

例如，以下代码可用于求 $1+2+3+\cdots+n$ 的和。

```
int n,i,sum=0;
scanf("%d",&n);
for(i=1;i<=n;i++)
    sum=sum+i;
```

(3) 当表达式 1 或表达式 3 包含多个表达式时，应使用**逗号表达式**。例如，若 n 为偶数，以下代码可求 $1+2+3+\cdots+n$ 的和；若 n 为奇数，则求和结果错误（正中间的数会被加两次）。

```
int n,i,j,sum;
scanf("%d",&n);
for(sum=0,i=1,j=n;i<=j;i++,j--)
    sum=sum+i+j;
```

(4) 表达式 1、表达式 2 和表达式 3 都可以省略，但各表达式间的**分号不能省略**。如果省略表达式 1，表示无需赋初值（为循环控制变量赋初值可在 for 语句之前完成);如果省略表达式2,表示循环条件永远为真(在循环体中应有能跳出循环的流程控制语句,否则会产生死循环);如果省略表达式3,表示没有修正部分(这时应在循环体内修正循环控制变量的值,以确保循环能正常结束)。

如果同时省略表达式1和表达式3,则for语句等效于while语句,即for(;条件;)等同于while(条件)。

如果同时省略3个表达式,则循环条件永真,即for(;;)等同于while(1)。

### 5.3.2 for语句的应用

【例5.5】 计算阶乘之和,即1!+2!+3!+…+n!,n从键盘输入。

【问题分析】

本题可以通过递推法完成。递推法是一种简单的算法,即通过已知条件,利用特定关系得出中间推论,直至得到最终结果的算法。递推法分为顺推和逆推两种。顺推法是从已知条件出发,利用特定关系逐步推算出问题的解;逆推法是从问题的结果出发,利用特定关系逐步推算出问题的开始条件,即顺推法的逆过程。

分析本题中各累加项的关系可知,后一项等于前一项的值乘以项数。

规划数据结构如下:

(1)定义int型变量sum,用于存储累加和(被加数),初值为0。
(2)定义int型变量term,用于存储累加项(加数),初值为1,即第1项的值。
(3)定义int型变量i,表示第几项,初值为1。

算法的N-S流程图如图5.9所示。

| 定义变量;变量sum赋值为0;变量term、i赋值为1 | |
|---|---|
| i<=n | |
| | 求通项term的值,即将term乘以i的结果存入term中 |
| | 求累加和,即将sum+term的结果存入sum中 |
| | i自增1 |
| 输出计算结果sum | |

图5.9 例5.5算法的N-S流程图

【编程实现】

```
1    #include <stdio.h>
2    int main()
3    {
4        int sum=0,term=1,i,n;
5        printf("请输入一个正整数:");
6        scanf("%d",&n);
7        for(i=1;i<=n;i++)
8        {
9            term=term*i;
10           sum=sum+term;
```

```
11          }
12          printf("sum=%d\n",sum);
13          return 0;
14      }
```

【运行结果】

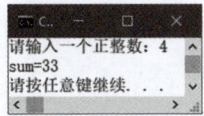

【关键知识点】

(1) 若代码第 4 行未给变量赋初值,则可将第 7 行修改为 for(sum=0,term=1,i=1;i<=n;i++),即在 for 语句的表达式 1 中使用逗号表达式为多个变量赋初值。

(2) 第 9 行实现了顺推法,即第 1 次循环时计算 1×1 得到第 1 个累加项的值,存入 term 中。第 2 次循环时计算 1×2 得到第 2 个累加项的值,存入 term 中。以此类推,每次循环都用前一项的值乘以 i 得到当前项的值。

【延展学习】

(1) 除了用递推法之外,本题能否用其他方法编程实现?

(2) 当 n 超过 12 后,运行结果不正确,其原因是 13!=6227020800,已超出 int 型变量的数据表示范围,所以 sum 和 term 的值会溢出。请思考变量 sum 和 term 应定义为什么类型?第 12 行的输出语句应如何修改?

【例 5.6】 编程输出所有的水仙花数。水仙花数是一个三位数,其各位数字的立方之和等于该数本身,例如,$153=1^3+5^3+3^3$,因此 153 是水仙花数。

【问题分析】

枚举法是利用计算机运算速度快、精确度高的特点,对要解决问题的所有可能情况,一个不漏地进行检验,从中找出符合要求的答案,因此枚举法是通过牺牲时间来换取答案的全面性。

本题可采用枚举法,即定义 int 型变量 i,用 for 循环控制 i 的值从 100 变化到 999,对于每一个 i,取出它的个位、十位、百位数字,并用 if 语句判断它是否满足水仙花数的条件。

【编程实现】

```
1       #include <stdio.h>
2       int main()
3       {
4           int i,a,b,c;
5           printf("水仙花数有:");
6           for(i=100;i<=999;i++)
7           {
8               a=i/100;                    //百位数字
9               b=i/10%10;                  //十位数字
10              c=i%10;                     //个位数字
11              if(i==a*a*a+b*b*b+c*c*c)
```

```
12              printf("%-5d",i);
13          }
14      printf("\n");
15      return 0;
16  }
```

【运行结果】

【关键知识点】

本题的变量 i 已知是三位数,因此可以直接取其百位数、十位数和个位数,如代码第 8～10 行所示。若数据位数不确定,则应采用例 5.2 的方法。

【延展学习】

编程输出所有的玫瑰花数。玫瑰花数是一个四位数,其各位数字的四次方之和等于该数本身。

## 5.4 三种循环语句的比较及其应用

编程实现循环结构时,既可以选择 while 语句,也可以选择 do-while 语句或 for 语句。三种循环语句可以相互转换。例如,例 5.5 的求阶乘之和,可以用三种循环语句实现,其中的关键代码如表 5.1 所示。

表 5.1 用三种循环语句实现求阶乘之和

| while 语句实现 | 用 do-while 语句实现 | 用 for 语句实现 |
|---|---|---|
| `i=1;`<br>`while(i<=n)`<br>`{`<br>`    term=term*i;`<br>`    sum=sum+term;`<br>`    i++;`<br>`}` | `i=1;`<br>`do`<br>`{`<br>`    term=term*i;`<br>`    sum=sum+term;`<br>`    i++;`<br>`} while(i<=n);` | `for(i=1;i<=n;i++)`<br>`{`<br>`    term=term*i;`<br>`    sum=sum+term;`<br>`}` |

虽然编程时可以选用三种循环语句中的任意一种,但在实际应用中,通常会根据具体情况选用更为合适的循环语句,一般原则如下:

(1) 如果循环次数事先已知,称为计数控制的循环,一般选用 for 语句,例如,例 5.1 和例 5.5 都是循环 n 次,例 5.6 共循环 900 次,选用 for 语句,程序更简洁。

如果循环次数未知,需根据执行情况来确定是否继续循环,称为条件控制的循环,一般选用 while 语句或 do-while 语句,例如,例 5.2 的循环次数无法用变量表示,而是与输入整数的位数有关,例 5.3 和例 5.4 同理。

(2) 当循环体至少需要执行一次时,可选用 do-while 语句;如果循环体可能一次也不执行,则选用 while 或 for 语句。

(3) 选用 while 语句、do-while 语句时,循环控制变量的初始化应放在 while 语句或 do-while 语句之前完成。而 for 语句中循环控制变量的初始化通常在表达式 1 中完成。

【例 5.7】 从键盘输入正整数 n,输出 n 的所有真因子。

【问题分析】

真因子,也称为真因数,是指对于给定自然数来说,除了该数自身以外的所有因子。例如,6 的真因子为 1、2 和 3。

定义 int 型变量 i,通过循环依次取值 1,2,3,…,n−1,用于判断 i 是否为整数 n 的真因子。

本程序的循环次数已知,共循环 n−1 次,选用 for 语句,程序更简洁。

【编程实现】

```c
#include <stdio.h>
int main()
{
    int i,n;
    printf("请输入一个正整数：");
    scanf("%d",&n);
    printf("%d 的真因子有：",n);
    for(i=1;i<n;i++)
        if(n%i==0)
            printf("%4d",i);
    printf("\n");
    return 0;
}
```

【运行结果】

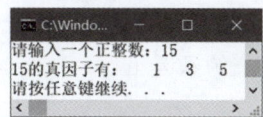

【关键知识点】

若需减少循环次数,可将循环条件修改为 i<=n/2。

【延展学习】

(1) 一个数的因子,就是所有可以整除这个数的数。例如,6 的因子为 1、2、3 和 6。若想输出一个数的所有因子,应如何修改程序?

(2) 完数,也称完全数或完美数,其所有真因子之和恰好等于它本身。例如,6=1+2+3,所以 6 是完数。输入一个正整数,如何判断它是否为完数?

【例 5.8】 使用辗转相除法求两个正整数的最大公约数。

【问题分析】

辗转相除法的过程为:设 p、q 都为正整数,通过 r=p%q 求出余数 r,然后,将 q 存入 p 中,将 r 存入 q 中,再重复以上过程(即 r=p%q; p=q; q=r;),直到 r 等于 0 时结束循环,p 中存放的即为最大公约数。

本题的循环条件与变量 r 的值有关,而 r 的值是在循环体中确定的,因此,可以先执行一次循环体再判断循环条件,选用 do-while 语句更合适。

**【编程实现】**

```
1       #include <stdio.h>
2       int main()
3       {
4           int q,p,r;
5           printf("请输入两个正整数：");
6           scanf("%d%d",&p,&q);
7           do
8           {
9               r=p%q;
10              p=q;
11              q=r;
12          }while(r!=0);
13          printf("最大公约数为%d\n",p);
14          return 0;
15      }
```

**【运行结果】**

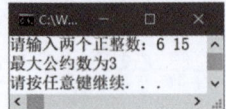

**【关键知识点】**

(1) 若执行代码第 9 行时求出的余数 r 为 0,则可确定 q 为最大公约数,但是,程序还要继续执行第 10、11 行代码后才会结束循环,在执行这两行代码时,已将 q 赋值给 p,并将 r(其值为 0)赋值给 q,因此,循环结束时,q 是 0,p 才是最大公约数。

(2) 本题也可用 while 语句实现,将第 7～13 行代码替换为以下代码即可。请注意两种写法的循环体的语句顺序不同,因此,下面的代码求出的最大公约数是 q。

```
r=p%q;
while(r!=0)
{
    p=q;
    q=r;
    r=p%q;
}
printf("最大公约数为%d\n",q);
```

使用 while 语句实现时,必须在循环开始前给 r 赋值,以确保在判断循环条件时 r 有确定的值。因此,本题用 while 语句实现比 do-while 语句略显复杂。

**【延展学习】**

(1) 若已求出正整数 p 和 q 的最大公约数为 a,则其最小公倍数等于 p*q/a,请修改程序,求出 p 和 q 的最小公倍数?

(2) 如何判断两个正整数是否互质(最大公约数为 1)?

## 5.5 流程控制语句

流程控制语句句课堂练习

C 语言中用于控制程序流程转移的语句有 break、continue 和 goto。

### 5.5.1 break 语句

流程控制语句 **break**,也称为**跳转语句**,**可用在** switch **结构或循环结构中**。在 switch 结构中的用法,详见 4.7 节。若用在循环结构中,其作用是:立即**终止（跳出）**包含该 break 语句的**最近的循环结构**,转向执行其后续语句。在嵌套循环结构(详见 5.6 节)中,break 只能终止它所在的那一层循环,无法终止所有循环。

【例 5.9】 用枚举法求两个正整数的最大公约数。结合程序运行结果理解 break 语句的作用。

【问题分析】

设 p、q 都为正整数,先将 p 和 q 中的较小值赋值给 r,然后在循环体中判断 p、q 是否都能被 r 整除,若都能整除,说明 r 是最大公约数,循环立即结束;若不能,则当 r 大于 1 时,r 自减,然后继续判断。

规划数据结构如下:

(1) 定义 int 型变量 p 和 q,用于存储输入的两个正整数。
(2) 定义 int 型变量 r,表示最大公约数。

【编程实现】

```
1    #include <stdio.h>
2    int main()
3    {
4        int p,q,r;
5        printf("请输入两个正整数: ");
6        scanf("%d%d",&p,&q);
7        for(r=p<q?p:q;r>1;r--)      //表达式1用条件运算符求 p 和 q 中的较小值
8            if(p%r==0&&q%r==0)
9                break;
10       printf("最大公约数为%d\n",r);
11       return 0;
12   }
```

【运行结果】

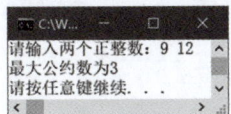

【关键知识点】

（1）代码第8、9行，若if语句的条件成立，则执行break语句，for循环立即结束，此时，r即为所求的最大公约数。若if语句的条件一直未成立（如p＝3,q＝5），则当r变为1时，循环条件r>1不再成立，循环结束，此时r等于1，也是所求的最大公约数。

（2）对比求最大公约数的两种方法：辗转相除法和枚举法，可知同一问题可以采用不同的算法实现，但算法效率有所不同。

【延展学习】

用枚举法求两个整数的最小公倍数，关键代码如下：

```
for(r=p>q?p:q;   ;r++)              //表达式1用条件运算符求p和q中的较大值
    if(r%p==0&&r%q==0)
        break;
printf("最小公倍数为%d\n",r);
```

其中，for语句省略了表达式2，表示循环条件永远为真。只要r的值足够大，if语句的条件肯定会成立，此时执行break，循环结束，从而确保不会出现死循环。

【例5.10】 判断正整数m是否为素数。

【问题分析】

素数又称为质数，是指一个大于1的自然数，该数除了1和它本身以外，不再有其他的因数。因此，如果m不能被2、3、…、m－1中的所有数整除，m就是素数；反之，只要m能被其中任何一个数整除，m就不是素数。

规划数据结构如下：

（1）定义int型变量i，通过循环依次取值2、3、…、m－1，用于判断m除以i能否整除。

（2）定义int型变量flag，用于表示m是否为素数（1代表是素数，0代表不是素数）。flag的初值为1，即先假设m是素数，一旦发现m除以i能整除，则将flag赋值为0。

【编程实现】

```
1   #include <stdio.h>
2   int main()
3   {
4       int m,i,flag=1;     //flag为1,表示m是素数;为0,表示m不是素数
5       printf("请输入一个正整数：");
6       scanf("%d",&m);
7       for(i=2;i<m;i++)
8           if(m%i==0)
9           {
10              flag=0;
11              break;
12          }
13      if(flag==1)
14          printf("%d是素数\n",m);
15      else
16          printf("%d不是素数\n",m);
17      return 0;
18  }
```

【运行结果】

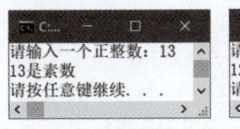 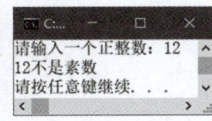

【关键知识点】

(1) 代码第 7～12 行,for 语句中的循环控制变量 i 依次取值 2、3、…、m－1,在循环体中判断 m 除以 i 是否能整除,如果能整除,则将 flag 赋值为 0,表示该数不是素数。

(2) 循环结束后,代码第 13 行通过判断变量 flag 的值是否为 1 来确定 m 是否为素数。

【延展学习】

(1) 若输入 1,运行结果为"1 是素数",与事实不符。将代码第 13 行修改为 if(flag==1 && m!=1)即可得到正确运行结果。

(2) 第 7 行 for 语句的表达式 2 可以修改为:i<=m/2 或者 i<=sqrt((double)m),从而减少循环次数,提高算法效率。其中的 sqrt((double)m)是系统函数,表示 $\sqrt{m}$,要使用该函数,应在程序开头添加 #include <math.h>。关于系统函数的使用,详见 6.3 节。

(3) 如果不使用变量 flag,循环结束后,应该通过什么条件来判断 m 是否为素数？若 m 是素数,则在循环过程中 m%i==0 从未成立,循环结束的原因是 i 等于 m,即循环条件 i<m 不再成立；若 m 不是素数,则 m%i==0 会成立,循环结束的原因是执行过 break,此时循环条件 i<m 仍然成立。因此,可以在循环结束后,通过判断循环条件是否仍然成立来确定 m 是否为素数,即将第 13 行修改为 if(i==m)。

## 5.5.2　continue 语句

流程控制语句 continue 仅能用于 while、do-while、for 三种循环语句中,其作用是**提前结束本次循环**,即跳过循环体中尚未执行的语句,直接进行循环条件的判断,继续下一次的循环。若用在 for 语句中,只能跳过尚未执行的循环体语句,不会跳过表达式 3。

【例 5.11】　编程找出 100～150 和 400～450 的能被 9 整除的数,要求在一个循环结构中实现。

【问题分析】

本题需要统计两个区间内符合条件的数,可以使用两个循环结构来完成,但题目要求用一个循环,可在循环体中利用 continue 跳过 151～399 这个区间。

定义 int 型变量 i,通过循环依次取值 100、101、…、450。用 for 语句和 while 语句分别编程实现。

【编程实现】

```
1    #include <stdio.h>           1    #include <stdio.h>
2    int main()                   2    int main()
3    {                            3    {
4        int i;                   4        int i=99;
```

```
5       for(i=100;i<=450;i++)              5       while(i<450)
6       {                                  6       {
7           if(i>150&&i<400)               7           i++;
8               continue;                  8           if(i>150&&i<400)
9           if(i%9==0)                     9               continue;
10              printf("%5d",i);           10          if(i%9==0)
11      }                                  11              printf("%5d",i);
12      printf("\n");                      12      }
13      return 0;                          13      printf("\n");
14  }                                      14      return 0;
15                                         15  }
```

【运行结果】

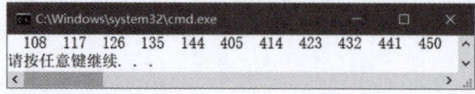

【关键知识点】

（1）若使用 for 语句实现，当变量 i 的值为 151～399 时，代码第 7 行的 if 条件成立，执行 continue 语句，跳过第 9、10 行代码，直接执行 for 语句的表达式 3，然后开始下一轮的"测试循环条件—执行循环体—执行表达式 3"。

（2）若使用 while 语句实现且将 i＋＋作为循环体的最后一条语句（在 continue 之后），则当 i>150 ＆＆ i<400 成立时，执行 continue 会跳过 i＋＋导致 i 无法自增，程序陷入死循环，因此，应将 i＋＋写在 continue 之前，且 i 的初始值和循环条件都与用 for 语句实现时不同。

（3）对比本题的两种实现方法，可以发现，当循环体中有 continue 时，for 语句和 while 语句无法直接转换。

【延展学习】

如果将 continue 语句改为 break，运行结果会是什么？

### 5.5.3 goto 语句

流程控制语句 goto 的作用是<u>无条件跳转到程序中同一函数内的另一个位置</u>（该位置由对应的语句标号指定），它既可以向下跳转，也可以往回跳转。其语法格式为：

```
goto 语句标号;                              语句标号:……
……                                         ……
语句标号:……                                 goto 语句标号;
```

其中，<u>语句标号</u>代表 goto 语句跳转的目标位置。语句标号的命名应遵守标识符的命名规则（详见 2.3.2 节），且后面加冒号，放在某一语句行的前面，起标识语句的作用。

goto 语句通常与 if 语句配合使用。例如，例 5.1 若用 goto 语句实现，则代码第 7～11 行的 while 循环可修改为：

```
while(i<=n)                        loop: sum=sum+i;
{                                        i=i+1;
    sum=sum+i;                           if(i<=n)
    i=i+1;                                   goto loop;
}
```

其中的 loop 就是上述语法格式中的"语句标号"。

使用 goto 语句会破坏程序的结构性，因此良好的编程风格建议少用和慎用 goto 语句，尤其是尽量不要使用往回跳转的 goto 语句，不要让 goto 制造出永远不会被执行的代码（即死代码）。从理论上说，不用 goto 语句也可以写出符合要求的 C 程序，但在某些场合下，goto 语句还是有一定的价值，例如，用 goto 语句终止嵌套层次较深的循环结构，详见例 5.15 的"延展学习"部分。

## 5.6 嵌套循环

嵌套循环
课堂练习

若在一个循环结构的循环体中包含了另一个完整的循环结构，则称为 嵌套的循环结构。三种基本循环语句均允许相互嵌套使用，但为了让代码更简洁、程序的可读性更强，通常使用 for 语句实现嵌套循环。

C 语言对循环嵌套的 深度没有限制，但在常见的程序中，循环嵌套的层次一般不超过 3 层。

【例 5.12】 阅读以下程序，分析运行结果，理解嵌套循环的执行过程。

```
1    #include <stdio.h>
2    int main()
3    {
4        int i,j;
5        for(i=1;i<=2;i++)
6        {
7            printf("Start, i=%d\n",i);
8            for(j=1;j<=3;j++)
9                printf("    j=%d\n",j);
10           for(j=1;j<=2;j++)
11               printf("    j=%d\n",j);
12           printf("End, i=%d\n",i);
13       }
14       return 0;
15   }
```

```
Start, i=1
    j=1
    j=2
    j=3
    j=1
    j=2
End, i=1
Start, i=2
    j=1
    j=2
    j=3
    j=1
    j=2
End, i=2
请按任意键继续...
```

【关键知识点】

(1) 程序中共有 3 个 for 语句，第 1 个 for 语句的循环体中包含了第 2、3 个 for 语句，因此它们构成 嵌套关系。第 2 个和第 3 个 for 语句是 并列关系，即第 2 个 for 语句执行完后，才开始执行第 3 个 for 语句。

(2) i 称为外层循环的控制变量，j 称为内层循环的控制变量。在实用程序中，内外层循环结构的循环控制变量 通常不同名；若同名，无语法错误，但程序逻辑会非常混乱。并

第 5 章　循环结构

列关系的循环结构中的控制变量可以同名,例如,第2、3个for语句中都使用变量j。

(3) 程序的执行过程为:当i=1时,外层循环执行第1次,其循环体为代码第6~13行,执行到第8行时,遇到第2个for语句,j从1取值到3,分别执行其循环体(第9行),得到运行结果中的"j=1,j=2,j=3"共3行输出,然后j自增后变为4,第2个for结束。紧接着开始执行第3个for语句,得到"j=1,j=2"共2行输出,然后执行第12行,第1次外层循环结束。外层循环的第2次执行过程与第1次类似。

(4) 内层循环体的执行次数=外层循环次数*内层循环次数。例如,第2个for语句的循环体(第9行)共执行2×3=6次。

**【例5.13】** 编程输出m到n之间(含边界值)的所有素数,每行输出6个数。

**【问题分析】**

例5.10可以判断一个整数是否为素数,若多次执行该程序即可对m到n之间的每个整数都进行判断,因此可以在例5.10的程序外面再加一层循环,构成嵌套循环。

规划数据结构如下:

(1) 定义int型变量i,通过外层循环,i依次取值m、m+1、…、n。

(2) 定义int型变量j,通过内层循环,j依次取值2、3、…、i−1,通过i%j是否等于0来判断i是否为素数。

(3) 定义int型变量flag,作为判断i是否为素数的标志,flag为1,表示i是素数,为0表示i不是素数。

(4) 定义int型变量count,用于统计素数的个数,初值为0。

**【编程实现】**

```
1   #include <stdio.h>
2   int main()
3   {
4       int m,n,i,j,flag,count=0;
5       printf("请输入两个正整数(从小到大): ");
6       scanf("%d%d",&m,&n);
7       for(i=m;i<=n;i++)
8       {
9           flag=1;                    //先假设i是素数,将flag置1
10          for(j=2;j<i;j++)           //判断i是否为素数
11              if(i%j==0)
12              {
13                  flag=0;            //i不是素数,将flag置0
14                  break;             //结束内层循环
15              }
16          if(flag==1&&i!=1)          //若i为素数
17          {
18              printf("%5d",i);
19              count++;               //素数的个数增加1
20              if(count%6==0)
21                  printf("\n");      //每输出6个数就换行
22          }
23      }
24      if(count%6!=0)
25          printf("\n");              //素数个数若不是6的倍数时输出换行
26      return 0;
27  }
```

【运行结果】

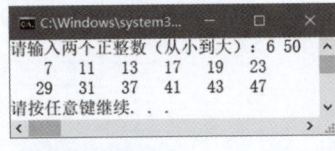
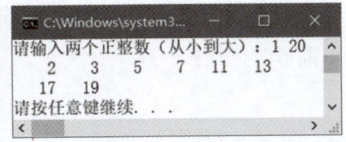

【关键知识点】

(1) flag=1 不能写在代码第 4 行,必须写在外层循环的循环体内,且在内层循环之前,即第 9 行。以 m=6 为例分析原因,当 i=6 执行第 1 次外层循环时,j=2,由于 6%2==0,因此会执行第 13 行,将 flag 置 0 并执行 break,内层 for 结束;当 i=7 执行第 2 次外层循环时,若没有第 9 行,则在开始内层循环之前 flag 为 0,而内层 for 循环也不可能将 flag 修改为 1,最终导致执行第 16 行时 flag 的值为 0,将 7 判断为非素数,结果错误。

(2) 第 20、21 行代码用于实现每输出 6 个数就换行,该段代码与第 16 行的 if 语句是嵌套关系,若写成了并列关系,则输出结果中会出现多个空行。

(3) 第 24、25 行代码用于实现当输出素数个数不是 6 的倍数时的换行。若不加 if 进行判断、直接输出换行符,则当素数总个数是 6 的倍数时会多输出一个空行。

【延展学习】

如何保障输入数据的合理性?例如,当用户从大到小输入两个正整数时,应如何修改程序?可在第 6 行后增加一段代码,判断 m 和 n 的大小关系,若 m>n,则交换 m 和 n。

【例 5.14】 从键盘输入行数 n,输出 n 行由星号构成的倒等腰三角形图案,其中第一行的星号前面无空格。图 5.10 是 n 为 4、5 时的输出结果。

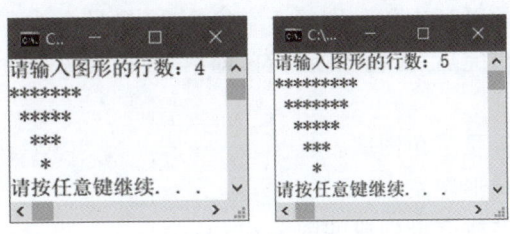

图 5.10　例 5.14 输出结果

【问题分析】

图案输出的实质是:先在每行前面输出一定数量的空格,然后输出构成图案的符号(星号),从而确保图案的形状符合要求。该图案共 n 行,每行的内容由三部分构成:若干空格、若干星号、一个换行符。

可采用嵌套循环结构实现,外层循环控制图案的行数;内层循环控制每行输出的内容,本题需要两个并列的内层循环,第 1 个内层循环控制空格的输出,每循环一次输出一个空格;第 2 个内层循环控制星号的输出,每循环一次输出一个星号。

规划数据结构如下:

(1) 定义 int 型变量 i,作为外层循环控制变量,表示第几行,初值为 1。

(2) 定义 int 型变量 j,作为内层循环控制变量。

本题的难点在于:每行的空格、星号的个数都不相同,应如何确定内层循环的执行次数?以 n=4 为例,第 1、2、3、4 行的空格个数分别为 0、1、2、3,即有 i−1 个空格,因此第 1 个内层循环需执行 i−1 次。第 1、2、3、4 行的星号个数分别为 7、5、3、1,即有 2(n−i)+1 个空格,因此第 2 个内层循环需执行 2(n−i)+1 次。

【编程实现】

```
1   #include <stdio.h>
2   int main()
3   {
4       int i,j,n;
5       printf("请输入图形的行数: ");
6       scanf("%d",&n);
7       for(i=1;i<=n;i++)
8       {
9           for(j=1;j<=i-1;j++)
10              putchar(' ');              //或者 printf(" ");
11          for(j=1;j<=2*(n-i)+1;j++)
12              putchar('*');              //或者 printf("*");
13          putchar('\n');                 //或者 printf("\n");
14      }
15      return 0;
16  }
```

【关键知识点】

(1) 当 i=1 时输出图案的第一行,代码第 9 行的条件 j<=i−1 刚开始就不成立,因此,第 10 行的代码一次都不会执行,所以第一行不会输出空格。

(2) 两个内层循环的循环次数分别等于空格个数、星号个数。

(3) 每行的星号输出完后,要输出换行符,即第 13 行代码。

【延展学习】

(1) 如何输出 n 行等腰三角图案?

(2) 如何输出 n 行梯形图案?

(3) 如何输出由数字或字母构成的图案?

应用案例
课堂练习

## 5.7 应用案例

【例 5.15】 编程求解"百钱百鸡"问题。

【问题分析】

"百钱百鸡"是我国古代数学家张丘建在《算经》一书中提出的数学问题:"鸡翁一值钱五,鸡母一值钱三,鸡雏三值钱一。百钱买百鸡,问鸡翁、鸡母、鸡雏各几何?"由题意可知公鸡最多 20 只,母鸡最多 33 只,小鸡最多 100 只。采用枚举法,通过嵌套循环结构将所有可能的情况列举出来,逐一判断,输出满足条件的解。

规划数据结构如下:定义 int 型变量 cock、hen、chick,分别表示公鸡、母鸡、小鸡的数量。

【编程实现】

```
1    #include <stdio.h>
2    int main()
3    {
4        int cock,hen,chick,count=0;
5        printf("序号   公鸡数量   母鸡数量   小鸡数量\n");
6        for(cock=0;cock<=20;cock++)
7            for(hen=0;hen<=33;hen++)
8                for(chick=0;chick<=100;chick+=3)
9                    if(cock+hen+chick==100&&5*cock+3*hen+chick/3==100)
10                   {
11                       count++;
12                       printf("%4d%10d%10d%10d\n",count,cock,hen,chick);
13                   }
14       return 0;
15   }
```

【运行结果】

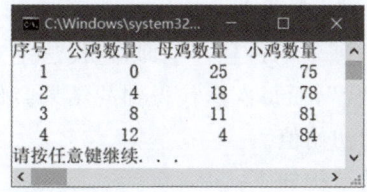

【关键知识点】

（1）通过三层嵌套循环枚举所有可能的情况，在最内层的循环体中通过 if 语句判断总数量、总金额是否都等于 100。

（2）由于小鸡数量必须是 3 的倍数，所以在代码第 8 行中，每循环一次，变量 chick 加 3。

【延展学习】

（1）如何减少循环次数，提高算法效率？

分析：可以用两层嵌套循环实现，在第二层循环的循环体中，先计算小鸡数量 chick＝100－cock－hen，然后将 if 语句的判断条件改为：chick 是 3 的倍数，且总金额等于 100。

（2）还有哪些问题可以用枚举法编程求解？

分析：解的个数范围有限且适合列举的问题。例如，小王在商店消费了 90 元，口袋里只有 1 张 50 元、4 张 20 元、8 张 10 元的钞票，他共有几种付款方式，可以使商家不用找零钱？

（3）若本例要求只找出一个符合条件的解即可，应如何实现？

最容易想到的方法是：在第 12 行代码后添加 break 语句，用于终止循环。但修改后的程序的运行结果不变，其原因是 break 只能终止最内层的 for 循环，而第一层、第二层 for 循环仍然会正常执行。因此，还需要在第一层、第二层 for 的循环体中添加 if(count==1) break 语句才能达到题目要求。程序中的 break 语句太多，会降低程序的可读性，因此，更好的解决办法是使用 goto 语句退出多层循环，修改代码如下：

枚举法
微视频

第 12 行后添加：

```
goto end;
```

第 14 行修改为：

```
end: return 0;
```

迭代法
微视频

**【例 5.16】** 用迭代法求斐波那契数列的第 n 项。

**【问题分析】**

意大利数学家斐波那契在他的《算盘全书》书中提出了兔子繁殖的问题：如果一对兔子每月能生一对小兔(一雄一雌)，每对小兔在它们出生后的第三个月开始，每月均生一对小兔，并且这些兔子无死亡，n 个月后会有多少对兔子？

根据兔子的繁殖规律，第 1 个月，只有一对兔子；第 2 个月，这对兔子成熟；第 3 个月，成熟的兔子生下一对小兔，此时有 2 对兔子；第 4 个月，成熟的兔子再生一对小兔，共有 3 对兔子。如此推算下去，会发现每月兔子总数的规律，即 1，1，2，3，5，8，13，21，34，55，…，数列第 1 项和第 2 项的值均为 1，从第 3 项开始，每项的值等于前两项之和，该数列称为斐波那契数列。

斐波那
契数列
微视频

迭代法也称辗转法，是一种不断用变量的旧值递推新值的过程。也即，迭代法是对某一过程的重复执行，每一次对过程的重复称为一次“迭代”，而每次迭代得到的结果会作为下一次迭代的初始值。

规划数据结构如下：

(1) 定义 int 型变量 i，表示斐波那契数列的第几项，通过循环依次取值 3，4，…，n。

(2) 定义 int 型变量 f1、f2、f3，分别存储第 i−2 项、第 i−1 项、第 i 项的值。f1、f2 的初值为 1。

算法的 N-S 流程图如图 5.11 所示。

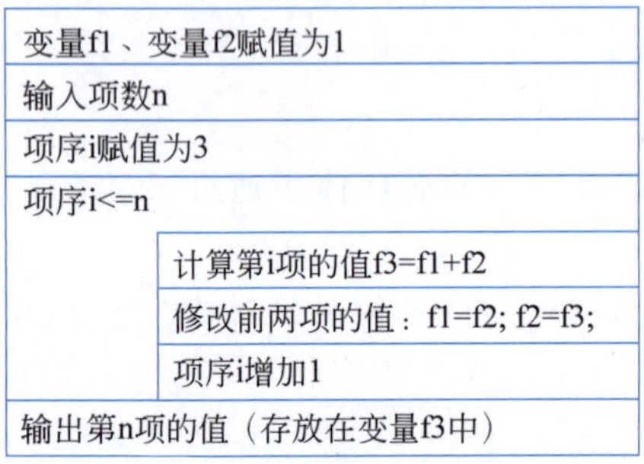


图 5.11 例 5.16 算法的 N-S 流程图

**【编程实现】**

```
#include<stdio.h>
int main()
{
    int i,n,f1=1,f2=1,f3;
    printf("请输入需要计算的斐波那契数列的项数：");
    scanf("%d",&n);
    for(i=3;i<=n;i++)
    {
        f3=f1+f2;
        f1=f2;
        f2=f3;
    }
```

```
        printf("斐波那契数列的第%d项为：%d\n",n,f3);
        return 0;
}
```

【运行结果】

```
请输入需要计算的斐波那契数列的项数：7
斐波那契数列的第7项为：13
请按任意键继续. . .
```

【关键知识点】

(1) 本程序的迭代过程为：首先利用顺推公式 f3＝f1＋f2 计算出当前项(第3项)；然后通过 f1＝f2 将下一次迭代所需的第 i－2 项修改为第 2 项的值,通过 f2＝f3 将下一次迭代所需的第 i－1 项修改为第 3 项的值(即第一次迭代的结果)；然后开始第 2 次迭代,过程与第 1 次相似。

(2) 需注意语句 f1＝f2 与 f2＝f3 的顺序,若写反则会得到错误的结果。

【延展学习】

(1) 之前学过的案例中,哪些应用了迭代法的思想求解？
(2) 还有哪些问题可以使用迭代法求解？

# 5.8　常见错误小结

| 常见错误示例 | 错误描述及解决方法 | 错误类型 |
| --- | --- | --- |
| `int x=1,s=0;`<br>`while(x<10);`<br>`{`<br>`    s=s+x;`<br>`    x++;`<br>`}`<br>`printf("%d",s);` | 错误描述：无输出结果<br>原因分析：while 的圆括号后多了一个分号,编译器认为这个分号(称为空语句)就是循环体。由于在循环体中没有改变 x 的值的语句,导致循环条件永远成立,出现死循环<br>解决方法：去掉圆括号后的分号 | 逻辑错误 |
| `int x,s=0;`<br>`for(x=1;x<10;x++);`<br>`{`<br>`    s=s+x;`<br>`    x++;`<br>`}`<br>`printf("%d",s);` | 错误描述：s 的值始终为 10,不是预想结果<br>原因分析：for 的圆括号后多了一个分号,编译器认为这个分号(称为空语句)就是循环体。当 x 自增至 10 时,退出 for 循环,执行大括号内部的语句,最终 s 的值为 0+10,即为 10<br>解决方法：去掉圆括号后的分号 | 逻辑错误 |
| `int x,sum;`<br>`for(x=1;sum=0;x<10;x++)`<br>`    sum+=x;`<br>`printf("%d",sum);` | 错误描述：在 for 语句的圆括号中应该有且仅有两个分号,用来分隔 for 语句的三个表达式。若需要在表达式 1 中给多个变量赋初值,应该用逗号表达式实现<br>解决方法：将 x=1 后面的分号改为逗号 | 编译错误 |

| 常见错误示例 | 错误描述及解决方法 | 错误类型 |
|---|---|---|
| `int m,n,i,j,sum=0;`<br>`scanf("%d%d",&m,&n);`<br>`for(i=m;i<n;i++)`<br>`{`<br>`    for(j=1;j<i;j++)`<br>`        if(i%j==0)`<br>`            sum+=j;`<br>`    if(sum==i)`<br>`        printf("%5d",i);`<br>`}` | **错误描述**：输出结果有误，可能只有部分输出结果甚至没有输出结果<br>**原因分析**：本段代码的功能为输出 m 到 n 之间的完数，在内层循环中，需要对 i 的真因子求和，修改了 sum 的值。而第二次进入外循环时，sum 的值没有重置为 0，还是上一次循环后的值，这将导致求和结果与预期的不符。这是使用嵌套循环时很容易出现的错误，一定要清楚给变量赋初值的语句应该写在外循环之前还是内循环之前<br>**解决方法**：在左花括号后增加语句 sum=0； | 逻辑错误 |

## 5.9 练 习 题

**一、单项选择题**

1. 有以下程序段

```
int k=0;
while (k=1)
    k++;
```

循环体的执行次数是(　　)。

　　A. 无限次　　　　　　　　　　B. 有语法错，不能执行
　　C. 0 次　　　　　　　　　　　D. 执行一次

2. 执行以下程序段，以下选项正确的是(　　)。

```
int x=-1;
do
{
    x=x*x;
} while(!x);
```

　　A. 循环体将执行一次　　　　　B. 循环体将执行两次
　　C. 循环体将执行无限次　　　　D. 系统将提示有语法错误

3. C 语言中 while 和 do-while 循环的主要区别是(　　)。

　　A. do-while 的循环体至少执行一次
　　B. while 的循环控制条件比 do-while 的循环控制条件严格
　　C. while(条件)的后面不能省略分号
　　D. do-while 的循环体不能是复合语句

4. 设有以下程序段

```
int x=0,s=0;
while(!x!=0)
    s+=++x;
printf("%d",s);
```

则( )选项是正确的。

  A. 运行程序段后输出 0      B. 运行程序段后输出 1
  C. 程序段中的控制表达式是非法的    D. 循环体执行无限次

5. 设 i,j,k 均为 int 型变量,则执行完下面的 for 循环后,k 的值为( )。

```
for(i=0,j=10;i<=j;i++,j--)
    k=2*i+j;
```

  A. 10     B. 13     C. 14     D. 15

6. 设 x,y 均为 int 型变量,则以下 for 循环的循环体执行次数是( )。

```
for(x=0,y=0;(y=123)&&(x<4);x++) ;
```

  A. 无数次    B. 0 次     C. 4 次     D. 3 次

7. 执行语句 for(i=1;i++<4;);,后变量 i 的值是( )。

  A. 3      B. 4      C. 5      D. 不定

8. 执行以下程序段的结果是( )。

```
int i,num=0;
for(i=1;i<=9;i++)
    for(i=1;i<=7;i++)
        num++;
cout<<num;
```

  A. 输出 14        B. 输出 63
  C. 有语法错误       D. 无限循环

9. 设 i,j 均为 int 型变量,则以下程序段中的 printf 语句共执行( )次。

```
for (i=5;i;i--)
    for (j=0;j<4;j++)
        printf("%d, %d\n", i,j);
```

  A. 20     B. 25     C. 24     D. 30

10. 以下叙述正确的是( )。

  A. continue 语句的作用是结束整个循环的执行
  B. break 语句能在循环体内和 switch 语句体内使用
  C. 在循环体内使用 break 语句和 continue 语句的作用相同
  D. 可以使用一条 break 语句退出多层循环的嵌套

11. 以下是死循环的程序段是( )。

A. int i;
   for(i=1; ; )
   {
       if(++i%2==0)
          continue;
       if(++i%3==0)
          break;
   }

B. int i=0;
   do
   {
       if(i<0)
          break;
   }while(--i);

C. int i;
   for(i=1; ; )
       if(++i<10)
           continue;

D. int i=1;
   while(i--);

12. 以下程序段运行后，num1 和 num2 的值分别是（    ）。

```
int i,num1=0,num2=0;
for(i=1;i<=8;i++)
{
    num1++;
    if(i>5)
        break;
    num2++;
}
```

  A. 5,5     B. 6,5     C. 5,4     D. 8,5

13. 若有以下程序段，则以下选项正确的是（    ）。

```
for(t=1;t<=100;t++)
{
    scanf("%d",&x);
    if(x<0)
        continue;
    printf("%4d",t);
}
```

  A. 当 x<0 时整个循环结     B. x>=0 时什么也不输出
  C. 函数 printf() 永远不会执行    D. 最多输出 100 个非负整数

14. 执行以下程序段，则以下选项正确的是（    ）。

```
int i=5;
do{
    switch(i%2)
    {
        case 0: i--; break;
        case 1: i--; continue;
    }
    i-=2;
    printf("%d ",i);
}while(i>0);
```

C 语言程序设计

A. 程序有语法错误　　　　　　　B. 程序无输出
C. 输出 2　-1　　　　　　　　D. 输出 1

15. 与下面程序段等价的是(　　)。

```
for(n=100;n<=200;n++)
{
    if(n%3==0)
        continue;
    printf("%4d",n);
}
```

A. for(n=100;(n%3)&&n<=200;n++)
   printf("%4d",n);
B. for(n=100;(n%3)||n<=200;n++)
   printf("%4d",n);
C. for(n=100;n<=200;n++)
   if(n%3!=0)
       printf("%4d",n);
D. for(n=100;n<=200;n++)
   {
       if(n%3)
           printf("%4d",n);
       else
           continue;
       break;
   }

二、判断题

1. 若有语句 int i=-1；while(i<10) i+=2；i++；，该 while 循环的循环体执行 6 次。　　　　　　　　　　　　　　　　　　　　　　　　　　　(　　)
2. 在循环外的语句不受循环的控制,在循环内的语句也不受循环的控制。(　　)
3. do-while 语句的循环体至少执行 1 次,while 和 for 循环的循环体可能一次也不执行。　　　　　　　　　　　　　　　　　　　　　　　　(　　)
4. for 循环、while 循环和 do-while 循环语句之间可以相互转换。(　　)
5. 若有语句 for(i=1,j=10;i!=5||j==6;i++,j--){printf("%d",i);}，该 for 循环的循环体执行 5 次。　　　　　　　　　　　　　　　　　　　　(　　)
6. 从语法角度看,for(表达式 1;表达式 2;表达式 3)语句中的 3 个表达式均可省略。(　　)
7. for、while 和 do-while 循环的循环体均为紧接其后的第一条语句(含复合语句)。(　　)
8. 嵌套循环 for(i=0;i<5;i+=2) for(j=0;j<5;j++) { } 的循环体(循环体内无修

改 i 或 j 的值的语句)共执行 15 次。　　　　　　　　　　　　　　　　(　　)

9. C 语言中,do-while 语句构成的循环只能用 break 语句退出。　　(　　)

10. 执行 break 语句时,将退出到包含该 break;语句的所有循环之外。　(　　)

三、阅读程序,写出运行结果

1. 程序如下:

```c
#include <stdio.h>
int main()
{
    int i,t,sum=0;
        for(t=i=1;i<=10; )
        {
            sum+=t;
            ++i;
            if(i%3==0)
                t=-1;
            else
                t=i;
        }
        printf("sum=%d\n",sum);
    return 0;
}
```

2. 程序如下:

```c
#include <stdio.h>
int main()
{
    int i=1;
    while(i<=15)
    {
        if(++i%3!=2)
            continue;
        printf("%d ",i);
    }
    printf("\n");
    return 0;
}
```

3. 程序如下:

```c
#include <stdio.h>
int main()
{
    int i,j=4;
    for(i=j-1;i<=2*j;i++)
        switch(i/j)
        {
            case 0:
            case 1: printf(" * "); break;
            case 2: printf("#");
        }
    printf("\n");
    return 0;
}
```

4. 程序如下：

```
#include <stdio.h>
int main()
{
    int y=2,a=1;
    while(y--!=-1)
    {
        do
        {
            a*=y;
            a++;
        } while(y--);
    }
    printf("%d,%d\n",a,y);
    return 0;
}
```

四、程序填空题

1. **程序功能**：求 1～1000 中同时满足"除以 3 余 2、除以 5 余 3、除以 7 余 2"的所有整数，每行输出五个数。输入/输出格式参见运行结果。

【运行结果】

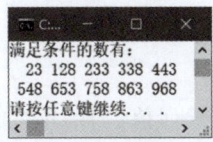

```
#include <stdio.h>
int main()
{
    int i=1,j=0;
    printf("满足条件的数有：\n");
    do
    {
        if(_____①_____)
        {
            printf("%4d",i);
            j=j+1;
            if(_____②_____)
            printf("\n");
        }
        i=i+1;
    }while(i<=1000);
    return 0;
}
```

2. **程序功能**：输出 1000 以内的所有完全数（一个数如果恰好等于它的真因子之和，则称该数为完全数，例如，6＝1＋2＋3，所以 6 为完全数）。输入/输出格式参见运行结果。

【运行结果】

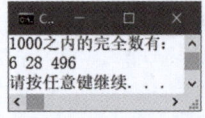

```
#include <stdio.h>
int main()
{
    int a,i,m=0;
    printf("1000之内的完全数有：\n");
    for(a=1;a<=1000;a++)
    {
        for(____①____;i<=a/2;i++)
            if(____②____)
                m+=i;
        if(m==a)
            printf("%d ",a);
    }
    printf("\n");
    return 0;
}
```

**五、程序改错题**

**程序功能**：根据公式 $e=1+\frac{1}{1}!+\frac{1}{2}!+\frac{1}{3}!+\frac{1}{4}!+\cdots$，求 e 的近似值，当通项的值小于 $10^{-6}$ 时停止计算。输入/输出格式参见运行结果(一行算一个错，共 2 个错误)。

【运行结果】

```
1     #include <stdio.h>
2     int main()
3     {
4         int i=1;
5         int e=1,n=1;
6         do
7         {
8             e+=n;
9             i++;
10            n/=i;
11        }while(n<10e-6);
12        printf("e=%f\n",e);
13        return 0;
14    }
```

## 六、编程题

1. **程序功能**：每个苹果 4.8 元，第一天买 2 个苹果，从第二天开始，每天购买的数量是前一天的 2 倍，直至单日购买的苹果个数达到不超过 100 的最大值为止。求每天平均花多少钱？输入/输出格式参见运行结果。

   【运行结果】

2. **程序功能**：输入一系列整数，统计出正整数的个数和负整数的个数，输入 0 表示结束。输入/输出格式参见运行结果。

   【运行结果】

   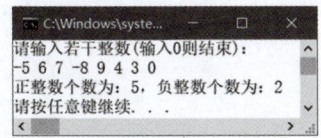

3. **程序功能**：找出 1～99 中的全部同构数。同构数是指：一个数的平方数的尾数等于该数自身的自然数。例如，5 是 25 的尾数，25 是 625 的尾数，所以 5 和 25 都是同构数。输入/输出格式参见运行结果。

   【运行结果】

   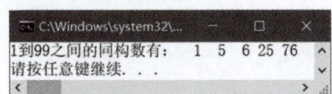

4. **程序功能**：求 x 的 y 次方的最后三位数，其中，x 和 y 均为 4～9（含边界值）的整数。不能使用内置数学函数。输入/输出格式参见运行结果。

   【运行结果】

   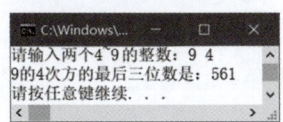

5. **程序功能**：计算 a＋aa＋aaa＋…＋n 个 a 之和。其中，a 和 n 都是 1～9 的整数。输入/输出格式参见运行结果。

   【运行结果】

   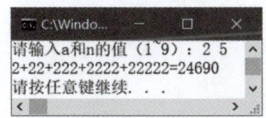

6. **程序功能**：从键盘输入一个角度值 y（计算时需要将角度值转换成弧度值：$x = y \times \dfrac{PI}{180}$，PI 的取值为 3.1415926）。根据泰勒公式 $\cos(x) = 1 - \dfrac{x^2}{2!} + \dfrac{x^4}{4!} - \dfrac{x^6}{6!} + \cdots$，求 $\cos(x)$ 的近似值，要求截断误差小于 $10^{-7}$，即通项的绝对值小于 $10^{-7}$ 时停止计算。输入/

输出格式参见运行结果。

【运行结果】

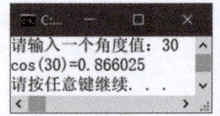 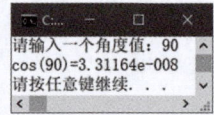

7. **程序功能**：输出如图所示的图案，图案最左侧的星号距窗口左边缘 10 个空格，与 n 的值无关。输入/输出格式参见运行结果。

【运行结果】

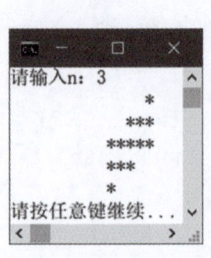 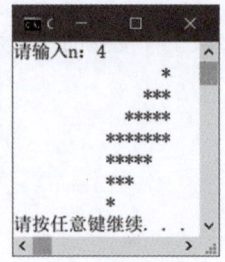

8. **程序功能**：输入正整数 m，求 m 到 2m 之间，以及 3m 到 4m 之间（两个区间都包含边界值）的所有回文数。回文数是指正读和反读都一样的数，例如，252、3663 都是回文数。每行输出 12 个数，输入/输出格式参见运行结果。

【运行结果】

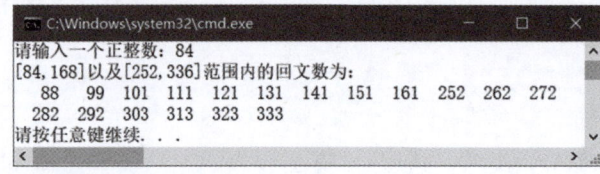

9. **程序功能**：输入一个合数，对其进行质因数分解。输入/输出格式参见运行结果。

【运行结果】

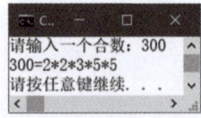

10. **程序功能**：三对情侣参加婚礼，三个新郎为 A、B、C，三个新娘为 X、Y、Z。有人想知道究竟谁和谁结婚，于是就问新人中的三位，得到如下回答：A 说他将和 X 结婚；X 说她的未婚夫是 C；C 说他将和 Z 结婚。事后得知他们都在开玩笑，三人说的全是假话。请尝试用枚举法编程判断究竟谁和谁结婚？输入/输出格式参见运行结果。

【运行结果】

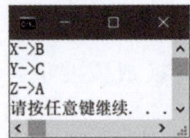

# 第 5 章练习题答案与解析

扫描二维码获取练习题答案与解析。

第 5 章　练习题答案与解析

# 第 6 章 函 数

【学习要点】
- 为什么要使用函数。
- 函数的分类：主函数、库函数、子函数。
- 库函数(系统函数)的使用。
- 用户自定义函数(子函数)的定义、调用、声明。
- 递归函数。
- 变量的作用域与生存期。

模块化程序设计课堂练习

## 6.1 模块化程序设计

通过前几章的学习，我们已经能够编写简单的 C 程序了，但如果程序的功能较多、规模较大，将所有的程序代码都写在主函数 main() 中，就会使主函数变得庞杂，阅读和维护程序也会变得困难。

在实际应用中，商业软件的代码通常多达数十万、百万、千万行甚至更多。为了降低程序开发的复杂度，程序员必须将规模大的问题拆分为若干规模小的问题，小问题再继续往下分解。这种把较大的任务分解成若干较小、较简单的任务(称为模块)，并提炼出公用任务的方法，称为分而治之。模块化程序设计就体现了这种"分而治之"的思想。

模块化程序设计采用自顶向下、逐步细化的方法将程序按功能划分为若干基本模块，并以基本模块为单位进行代码的编写。每个基本模块就是一个功能相对独立的函数。例如，图 6.1 是一个简单的成绩管理系统的模块化设计，每个模块可以用一个函数来实现。

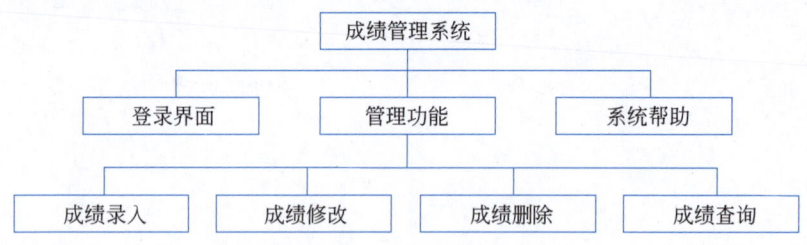

图 6.1 成绩管理系统的模块化设计

函数是 C 语言中模块化程序设计的最小单位。一个 C 程序可以由一个主函数和若干其他函数构成。使用函数进行编程,有如下优点:

(1) 降低编程难度,便于多人合作,加快开发进度。将一个复杂的大问题分解成一系列的小问题,当问题细化得足够简单时,就可以分而治之。每人编写一个或多个函数,再将多个函数"组装"起来即可构成程序。

(2) 实现信息隐藏。用户(使用函数的人)不必关心函数内部是如何编程实现的,只需要知道函数的功能以及如何使用即可,即将函数内部的细节对用户隐藏起来。例如,输出函数 printf() 的实现涉及 CPU、内存、外部设备的通信、数据交换等复杂问题,而用户不用关心这一系列问题,只需按要求使用该函数即可实现数据的输出。

(3) 提高代码复用性。当程序中要多次实现某一功能时,可将该功能编写为函数,实现一次编写多次调用,避免重复劳动,并减少代码的冗余量。

(4) 易于调试和维护。测试或更新一个函数时,不会影响程序其他模块的正常运行。

使用函数的过程,称为函数调用。若程序中的函数调用层级过深,则追踪函数之间的调用关系会比较困难,同时也可能会增加程序的执行时间。因此,编程时应根据具体情况灵活设计函数,尽量保持代码的可读性,并注意控制函数调用的层级,从而可以最大限度地利用函数的优点,并减少其缺点带来的影响。

## 6.2 函数的分类

函数的分类
课堂练习

函数是实现特定功能的一段相对独立的程序,是组成 C 程序的基本功能模块。一个 C 程序由一个或多个源文件组成,一个源文件又由一个或多个函数组成。

根据函数在程序中的作用和使用情况,可分为三类:主函数、库函数和子函数。

### 1. 主函数

每个程序中有且仅有一个 main() 函数,称为主函数,它是程序执行的起始点和终止点。C 程序的执行,总是从 main() 函数的第一条语句开始,如果遇到函数调用语句(如 printf("Hello") 就是一条函数调用语句),则完成对该函数的调用后再返回到 main() 函数,继续往下执行,执行完 main() 函数的最后一条语句后,整个程序结束。

### 2. 库函数

库函数也称为系统函数,是由编译系统事先编写好的具有一定功能的函数。例如,printf()、scanf() 等都是标准库函数。编译系统将具有同类功能的函数集中在一个头文件中进行声明,例如,printf()、scanf() 函数在头文件 stdio.h 中声明,求平方根、求绝对值等数学函数在头文件 math.h 中声明。用户要使用某个库函数,只需在程序开始位置用 #include 命令包含对应的头文件即可。

此外,由其他厂商自行开发的 C 语言函数库称为第三方库函数,能扩充 C 语言程序的功能,可以根据需要载入使用。第三方库为程序开发者提供了各种强大的工具,大大提高了程序开发的效率。

**3. 子函数**

当库函数的功能不能满足需要时,用户可以根据需要自行编写函数实现相关功能,此类函数称为**用户自定义函数**,也称为**子函数**。main()函数其实是一种特殊的用户自定义函数。

不论是库函数还是子函数,都必须被主函数直接或间接调用才能发挥其作用。调用其他函数的函数称为**主调函数**,被调用的函数称为**被调函数**。

主函数可以调用任何子函数或库函数;子函数可以调用任何子函数(包括它自身)或库函数,但不能调用主函数。

库函数的使用课堂练习

# 6.3 库函数的使用

## 6.3.1 常用的数学函数

编译系统将与数学相关的库函数集中在头文件 math.h 中进行声明,使用这些数学函数时,需要在程序开始位置用#include命令包含该头文件。常用的数学函数的**原型**及函数功能说明如表6.1所示。其中,写在括号中的部分是函数的**参数**,即主调函数调用该函数时必须提供的数据,例如,函数 sqrt()需要一个 double 型的参数。被调函数执行完后,其计算结果通过**返回值**带回给主调函数,例如,求平方根的函数 double sqrt(double x)中的第一个 double 表示其**返回值的类型**。

表6.1 常用的数学函数的原型及功能说明

| 函　　数 | 函数原型 | 功　　能 | 使 用 举 例 |
|---|---|---|---|
| 幂 | double pow(double x, double x) | x 的 y 次方 | pow(2.0, 5.0)的值为 32.0 |
| 平方根 | double sqrt(double x) | x 的平方根 | sqrt(16.0)的值为 4.0 |
| 绝对值 | int abs(int x) | 整数的绝对值 | abs(−5)的值为 5 |
| | double fabs(double x) | 实数的绝对值 | fabs(−9.6)的值为 9.6 |
| 指数 | double exp(double x) | $e^x$ | exp(1.0)的值为 2.718282 |
| 自然对数 | double log(double x) | x 的自然对数(底为 e) | log(7.389056) 的值为 2.0 |
| 对数 | double log10(double x) | x 的对数(底为 10) | log10(100.0)的值为 2.0 |
| 正弦 | double sin(double x) | x 的正弦值,x 必须为弧度 | sin(60*3.14/180)的值为 0.865760 |
| 余弦 | double cos(double x) | x 的余弦值,x 必须为弧度 | cos(60*3.14/180)的值为 0.500460 |
| 正切 | double tan(double x) | x 的正切值,x 必须为弧度 | tan(60*3.14/180)的值为 1.729929 |

**注意**:三角函数的计算结果是否精确,与圆周率的精度有关,如求 60°的余弦,cos(60 * 3.14/180) 的值为 0.500460,而 cos(60 * 3.1415926/180)的值为 0.5。

【例 6.1】 已知一个直角三角形的斜边边长及一个锐角的度数,求该直角三角形两直角边的边长。

【问题分析】

定义变量 a、b、c、angle 分别表示两直角边的边长、斜边边长、锐角角度,c 和 angle 的值从键盘输入。根据数学知识可知:a=c*sin(angle),b=c*cos(angle)或者 b=sqrt(c*c−a*a),最后输出 a 和 b 的值即可。

【编程实现】

```
#include <stdio.h>
#include <math.h>           //使用数学函数需包含该头文件
int main()
{
    const double pi=3.14159;
    double a,b,c,angle;
    printf("请输入直角三角形斜边边长:");
    scanf("%lf",&c);
    printf("请输入已知锐角的角度值:");
    scanf("%lf",&angle);
    angle=angle*pi/180;     //将角度转换为弧度
    a=sin(angle)*c;
    b=sqrt(c*c-a*a);        //或者:b=cos(angle)*c;
    printf("两直角边的边长分别为%f 和%f\n",a,b);
    return 0;
}
```

【运行结果】

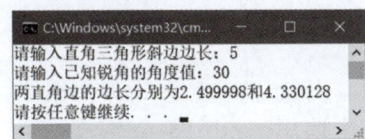

【关键知识点】

(1) 使用数学函数时,在程序开头需要用 #include 命令包含头文件 math.h。

(2) 三角函数的参数是弧度,若输入的是角度,需先转换成弧度再调用三角函数。

## 6.3.2 随机数函数

在编写程序时,可能会需要计算机随机产生一个整数,这时就需要用到随机数生成器,C 语言中的随机数生成器是函数 rand(),它在头文件 stdlib.h 中声明,调用形式为:

```
num=rand();         //将函数 rand()的返回值赋值给已定义的整型变量 num
```

该函数不需任何参数,返回一个 [0,RAND_MAX] 范围内的整数,RAND_MAX 是在头文件 stdlib.h 中定义的宏常量,它的值因编译器而异,通常是 32767 或 2147483647

(0X7FFF)。

利用 rand()函数产生随机数的代码及运行结果如下：

```c
#include <stdio.h>
#include <stdlib.h>
int main()
{
    int num1,num2;
    num1=rand();
    num2=rand();
    printf("num1=%d,num2=%d\n",num1,num2);
    return 0;
}
```

第一次【运行结果】
num1=41, num2=18467
请按任意键继续...

第二次【运行结果】
num1=41, num2=18467
请按任意键继续...

观察运行结果可发现：两次运行产生的随机数完全一样。随机数生成器是一个算法，它基于一个称为种子的初始值，通过对种子进行一系列的计算得到随机数序列。种子的默认值为1，每次程序运行时，如果种子相同，那么生成的随机数序列也相同，称为伪随机数。

（1）要想让程序每次运行时生成不同的随机数，就需要初始化随机数生成器，即使用函数 srand()设置不同的种子，其调用形式为：

srand(seed);

函数 srand()无返回值，其参数 seed 是一个无符号整数，用于设置随机数生成器的种子。为了确保每次程序运行时，seed 的值都不相同，可以使用当前时间作为种子。函数 time(NULL)可返回从 1970 年 1 月 1 日 00：00：00 到当前时间所经历的秒数，其参数 NULL 是一个宏常量。使用函数 time()需要包含头文件 time.h。

使用当前时间作为种子，初始化随机数生成器的语句为：

srand(time(NULL));

只需在程序的开头调用一次 srand()即可，之后每次调用 rand()都会生成一个新的随机数。

（2）可以设置产生随机数的范围，产生[下限，上限]范围内的随机数公式为：

下限+rand()%(上限-下限+1)

例如，表达式 2+rand()%(30-2+1)表示产生一个[2,30]范围内的随机整数，也可简化为 2+rand()%29。

【例 6.2】 设计一个辅助小学生练习加法运算的测试系统，要求：为小学生出 3 道加法算术题，两个加数都是 1~10(含边界值)的随机数。

【问题分析】

本例可循环 3 次，每次生成两个[1,10]范围内的随机数，然后输出一道加法题，接收用户输入的计算结果，并判断结果是否正确。设计算法如下：

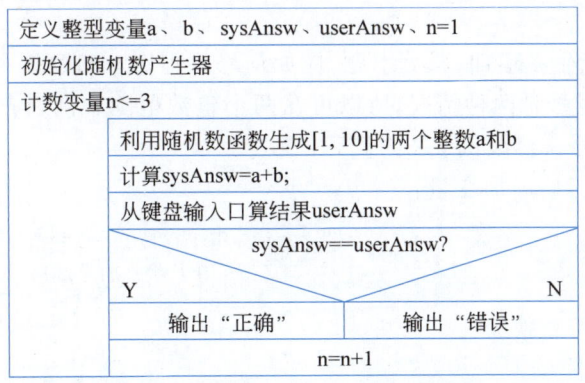

【编程实现】

```
1    #include <stdio.h>
2    #include <stdlib.h>       //使用和srand()和rand()函数需包含该头文件
3    #include <time.h>         //使用time()函数需包含该头文件
4    int main()
5    {
6        int a,b,n,sysAnsw,userAnsw;
7        srand(time(NULL));    //初始化随机数产生器
8        for(n=1;n<=3;n++)
9        {
10           a=1+rand()%10;    //产生[1,10]范围内的随机数
11           b=1+rand()%10;    //产生[1,10]范围内的随机数
12           sysAnsw=a+b;
13           printf("请计算：%d+%d=",a,b);
14           scanf("%d",&userAnsw);
15           if(sysAnsw==userAnsw)
16               printf("正确！\n");
17           else
18               printf("错误！\n");
19       }
20       return 0;
21   }
```

【运行结果】

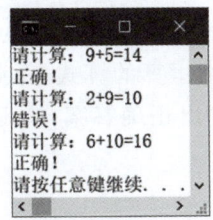

【关键知识点】

编译该程序时会报警告"从 time_t 转换到 unsigned int，可能丢失数据"，原因是代码第 7 行中 time() 函数的返回值是 time_t 类型的，而 srand() 函数的参数应该是 unsigned int 类型的，两者不一致，系统会进行自动类型转换。可忽略该警告，也可将第 7 行改为 srand((unsigned)time(NULL))，即将 time() 函数的返回值强制转换为 unsigned int 类型。

第 6 章 函数

【延展学习】

（1）若要随机产生3道加、减算术题，应如何修改程序？问题集中在如何随机产生加号和减号，因加号、减号是两种情况，所以可在两个整数范围中随机产生数据，如[1,2]，1对应加号，2对应减号。修改例6.2的代码：

① 在代码第6行后增加变量：

```
int m;                    //m用于存放在[1,2]范围内产生的随机数
char op;                  //op用于存放加号或减号
```

② 将第12、13行替换为：

```
m=1+rand()%2;             //产生[1,2]范围内的随机数
switch(m)
{
    case 1:
        op='+';break;
    case 2:
        op='-';
        if(a<b)           //考虑小学生的计算能力,确保 a≥b
            a=a+b,b=a-b,a=a-b;  //交换 a 和 b。逗号表达式,视为一条语句
}
if(op=='+')               //计算正确计算结果
    sysAnsw=a+b;
else
    sysAnsw=a-b;
printf("请计算：%d%c%d=",a,op,b);  //输出随机产生的加、减法算式
```

运行结果如下：

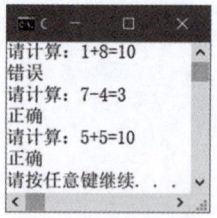

读者可尝试将以上代码修改为随机产生四则运算的算式，注意需考虑到除数不能为0。

（2）若增加成绩统计模块，每次运行程序时，随机产生10道四则运算的算式，每道题10分，共100分。答对一题得10分并输出"正确"，答错得0分并输出正确答案，10道题全部答完后输出总分。应如何编程实现？

用户自定义函数课堂练习

## 6.4 用户自定义函数

C语言提供了众多的库函数供用户使用，但库函数不可能涵盖所有功能，因此用户需要自己编写函数来实现特定的功能。由用户编写的实现特定功能的函数，称为**用户自定义函数**，也称为**子函数**。子函数的使用，使程序结构简洁清晰，便于程序调试和维护；还可

实现代码复用,减少冗余代码。

## 6.4.1 函数定义

**1. 函数定义的格式**

子函数在使用之前必须先定义。函数定义的基本格式是:

```
函数类型 函数名(参数列表)
{
    函数体
}
```

其中:

(1) 第一行称为函数头,包含函数类型、函数名和参数列表三部分。

① 函数类型:指子函数被调用后返回结果的数据类型。

② 函数名:是用户给函数起的名称,必须符合 C 语言标识符的命名规则,详见 2.3.2 节。函数名是函数的唯一标识,命名时应做到"见名知意"。为便于和变量区分,通常变量名用小写字母开头的单词组合而成,函数名则用大写字母开头的单词组合而成。

③ 参数列表的格式为:

```
(类型 参数 1,类型 参数 2,……,类型 参数 n)
```

若函数不需要参数,可用 void 代替参数列表,或直接省略参数列表,但()不能省略。

(2) 函数体:函数体是实现该子函数功能的具体程序代码,用一对花括号括起来。函数不能嵌套定义,即不能将函数定义写在另外一个函数(如 main()函数)的函数体中。在一个程序中有多个函数的定义时,它们之间是并列关系,不是从属关系。

**2. 函数的参数**

参数是主调函数传递给被调函数的数据,相当于被调函数的操作数,通过执行被调函数中的函数体对参数进行一定的计算,最终得到一个计算结果,该结果可通过返回值带回给主调函数。

函数定义时,参数没有具体的值,所以被称为形式参数,简称形参。形参只在定义它的子函数内生效,即只能在该函数的函数体内访问。

一个函数可以有 0 个或多个形参,据此,可以将函数分为有参函数和无参函数。若函数没有形参,圆括号()不能省略;若函数有多个形参,用逗号分隔,且每个形参都需指定类型。

**3. 函数的返回值**

根据函数是否有返回值,可将其分为有返回值函数和无返回值函数。

(1) 有返回值函数。

如果子函数被调用执行完之后,需要向主调函数返回一个数据,则该子函数为有返回值函数,其函数类型可以是 int、double、float、char 等数据类型之一,具体为哪种类型,取决于返回值的类型。例如:

```c
double Add(double x,double y)
{
    return x+y;
}
```

子函数 Add()有两个形参 x 和 y,且是一个有返回值的函数,它的返回值 x+y 通过 return 命令带回给主调函数,其返回值是 double 型,所以函数类型应该是 double。在有返回值函数的函数体中,应该有语句"return 表达式;",它通常位于函数体的最后面。

return 命令返回的表达式值的类型和定义该函数时指定的函数类型应保持一致,若不一致,以函数类型为准。例如,下面的代码中,return 命令返回的表达式 x+y 是 double 型,但函数类型是 int,所以系统会自动将 x+y 的值转换为 int 型返回给主调函数。若 x、y 是 2.3、4.6,返回值是 6。

```c
int Add(double x,double y)
{
    return x+y;
}
```

若未指定函数类型,则默认为 int 型,但一般不建议省略函数类型。例如,上面的代码可省略 Add 前面的 int,此时编译器会报警告,但程序仍能正常运行。

(2) 无返回值函数。

如果子函数被调用执行完之后,不需向主调函数返回任何数据,则该子函数为无返回值函数,其函数类型不能省略,必须为 void。例如:

```c
void Print()
{
    int i;
    for(i=0;i<20;i++)
        printf("*");
    printf("\n");
    return;                        //该语句可省略
}
```

子函数 Print()是一个无返回值、无形参的函数,每次调用它时会输出 20 个 * 以及一个换行符,无须向主调函数返回任何数据。

在无返回值函数的函数体中,可以写"return;"或者省略该语句,但不能写"return 表达式;"。

**4. 子函数的定义技巧**

定义子函数时,需注意:

(1) 在函数头前面写一段注释描述该函数的功能及其形参、返回值的含义,以便调用该函数的用户能快速了解如何使用该函数。例如:

```
/*
 *功能:计算两个数的和
```

```
 * 参数 a: 数 1
 * 参数 b: 数 2
 * 返回值: 两个数的和
 */
```

为节省篇幅,本书案例未添加此注释,建议读者编写函数时养成好习惯。

(2) 确定函数的名称,做到"见名知意"。

(3) 为实现函数功能,需要主调函数给该函数传递几个什么类型的数据,据此确定形参的个数与数据类型。

(4) 该函数运行完之后,需要给主调函数返回一个什么类型的数据,据此确定函数类型。若无需返回数据,则函数类型应为 void;若需返回多个数据,待学完第 8 章后才能实现。

(5) 编写函数体,实现函数的功能。编写函数体时,形参不能再次定义,也不需赋值,直接使用即可。若还需要其他变量,应在函数体中先定义后使用。若函数有返回值,则用 return 语句返回。

## 6.4.2 函数调用

### 1. 函数调用的格式

用户自定义的函数无法直接运行,它需要被主调函数(通常是 main()函数)调用才能运行。进行函数调用时,主调函数传递给被调函数的参数,必须有确定的值,所以称为实际参数,简称实参。

函数调用的语法格式为:

```
函数名(实参列表);
```

函数名必须是已进行函数定义的函数名称。实参列表中若有多个实参,用逗号分隔,实参的个数、类型、顺序必须和形参一一对应。实参可以是常量、已赋值的变量或表达式,也可以是其他函数的返回值。

对于有返回值函数的调用,可以作为表达式的一部分,出现在允许表达式出现的任何地方。例如,若有

```
double x, y=3.5;
```

则调用 6.4.1 节定义的函数 Add()的方式可以有:

```
x=Add(y, 5.3);
```

或

```
printf("%f", Add(2 * y, 2.6));
```

或

```
x=Add(3.2, Add(5.3, 2.6));
```

或

```
if(Add(y, 3)>6)
```

对于有返回值函数的调用，还可以**作为一条独立的语句出现**。例如：

```
printf("x=%d\n", x);
```

printf()是一个有返回值函数，它的返回值是输出的字符总数。因为使用 printf()时，一般不关心它的返回值，所以它总是以一条独立的语句出现。

对于**无返回值函数**的调用，**只能作为一条独立的语句出现**。例如 6.4.1 节定义的函数 Print()，其调用语句只能为：Print();；若写成 char y; y=Print();，则是错误的。

**2. 传值调用**

函数未被调用时，形参并不占用内存空间，也没有实际的值。只有在函数被调用时，系统才为形参分配内存空间，并将实参的值传递给形参，这种参数传递方式称为**传值调用**，又称为**值传递**。

【例 6.3】 编写子函数 Fact()，功能为计算 n 的阶乘。在 main()函数中通过调用 Fact()函数计算 m!+n!，其中 m 和 n 的值由用户从键盘输入。

【编程实现】

```
1   #include <stdio.h>
2   int Fact(int n)                    //函数定义：计算 n 的阶乘
3   {
4       int i,result=1;
5       for(i=2;i<=n;i++)
6           result*=i;
7       return result;
8   }
9   int main()
10  {
11      int m,n,ret;
12      printf("请输入两个非负整数：");
13      scanf("%d%d",&m,&n);
14      ret=Fact(m)+Fact(n);           //函数调用
15      printf("%d!+%d!=%d\n",m,n,ret);
16      return 0;
17  }
```

【运行结果】

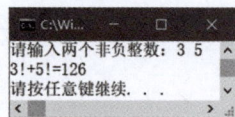

【关键知识点】

（1）主调函数调用函数 Fact()时，会给形参 n 传递一个具体的值，所以，在 Fact()的函数体中，不能通过 scanf 语句输入 n 的值。为了实现求阶乘的功能，还需用到变量 i 和 result，这两个变量应在 Fact()的函数体中定义。在函数体的最后，将阶乘的计算结果

result 作为返回值通过 return 命令返回。

（2）当在主调函数中执行到函数调用语句时，主调函数会暂停，系统转而执行被调函数的代码；被调函数执行完毕后再返回主调函数，主调函数根据暂停时的状态继续往下执行。下面以输入 3 和 5 为例，分析例 6.4 的执行过程：

① 程序从 main() 函数的第一条语句（代码第 11 行）开始顺序往下执行，m、n 得到 3 和 5，当执行到第 14 行函数调用语句 Fact(m) 时，程序控制权转移到子函数 Fact()。

② 系统为子函数 Fact() 的形参 n 开辟内存空间，将实参 m 的值 3 传递给形参 n，依次执行第 2~8 行代码，遇到 return 语句时，子函数执行结束（无返回值函数中没有 return 语句，执行到函数体的右花括号时，子函数结束），将变量 result 的值 6 返回给 main() 函数，替代 Fact(m)。同时，将程序控制权交还给主函数。

③ 执行主函数第 14 行的 Fact(n)，程序控制权转移到子函数 Fact()。执行过程同②，遇到 return 语句时，将 result 的值 120 返回给主函数，替代 Fact(n)。同时，将程序控制权交还给主函数。

④ 执行第 14 行代码，计算两次子函数的返回值 6 和 120 的和，赋值给变量 ret，然后继续执行后续语句，遇到 return 0 时，整个程序结束。

（3）形参和实参可以不同名（如 Fact(m)），也可以同名（如 Fact(n)）。同名时，实参 n 和形参 n 互不冲突，它们占据不同的内存空间，实参 n 仅在 main() 函数中有效，形参 n 仅在 Fact() 函数中有效，实参将其值传递给形参后，两者便无任何关联。

（4）**传值调用**时，无论形参发生了怎样的改变，都不会影响实参。而且每次调用只能通过 return 语句向主调函数**返回一个值**。所以传值调用不能解决通过子函数改变实参值、通过一次调用返回多个数据的问题，后续章节将介绍其他的参数传递方式，以解决值传递不能解决的问题。

**3. 函数的嵌套调用**

若在函数 A 中调用了函数 B，而在函数 B 中又调用了函数 C，则构成了函数的**嵌套调用**。

【例 6.4】 编写程序计算从 n 个人中选择 m 个人组成一个委员会的不同组合数。

【问题分析】

定义子函数 Comm() 实现求组合数，从 n 个人中选择 m 个人的组合数公式为：$C_n^m = \dfrac{n!}{m!(n-m)!}$。公式中需要三次计算阶乘，因此，可以在 Comm() 函数体中三次调用函数 Fact() 计算阶乘。

【编程实现】

```
#include <stdio.h>
int Fact(int n)              //函数定义：计算 n 的阶乘
{
    int i,result=1;
    for(i=2;i<=n;i++)
        result *= i;
    return result;
}
```

```
int Comm(int n,int m)                    //函数定义：计算 n 选 m 的组合数
{
    int result;
    result=Fact(n)/Fact(m)/Fact(n-m);    //函数调用
    return result;
}
int main()
{
    int n, m, result;
    printf("请输入正整数 n 和 m 的值(n>=m)：");
    scanf("%d%d",&n,&m);
    if(n<m)
        n=n+m,m=n-m,n=n-m;               //逗号表达式,视为一条语句
    result=Comm(n,m);                    //函数调用
    printf("从%d个人中选%d个人的组合数为%d\n",n,m,result);
    return 0;
}
```

【运行结果】

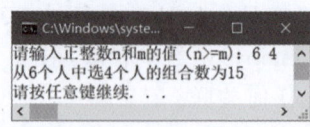

【关键知识点】

（1）函数 main()调用函数 Comm()，在执行 Comm()的过程中又调用了函数 Fact()，构成了嵌套调用。

（2）函数 Comm()通过三次调用函数 Fact()求阶乘，并对三次阶乘的结果进行计算后，求出组合数。

【延展学习】

当 n 的值超过 12 时，程序是否能得到正确结果？如果不能，应如何修改程序？

### 6.4.3 函数声明

C 程序由一个或多个函数构成，各函数定义出现的先后顺序可以任意。当编译程序时，若函数定义在函数调用之前，编译器可根据函数定义的函数头检查函数调用的合法性。若函数定义在函数调用之后，编译器无法检查出函数调用的合法性，故需在函数调用之前增加函数声明语句。

函数声明也称为函数原型，是指在函数调用前，提前声明函数名称、函数类型、参数列表等信息。通过声明，编译器可以对函数调用的合法性进行检查。函数声明的语法格式为：

函数类型 函数名(类型 参数 1, 类型 参数 2,……,类型 参数 n);

进行函数声明时需注意：

（1）函数声明是一条语句，必须以分号结束。

（2）函数声明时必须说明每个参数的类型，多个参数之间用逗号分隔。因编译器不对参数名称进行检查，所以参数名称可以省略。

（3）函数声明和函数定义在函数类型、函数名称和参数的个数、类型及顺序方面必须一致。

（4）函数声明的位置应在函数调用语句之前。对于初学者编写的单个源文件的程序，通常是将子函数的定义放在 main() 的后面，将函数声明放在 main() 的前面，使得代码结构清晰明了，主次分明，也便于程序中所有函数均能调用该子函数。

（5）由于 C 语言默认的函数类型是 int，因此，当子函数的函数类型为 int 时，可以省略函数声明，但编译器会报警告，所以一般不建议省略函数声明。

【例 6.5】 编写子函数 Power()，功能为计算 $x^y$，并在 main() 函数中两次调用该子函数并输出计算结果。

自定义函数案例微视频

【问题分析】

子函数应该有两个参数：实数 x 和整数 y，其计算结果通过 return 带回到 main() 函数，故子函数的函数类型为 double 型。

【编程实现】

```c
1   #include <stdio.h>
2   double Power(double x, int y);          //函数声明
3   int main()
4   {
5       double x, result;
6       int y, i;
7       for(i=1;i<=2;i++)
8       {
9           printf("请输入 x 和 y 的值：");
10          scanf("%lf%d", &x, &y);
11          result=Power(x, y);             //函数调用
12          printf("%.2f 的%d次方是%f\n", x, y, result);
13      }
14      return 0;
15  }
16  double Power(double x, int y)           //函数定义
17  {
18      double z=1.0;
19      int i;
20      for(i=1;i<=y;i++)
21          z=z*x;
22      return z;
23  }
```

【运行结果】

【关键知识点】
（1）本题的函数定义在函数调用之后，因此需要进行函数声明，即代码第 2 行，也可以写成 double Power(double, int);即省略形参名 x 和 y。
（2）因函数声明写在函数调用之前即可，所以可写在两个位置：
① 写在程序的开头位置，如第 2 行，则在该源文件中的所有函数均可调用 Power() 函数。
② 写在主调函数中变量定义的位置，如第 5、6 行处（第 5 行前，第 5、6 行之间，第 6 行后，均可），则仅在 main() 函数中可以调用 Power() 函数，而在 Power() 函数之前定义的其他函数均无法调用 Power() 函数。

建议将函数声明写在程序的开头位置，便于程序中所有函数均能调用该子函数。

（3）观察运行结果，1.01 的 365 次方是 37.783434，寓意是如果每天多做一点，一年后积少成多就可以带来飞跃；0.99 的 365 次方是 0.025518，寓意是如果每天少做一点，一年后就会跌入谷底。所以学习中我们应养成日积月累、持之以恒的好习惯。

递归函数
课堂练习

## 6.5 递归函数

在进行函数调用时，如果子函数直接或间接地调用自身，称为函数的递归调用。
函数的递归调用分为直接递归调用和间接递归调用。在执行函数 A 的过程中，直接调用函数 A 本身，称为直接递归调用。在执行函数 B 的过程中，要调用函数 C，而在调用函数 C 的过程中又要调用函数 B，称为间接递归调用。

递归是一种通过其自身来定义或求解问题的编程技术，它是将一个复杂问题逐步简化并最终转换为一个最为简单、规模最小的问题，而当解决这个最简单的问题后，意味着整个问题可以被解决。在函数的递归调用中，分为向下递归和向上回归两个过程。

例如，求解 n!时，先根据公式 n!＝n×(n−1)!向下递归，假设 n＝3，即先得出 3!＝3×2!，然后得出 2!＝2×1!，最后得出 1!＝1×0!，而 0!＝1 是一个已知条件，此时递归结束，再向上回归：先得出 1!＝1×0!＝1，然后得出 2!＝2×1!＝2，最后得出 3!＝3×2!＝6。

一般来说，任何有意义的递归应具有如下特征：
（1）求解的问题能用递归形式表示，也称"递归公式"。例如，在求解 n!的问题中，通过递归公式 n!＝n×(n−1)! 将规模较大的问题，分解为与之相似的更小规模的问题，使得递归的过程能够持续进行，一直分解到规模最小的情况。
（2）必须具有递归结束条件，也称为递归的"出口"。例如，在求解 n!的问题中，n＝0 时，n!＝1。这是递归调用的最简形式，可以直接得到最小问题的解，是一个用来结束递归调用的条件。

【例 6.6】 编写递归函数计算 n!，其中，n 的值从键盘输入。
【问题分析】
可以把问题表示为：

$$f(n) = \begin{cases} n \cdot f(n-1) & (n > 1) \quad \text{递归公式} \\ 1 & (n = 0 \text{ 或 } 1) \quad \text{递归出口} \end{cases}$$

【编程实现】

```
1    #include <stdio.h>
2    int Fact(int n)                         //函数定义：递归法求阶乘
3    {
4        int f;
5        if(n==0||n==1)
6            f=1;
7        else
8            f=n * Fact(n-1);
9        return f;
10   }
11   int main()
12   {
13       int m, ret;
14       printf("请输入一个非负整数：");
15       scanf("%d",&m);
16       ret=Fact(m);                        //函数调用
17       printf("%d的阶乘为%d\n",m,ret);
18       return 0;
19   }
```

【运行结果】

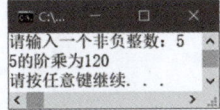

【关键知识点】

（1）子函数中的 if 分支对应递归的出口，else 分支对应递归的公式。

（2）代码第 5 行可改为 if(n==0)，即当 n 等于 1 时仍然执行 else 分支，继续递归。此种写法多一次递归调用。

（3）在函数 Fact() 中也可不定义变量 f，修改后的子函数如下：

```
int Fact(int n)
{
    if(n==0||n==1)
        return 1;
    else
        return n * Fact(n-1);
}
```

（4）本例与例 6.3 功能相同，但实现方法不同。例 6.3 通过循环结构显式地实现重复执行，称为**迭代法**。本例通过**递归法**实现，通过函数调用实现重复执行的过程，代码中无循环结构。递归函数的代码与数学公式较接近，易于理解，但递归会带来额外的时间、空间开销，因此，对于既能用递归也能用迭代法解决的问题，一般首选迭代法。对于非数值

第 6 章 函数

计算领域的一些问题,如汉诺塔、骑士游历、八皇后问题等,则应采用递归法,汉诺塔问题详见 6.7 节。

【延展学习】

假如输入的 m 小于 0,该如何修改程序,保证程序正常运行,保证输入数据的正确性?

方法 1:在 main() 函数中增加 if 语句进行判断,确保 m≥0 时再进行函数调用。该方法只能保证程序正常运行,但无法保证用户最终能输入一个非负数。

方法 2:将第 14、15 行替换为以下代码,若输入的 m<0,则要求用户继续输入,直到 m≥0 时才结束输入,开始执行第 16 行代码。

```
do
{
    printf("请输入一个非负整数: ");
    scanf("%d",&m);
}while(m<0);
```

变量的作用域与生存期 课堂练习

## 6.6 变量的作用域与生存期

在 C 语言中,变量必须先定义后使用。但变量定义语句应该放在什么位置?在程序中,一个定义了的变量是否随处可用?这牵涉到变量的作用域。经过赋值的变量是否在程序运行期间总能保存其值?这又牵涉到变量的生存期。

### 6.6.1 变量的作用域

变量的作用域,是指变量在程序中能被读写访问的有效范围。根据变量的作用域,可以将其分为局部变量和全局变量。

变量的作用域规则是:每个变量仅在定义它的语句块内有效,并且拥有自己的存储空间。

**1. 局部变量**

程序中用花括号括起来的区域,称为语句块,函数体、复合语句都是语句块。

在语句块内部定义的变量,称为局部变量,也称为内部变量。函数的形参也属于局部变量。局部变量的作用域仅限于定义它的语句块内部,不能被语句块之外的其他对象访问。

局部变量的特点如下:

(1)未初始化的局部变量,其值是垃圾数据。

(2)在不同函数中定义的同名变量,分别代表不同的对象,互不干扰。

(3)在复合语句中也可以定义局部变量,仅在该复合语句内有效。

(4)进入语句块时,局部变量自动获得内存空间;退出语句块时自动释放内存,其值无法再保留。

### 2. 全局变量

在函数外部定义的变量,称为**全局变量**,也称为**外部变量**。全局变量的作用域为:从定义变量的位置开始直到本程序结束。

全局变量的特点如下:

(1) 未初始化的全局变量,系统自动为其赋初值 0。

(2) 如果在同一源文件中,全局变量与局部变量同名,则在局部变量的作用范围内,全局变量被屏蔽,即它不起作用。这一特点称为"就近原则"。

(3) 在程序的执行过程中,全局变量一直占用内存空间;程序执行完,才释放它所占的内存空间。

【例 6.7】 阅读以下程序,分析运行结果,理解局部变量和全局变量的作用域。

```
1   #include <stdio.h>
2   int x=6;                      //全局变量 x
3   void Fun1()
4   {
5       int i,x=2;                //局部变量 i 和 x
6       printf("(1)x=%d\n",x);    //局部变量 x
7       for(i=1;i<=2;i++)
8       {
9           int z=2*x;            //局部变量 z,仅在该复合语句内有效
10          printf("(2)i=%d,z=%d\n",i,z);
11      }
12  }
13  int y;                        //未赋初值的全局变量,自动获得初值 0
14  void Fun2()
15  {
16      printf("(3)x=%d\n",x);    //全局变量 x
17      printf("(4)y=%d\n",y);    //全局变量 y
18      x=3;
19  }
20  int main()
21  {
22      x=8;                      //全局变量 x
23      Fun1();
24      Fun2();
25      printf("(5)x=%d\n",x);
26      return 0;
27  }
```

【运行结果】

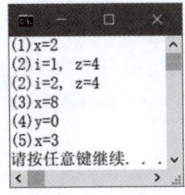

(1)x=2
(2)i=1, z=4
(2)i=2, z=4
(3)x=8
(4)y=0
(5)x=3
请按任意键继续...

[关键知识点]

(1) 全局变量 x 的作用域为代码第 3~27 行；全局变量 y 的作用域为第 14~27 行，在函数 Fun1() 中无法使用全局变量 y。

(2) 在函数 Fun1() 中定义了局部变量 i 和 x，其作用域为 Fun1() 的函数体内。在复合语句（即 for 语句的循环体）中定义了局部变量 z，它仅在该复合语句（第 8~11 行）内有效，因此，若在第 11 行之后输出 z 的值，则有语法错误"z：未声明的标识符"。

(3) 程序的执行过程为：首先执行第 22 行，将全局变量 x 赋值为 8（初值 6 被覆盖），然后调用函数 Fun1()。在 Fun1() 中，全局变量 x 被屏蔽，局部变量 x 起作用，因此第 6 行输出的是局部变量 x 的值 2。然后执行 for 语句，得到两行输出，Fun1() 结束，程序流程回到 main()，接着执行第 24 行，即调用 Fun2()。在 Fun2() 中，执行第 16~17 行，输出全局变量 x 的值 8、全局变量 y 的值 0，执行第 18 行，将全局变量 x 赋值为 3（原值 8 被覆盖），Fun2() 结束，程序流程回到 main()，接着执行第 25 行，输出全局变量 x 的值 3。

分析以上执行过程可发现：虽然在 main() 函数中将 x 修改为 8，但第 25 行输出的 x 却为 3，其原因是程序中的多个函数都可修改全局变量 x 的值，这将导致我们在程序中使用的全局变量的值可能与预期的并不一致。

除非十分必要外，编程时应尽量避免使用全局变量，原因如下：

(1) 全局变量在整个程序运行期间都占用内存空间，而不是仅在需要使用时才占用内存空间。

(2) 虽然它增加了函数之间的数据传递通道，但降低了函数的通用性，影响了函数的独立性。

(3) 容易因疏忽或使用不当导致全局变量的值被意外修改，从而产生难以查找的错误，给程序的调试和维护带来困难。

### 6.6.2 变量的生存期

变量的**生存期**是指变量从生成到被撤销的时间段，即从分配内存到释放内存的时间段，实际上就是变量占用内存的时间。

变量的**存储类型**确定了变量在内存中的存储位置，从而也确定了变量的生存期。在 C 语言中，有两种存储类型：**自动类**和**静态类**。局部变量既可以声明成自动类，也可以声明成静态类；而全局变量只能是静态类。自动类的局部变量存放在内存中的**动态存储区**，而全局变量和静态类的局部变量存放在内存中的**静态存储区**。

有 4 个与存储类型有关的关键字：auto（自动）、register（寄存器）、static（静态）、extern（外部）。局部变量可使用 auto、register 和 static；全局变量可使用 static 和 extern。

变量存储类型的声明方式如下：

| 存储类型 数据类型 变量名; |
|---|

或

| 数据类型 存储类型 变量名; |
|---|

例如：

static int a;

也可写成

intstatic a;

### 1. 自动局部变量

定义局部变量时，如果没有指定存储类型，或者使用了关键字 auto，系统就认为定义的变量具有自动类别，即定义的是自动局部变量。例如：

auto int a=0;           //等价于 int a=0;

"自动"体现在：进入语句块（函数体或复合语句）时，自动为变量分配内存空间；退出语句块时，自动释放变量所占用的内存空间。变量占用内存空间的这段时间就是它的生存期。当再次进入语句块（例如调用函数）时，系统将为自动局部变量另行分配内存空间，因此变量的值不可能被保留。随着函数的频繁调用，在动态存储区内为某个变量分配的内存空间的位置随程序的运行而改变，所以，未赋初值的自动变量，其值不确定，称为垃圾数据。

若在定义变量的同时给其赋初值，赋初值的操作是在程序运行过程中进行的，每进入一次语句块，就赋一次指定的初值。

### 2. 寄存器变量

定义局部变量时，若指定存储类型为 register，则定义的是寄存器变量，例如：

register int a=1;

寄存器变量也是自动类变量，它与 auto 变量的区别仅在于：用 register 声明的变量，建议编译器将变量的值保存在 CPU 的寄存器中，而不像一般变量那样占用内存空间。

寄存器是 CPU 内部的一种容量有限但速度很快的存储器，访问寄存器要比访问内存的速度快得多。因此，当程序对运行速度有较高要求时，将使用频率较高的变量声明为 register 变量，有助于提高程序的运行速度。

register 只是对编译器的一种建议，而不是强制性的。当没有足够的寄存器来存放指定的变量，或者编译器认为指定的变量不适合放在寄存器中时，将自动按 auto 变量来处理。现代编译器能自动优化程序，自动将普通变量优化为寄存器变量，并且可以忽略用户的 register 指定，所以一般无须特别声明变量为 register。

### 3. 静态局部变量

定义局部变量时，若指定存储类型为 static，则定义的是静态局部变量，例如：

static int a=1;

静态局部变量与 auto、register 类的变量的区别在于：

（1）在整个程序运行期间，静态局部变量在内存的静态存储区中占据着永久性的存储单元。即使函数调用结束后，下次再进入该函数时，静态局部变量仍然使用原来的存储单元，因此这些存储单元中的值得以保留。由此可知，静态局部变量的生存期为整个程序运行期间。

(2) 静态局部变量的初值是在编译程序时赋予的,而不是在程序执行过程中赋予的。未赋初值的静态局部变量,C 编译器将自动为其赋初值 0。

【例 6.8】 阅读以下程序,分析运行结果,理解自动局部变量和静态局部变量的区别。

```
1   #include <stdio.h>
2   void Fun(int x)            //x 是自动局部变量
3   {
4       int a=1;               //a 是自动局部变量
5       static int b=2;        //b 是静态局部变量
6       static int c;          //c 是静态局部变量,编译器自动为其赋初值 0
7       x+=3;
8       a+=3;
9       b+=3;
10      c+=3;
11      printf("x=%d, a=%d, b=%d, c=%d\n",x,a,b,c);
12  }
13  int main()
14  {
15      Fun(4);
16      Fun(5);
17      return 0;
18  }
```

【运行结果】

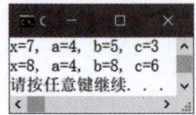

```
x=7, a=4, b=5, c=3
x=8, a=4, b=8, c=6
请按任意键继续. . .
```

【关键知识点】

运行结果的两行分别对应两次调用函数 Fun() 的输出结果,下面将对各个变量的值进行对比并分析原因。

(1) 第一次调用 Fun() 时,实参为 4,因此形参 x 获得值 4,执行代码第 7 行后,x 的值为 7。第二次调用 Fun() 时,实参为 5,形参 x 获得值 5,执行第 7 行后,x 的值为 8。由此可看出,函数调用结束后,x 的值无法保留,每调用一次函数,给形参 x 赋一次初值,其值来源于实参。

(2) 第一次调用 Fun() 后,a 的值 4 无法保留;第二次调用 Fun() 时,仍然给 a 赋初值 1,执行第 8 行后得到 4,两次输出 a 的值都为 4。因此,每调用一次函数,给自动局部变量赋一次初值。

(3) 第 5 行定义静态局部变量 b 且指定初值为 2,编译该程序时(不是调用函数时),编译器为 b 分配内存空间并赋初值 2。在整个程序运行期间,b 一直占用这块内存空间。第一次调用 Fun(),执行第 9 行后,b 的值为 5,函数调用结束后,b 所占的内存空间不会释放,其值 5 可以保留。第二次调用 Fun(),执行第 9 行,在 5 的基础上加 3,得到 8。

(4) 第 6 行定义静态局部变量 c 时未指定初值,编译该程序时,编译器为 c 分配内存空间并自动赋初值 0。调用函数时,c 的值的变化过程与 b 相似,不再赘述。

【延展学习】
若在第 16 行后增加语句 Fun(8),则相应的输出结果是什么?

### 4. 在同一源文件内用 extern 扩展全局变量的作用域

当全局变量定义在后,引用它的函数在前时,应该在引用它的函数中用 extern 对此全局变量进行声明,以便通知编译程序:该变量是一个已在外部定义的全局变量,已经分配了内存空间,不需再为它另外分配内存空间。这时,该变量的作用域从 extern 声明处起延伸到该函数末尾。

例如,在例 6.7 中,全局变量 y 的作用域为代码第 14~27 行,在函数 Fun1() 不能使用全局变量 y。若在代码第 5 行后增加语句

```
extern int y;
```

则全局变量 y 的作用域扩展到第 6~27 行,此时在 Fun1() 中可以使用全局变量 y。

需注意全局变量的定义与声明的区别:变量的定义(分配内存空间)只能出现一次,不能使用 extern;而全局变量的声明(不分配内存空间),可以多次出现在需要的地方,必须使用 extern。

### 5. 在不同源文件中用 extern 扩展全局变量的作用域

在实际应用中,一个 C 程序通常由许多函数组成,这些函数可以分别存放在不同的源文件中,每个源文件可以单独进行编译,若无语法错误即生成目标文件,然后将多个目标文件链接成一个可执行文件。

当一个程序由多个源文件组成,并且在每个文件中均需要引用同一个全局变量,这时若在每个源文件中都定义该全局变量并赋初值,单独编译每个源文件并无问题,但在"链接"时将会产生"变量重复定义"的错误。解决办法是:在一个源文件中定义所有全局变量并赋初值,而在其他用到这些全局变量的源文件中用 extern 对这些变量进行声明,即告诉编译器这些变量已在其他源文件中定义,不必再为它们分配内存空间。

例如,在一个项目中添加以下两个源文件:

```
//文件 file1.c
int x=2;              //定义全局变量
void Fun1()
{
    x++;
}
void Fun2()
{
    x+=2;
}
```

```
//文件 file2.c
#include <stdio.h>
extern int x;         //声明全局变量
void Fun1();          //函数声明
void Fun2();          //函数声明
int main()
{
    Fun1();
    Fun2();
    printf("%d\n",x);
    return 0;
}
```

在文件 file2.c 中通过 extern int x 声明 x 是已在其他文件中定义的全局变量。该程序可正常运行,输出结果为 5。

### 6. 静态全局变量

当用 static 声明全局变量时,此变量称为静态全局变量。静态全局变量只限于本源

文件内使用，不能被其他源文件引用。

例如，在前面的例子中，若将文件 file1.c 中的 int x=2 修改为 static int x=2，则单独编译两个文件时一切正常，但链接时报错"无法解析的外部符号 x"，这说明：在文件 file1.c 中，定义全局变量 x 时用 static 进行说明后，其他文件中的函数就不能再引用 x。而文件 file2.c 中由于用 extern 声明了变量 x，编译时并未为 x 分配内存空间，所以在链接时就找不到 x 对应的内存空间。

static 说明限制了全局变量作用域的扩展，达到了信息隐蔽的目的。这对于编写一个具有众多源文件的大型程序十分有益，程序员不必担心因全局变量重名而引起混乱。

应用案例
课堂练习

## 6.7 应 用 案 例

【例 6.9】 哥德巴赫猜想：任何一个大于或等于 4 的偶数都可以拆分为两个素数之和。编程将 4～20 的所有偶数拆分为两个素数之和。

【问题分析】

对于 4～20 的每个偶数 i(外层循环)，可以将其拆分为 j 和 i−j 之和，若规定 j 小于或等于 i−j，则可得出 j 的取值范围为 2 到 i/2(内层循环)。若 j 和 i−j 都是素数，则这次拆分符合要求，使用 break 提前结束内层循环；若 j 或 i−j 不是素数，则 j 自增，然后进行下一次拆分。

在拆分过程中，判断某数是否为素数的功能需要多次执行，可将该功能定义为子函数 Prime()，若待判断的数是素数，则返回 1；不是素数，则返回 0。

算法 N-S 流程图如下：

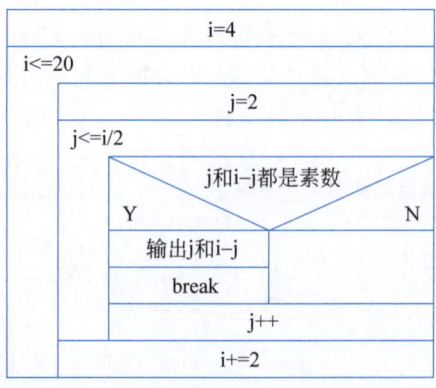

【编程实现】

```
1    #include <stdio.h>
2    int Prime(int n);              //函数声明
3    int main()
4    {
```

```
5        int i,j;
6        for(i=4;i<=20;i+=2)      //将 4～20 中的每个偶数 i 拆分为两个素数之和
7            for(j=2;j<=i/2;j++)
8                if(Prime(j)&&Prime(i-j))    //调用子函数判断 j 和 i-j 是否都为素数
9                {
10                    printf("%d=%d+%d\n",i,j,i-j);
11                    break;
12                }
13       return 0;
14   }
15   int Prime(int n)              //函数定义：判断 n 是否为素数
16   {
17       int i;
18       for(i=2;i<=n/2;i++)
19           if(n%i==0)
20               break;
21       if(i>n/2)
22           return 1;
23       else
24           return 0;
25   }
```

【运行结果】

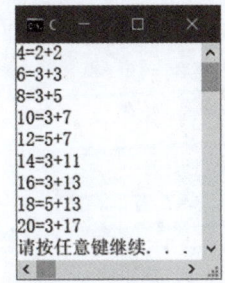

【关键知识点】

(1) 代码第 8 行进行了两次函数调用，Prime(j)判断 j 是否为素数，Prime(i−j)判断 i−j 是否为素数，若两次调用的返回值都是 1，则 if 语句的条件为真，输出拆分的结果。

(2) 若删除第 11 行的 break，则会输出所有符合要求的拆分结果，如当 i 等于 10 时，会输出 10＝3＋7 以及 10＝5＋5。

(3) 第 15～25 行的子函数定义还可写成如下形式，即一旦发现 n％i＝＝0 成立(n 不是素数)则立即返回 0，子函数结束；若 n％i＝＝0 一直未成立(n 是素数)，则 for 循环结束后再执行 return 1。

```
int Prime(int n)
{
    int i;
    for(i=2;i<=n/2;i++)
        if(n%i==0)
            return 0;
    return 1;
}
```

第 6 章 函数

【延展学习】

（1）若仅需对大于或等于6的偶数进行分解，则拆分出的两个素数必然是奇数，为减少循环次数，可将代码第7行修改为for(j=3;j<=i/2;j+=2)。

（2）在本例中，函数Prime()的实参不可能为1，所以在编写子函数时未考虑形参n等于1的情况。读者可修改子函数，考虑n等于1的情况。

【例6.10】 从键盘输入图案的行数和构成图案的字符，输出如图所示的两个等腰三角形图案。

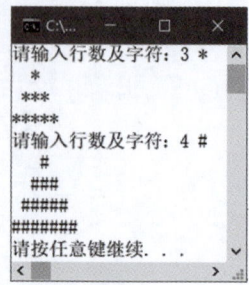

【问题分析】

本题需输出两个等腰三角形图案，它们的形状相同，只是行数、字符不同，因此可以编写一个输出等腰三角形图案的子函数，一次编写两次调用。由主函数将行数、字符作为参数传递给子函数，子函数在执行过程中会输出相应的图案，执行完后无需向主函数返回任何数据，因此它是一个无返回值函数，其函数类型为void。

【编程实现】

```
1   #include <stdio.h>
2   void Triangle(char ch,int n);    //函数声明
3   int main()
4   {
5       int n,i;
6       char ch;
7       for(i=1;i<=2;i++)
8       {
9           printf("请输入行数及字符：");
10          scanf("%d %c",&n,&ch);   //%c前有一个空格
11          Triangle(ch, n);
12      }
13      return 0;
14  }
15  void Triangle(char ch,int n)    //输出由字符ch构成的n行等腰三角形图案
16  {
17      int i,j;
18      for(i=1;i<=n;i++)
19      {
20          for(j=1;j<=n-i;j++)      //输出n-i个空格
21              putchar(' ');
22          for(j=1;j<=2*i-1;j++)    //输出2i-1个字符(ch的值)
23              putchar(ch);
24          putchar('\n');           //每行输出完毕,需要换行
25      }
26  }
```

【关键知识点】

（1）对无返回值函数的调用，只能以一条独立的语句出现，如代码第 11 行所示。若写成

```
printf("%d", Triangle(ch, n));
```

或者

```
x=Triangle(ch, n);
```

（假设变量 x 已定义）都是错误的，因为该函数没有返回值，所以不能输出它的返回值、不能赋值给某个变量、不能参与表达式计算。

（2）无返回值函数在执行时，遇到函数体的右花括号（第 26 行）时，程序流程返回到主调函数。在函数体的最后（第 25 行后面），也可写为

```
return;
```

但不能写为

```
return 0;
```

【例 6.11】 用递归法求从 n 个人中选择 m 个人组成一个委员会的不同组合数。

【问题分析】

根据数学知识可知，从 n 个人中选取 m 个人的组合数公式为 $C_n^m = C_{n-1}^m + C_{n-1}^{m-1}$，此即递归公式；递归出口是：当 m 等于 n 或 m 等于 0 时，组合数为 1。递归函数的函数头可确定为 int Comm(in n, int m)。

【编程实现】

```
1    #include<stdio.h>
2    int Comm(int n,int m)                    //函数定义：递归法求组合数
3    {
4        if(m==n||m==0)
5            return 1;
6        else
7            return Comm(n-1,m)+Comm(n-1,m-1);
8    }
9    int main()
10   {
11       int n,m,result;
12       do
13       {
14           printf("请输入 n 和 m 的值：");
15           scanf("%d%d", &n, &m);
16       }while(n<=0||m<0||n<m);
17       result=Comm(n,m);                    //函数调用
18       printf("从%d 个人中选%d 个人的组合数为%d\n",n,m,result);
19       return 0;
20   }
```

【运行结果】

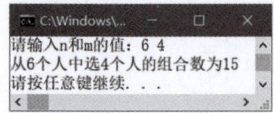

【关键知识点】

（1）子函数中的 if 分支对应递归的出口，else 分支对应递归的公式。

（2）代码第 12～16 行的 do-while 循环用于处理非法数据，若用户输入的 n 或 m 的值不符合要求，则要求用户继续输入，直至符合要求为止，可以确保传递给子函数的 n 和 m 都是合法数据。

【延展学习】

如何统计子函数被调用的次数，并在 main() 函数中输出统计的结果。

可定义变量 count 用于统计次数，由于在 main() 和 Comm() 两个函数中都需要使用变量 count，因此，该变量应定义为全局变量。

代码修改如下：

①在代码第 1 行后增加 int count＝0。

②在第 3 行后增加 count＋＋。

③在第 18 行后增加 printf("函数 Comm()共被调用%d 次\n",count)。

运行结果如下：

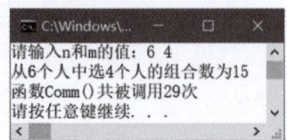

【例 6.12】 汉诺塔问题。这是一个源于印度古老传说的益智游戏，大梵天创造世界的时候做了三根金刚石柱子，在一根柱子上按自下而上、从大到小的顺序叠放着 64 个黄金圆盘。大梵天命令婆罗门将这些圆盘移到另一根柱子上，并仍保持原有顺序。规定每次只能移动一个圆盘，且任何时候大圆盘都不能放在小圆盘上。僧侣们预言，当 64 个圆盘移动完成时，世界将会毁灭。

【问题分析】

假设三根柱子的编号为 A、B、C，在 A 柱按自下而上、从大到小的顺序放置 n 个圆盘（圆盘从小到大编号为 1、2、…、n−1、n）。要将 A 柱上的圆盘全部移到 C 柱上，并仍保持原有顺序。移动过程中，圆盘可以置于 A、B、C 任一柱上。

假如有一个人能有办法将上面 n−1 个圆盘从 A 柱移到 B 柱，那么，该问题可按如图 6.2 所示的步骤解决，即

步骤 1：借助 C 柱，将 n−1 个圆盘从 A 柱移到 B 柱；

步骤 2：将 A 柱上的第 n 号圆盘移到 C 柱；

步骤 3：借助 A 柱，将 n−1 个圆盘从 B 柱移到 C 柱。

这就是递归的方法，将移动 n 个圆盘简化为移动 n−1 个圆盘，降低了问题的复杂度。其中的步骤 2 可直接实现，而步骤 1 和步骤 3 无法直接实现，还需要进一步分解，例如，步

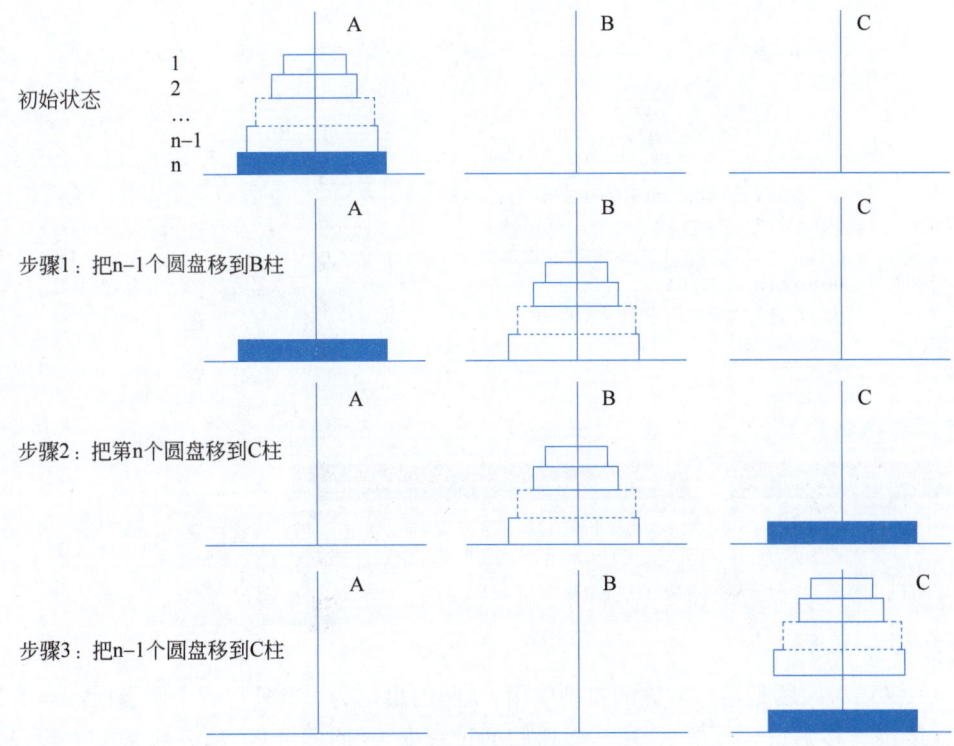

图 6.2 汉诺塔操作步骤示意图

骤 1 可以分解为：

步骤 1-1：借助 B 柱，将 n－2 个圆盘从 A 柱移到 C 柱；
步骤 1-2：将 A 柱上的第 n－1 号圆盘移到 B 柱；
步骤 1-3：借助 A 柱，将 n－2 个圆盘从 C 柱移到 B 柱。

即再进行一次递归，如此一层一层地递归，直到最后完成将一个盘子从一根柱子移到另一根柱子的操作（即递归结束的条件），至此，全部工作完成。

上面的步骤 1 和步骤 3 非常相似，主要区别在于：三根柱子的使用顺序不同，可通过调用递归函数时传递不同顺序的参数来实现（详见代码第 10、12 行）。

【编程实现】

```
1    #include <stdio.h>
2    int count=0;                              //全局变量,用于统计移动圆盘的次数
3    void Hanoi(int n,char A,char B,char C)    //借助 B 柱,将 n 个圆盘从 A 柱移到 C 柱
4    {
5        count++;
6        if (n==1)
7            printf("%c->%c ",A,C);            //只剩最后一个盘子时,从 A 柱移到 C 柱
8        else
9        {
10           Hanoi(n-1,A,C,B);                 //步骤1:借助 C 柱,将 n-1 个圆盘从 A 柱移到 B 柱
11           printf("%c->%c ",A,C);            //步骤2:将 A 柱上的第 n 号圆盘移到 C 柱
12           Hanoi(n-1,B,A,C);                 //步骤3:借助 A 柱,将 n-1 个圆盘从 B 柱移到 C 柱
```

```
13          }
14      }
15  int main()
16  {
17      char A='A',B='B',C='C';
18      int n;
19      printf("请输入圆盘的个数：");
20      scanf("%d",&n);
21      printf("%d个圆盘移动的过程如下：\n",n);
22      Hanoi(n,A,B,C);
23      printf("\n共需移动%d次\n",count);
24      return 0;
25  }
```

【运行结果】

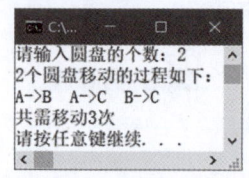 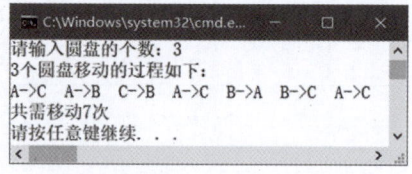

【关键知识点】

（1）汉诺塔问题是递归方法的典型应用，递归的出口为：当只有一个圆盘时($n==1$)，可以直接将其移到目标位置（C柱），而递归的过程即为"问题分析"部分的 3 个步骤，对应代码第 10～12 行。第 10、12 行对函数 Hanoi() 进行了递归调用。

（2）在本程序中，并未真正移动圆盘，而只是输出移盘的方案，如第 7、11 行所示，A->C 表示从 A 柱移到 C 柱。

【延展学习】

从运行结果可知，移动 3 个圆盘共需 $2^3-1=7$ 次操作。

关于汉诺塔问题，有个有趣的话题：移动完 64 个圆盘后，世界到底会不会毁灭呢？移动 64 个圆盘共需 ($2^{64}-1$) 次操作，假设移动一次圆盘需要 1 秒，那么移动 64 个圆盘需要 ($2^{64}-1$) 秒≈584 942 417 355 年，即 5849.4 亿年。目前太阳寿命约为 50 亿年，太阳的完整寿命大约为 100 亿年，所以整个人类文明都等不到移动完圆盘的那一天。

## 6.8　常见错误小结

| 常见错误实例 | 错误描述/解决办法 | 错误类型 |
| --- | --- | --- |
| int i,num;<br>for(i=0;i<10;i++)<br>{<br>　　srand(time(NULL));<br>　　num=5+rand()%(30-5+1);<br>} | 错误描述：程序产生的 10 个随机数是完全一样的<br>解决方法：应将 srand(time(NULL)) 写在 for 循环之前，不能写在 for 循环里面。在整个程序中，只需对随机数产生器初始化一次 | 运行结果错误 |

续表

| 常见错误实例 | 错误描述/解决办法 | 错误类型 |
|---|---|---|
| ```
int Fact(int m);//求 m 的阶乘
{
    int i,s=1;
    for(i=1;i<=m;i++)
        s*=i;
    return s;
}
``` | **错误描述**：编译时报错"在文件范围内找到'{'（是否缺少函数头？)"<br>**原因分析**：函数头后加了分号，编译器认为第一行是函数声明<br>**解决方法**：去掉函数头后面的分号 | 编译错误 |
| ```
int Fact(int m)
{
    int i,s=1;
    for(i=1;i<=m;i++)
        s*=i;
    return s;
}
int main()
{
    int n;
    scanf("%d",&n);
    printf("%d!=%d",n,s);
    return 0;
}
``` | **错误描述**：编译时报错"s：未声明的标识符"<br>**原因分析**：在 main 函数中未定义变量 s。虽然在子函数中定义了变量 s，但 s 是局部变量，只能在子函数中使用，不能在主函数中使用<br>**解决方法**：在主函数中想要获得阶乘的结果，可以将主函数中的 s 改为 Fact(n)，即将子函数的返回值直接输出；也可以写成 int s; s=Fact(n)，即将子函数的返回值赋值给 s，再输出 s 的值 | 编译错误 |
| ```
int Fact(int m, int s);
int main()
{
    printf("%d", Fact(5));
    return 0;
}
```
/ * Fact 函数的定义和表格上一行一样 * / | **错误描述**：编译时报错"Fact：用于调用的参数太少"<br>**原因分析**：在函数声明中有两个参数，而函数调用时只有一个参数。C 语言要求：函数声明、函数定义、函数调用这三者在返回值类型、函数名、参数个数、参数类型、参数顺序（位置）这些方面必须保持一致，函数声明可以省略参数名称<br>**解决方法**：将函数声明改为 int Fact(int m)或 int Fact(int) | 编译错误 |
| ```
int Fact(int m)
{
    int i,s=1;
    if(m<0)
        printf("error");
    else
    {
        for(i=1;i<=m;i++)
            s*=i;
        return s;
    }
}
int main()
{
    printf("%d",Fact(5));
    return 0;
}
``` | **错误描述**：编译时报警告"不是所有的控件路径都返回值"<br>**原因分析**：子函数的 if 分支中无 return 语句<br>**解决方法**：<br>第一种改法：<br>　　将子函数中的 printf("error")改成 return -1（不一定是-1，也可以是其他负数），即确保子函数的每个分支中都有 return 语句<br>　　然后将主函数的函数体改为：<br>　　int p= Fact(5);<br>　　if(p<0)<br>　　　　printf("error");<br>　　else<br>　　　　printf("%d",p);<br>第二种改法：<br>　　删掉子函数中的 if-else，将数据的合法性判断交给主函数完成，即在主函数中进行判断，若 n<0，输出"error"，否则就调用子函数，输出阶乘结果 | 编译警告 |

第 6 章　函数

| 常见错误实例 | 错误描述/解决办法 | 错误类型 |
|---|---|---|
| ```<br>int main()<br>{<br>    printf("%f",Fact(13));<br>    return 0;<br>}<br>double Fact(int m)<br>{<br>    int i,m;<br>    double s=1;<br>    for(i=1;i<=m;i++)<br>        s*=i;<br>    return s;<br>}<br>``` | 错误描述：编译时会报一个警告和两个错误，具体如下：<br>(1) 警告：Fun 未定义；假设外部返回 int<br>(2) 错误：Fun 重定义；不同的基类型<br>(3) 错误：形参 m 的重定义<br>原因分析：由于缺少函数声明，所以编译到 Fact(13)时，编译器默认函数 Fact()的返回值类型为 int，因此报了警告；当编译到 double Fact(int m)这一行时，发现函数的返回值类型是 double，与默认类型相矛盾，所以报第(2)个错。第(3)个错误是因为在子函数的函数体中定义了一个与形参同名的变量 m 引起的。m 是形参，直接使用即可，不能在函数体中再次定义<br>解决方法：在 main()函数前加上函数声明语句 double Fact(int m);<br>删除子函数中对变量 m 的定义 | 编译错误 |

## 6.9 练 习 题

一、单项选择题

1. 求 30°角的余弦值，正确的是(　　)。
   A. cos(30)　　　　　　　　　　　B. cos(30/PI)
   C. cos(30/3.14)　　　　　　　　 D. cos(30 * 3.14/180)
2. 表达式 3+rand()%10 产生的数据是(　　)。
   A. 3 到 12 之间的整数，包括 3 和 12　　B. 3 到 10 之间的整数，包括 3 和 10
   C. 0 到 7 之间的整数，包括 0 到 7　　　D. 3 到 7 之间的整数，包括 3 和 7
3. 无返回值函数的类型标识符是(　　)。
   A. int　　　　　　B. long　　　　　　C. void　　　　　　D. double
4. 定义函数时，不需要说明的是(　　)。
   A. 函数的返回值类型　　　　　　B. 函数名
   C. 函数的形参　　　　　　　　　D. 函数形参的赋值
5. 以下正确的函数头是(　　)。
   A. void Play(a,b)　　　　　　　　B. void Play(int a,b)
   C. void Play(int a,int b)　　　　　D. void Play(int a;int b);
6. 若有以下调用语句，则正确的 Fun()函数头是(　　)。

```
int main()
{
    ……;
```

```
    int a;float x;
    Fun(x,a);
    ……;
}
```

  A. void Fun(int m,float n)　　　　　B. void Fun(float a,int x)
  C. void Fun(int x,float a)　　　　　D. void Fun(int a,float x)

7. 在函数调用语句Func(rec1,rec2＋rec3,(rec4,rec5))中,实参个数是(　　)。
  A. 3　　　　　B. 4　　　　　C. 5　　　　　D. 有语法错误

8. 以下程序段执行后,输出结果是(　　)。

```
int T(int x,int y,int cp)            int main()
{                                    {
    int t;                               int a=4,b=3,c=5;
    t=x,x=y,y=t;                         T(a,b,c);
    cp=x*x+y*y;                          printf("%d,%d,%d\n",a,b,c);
    return cp;                           return 0;
}                                    }
```

  A. 3,4,5　　　　B. 3,4,25　　　　C. 4,3,5　　　　D. 4,3,25

9. 以下叙述错误的是(　　)。
  A. 用户定义的函数中可以没有return语句
  B. 用户定义的函数中可以有多个return语句,以便可以调用一次返回多个值
  C. 用户定义的函数中若没有return语句,则应当定义函数为void类型
  D. 函数的return语句中可以没有表达式

10. 以下程序段的输出结果是(　　)。

```
int Fun(int x,int y) { return(x+y);}
int main()
{
    int a=1,b=2,c=3,sum;
    sum=Fun((a++,b++,a+b),c++);
    printf("%d\n",sum);
    return 0;
}
```

  A. 6　　　　　B. 7　　　　　C. 8　　　　　D. 9

11. 函数调用不可以(　　)。
  A. 出现在执行语句中　　　　　B. 出现在一个表达式中
  C. 作为一个函数的实参　　　　D. 作为一个函数的形参

12. 以下叙述中正确的是(　　)。
  A. 所有被调用的函数一定要在调用之前进行定义
  B. 构成C程序的基本单位是函数
  C. 主函数必须放在其他函数之前

D. 可以在一个函数中定义另一个函数

13. 以下函数原型正确的是( )。
    A. void Play(int a;int b);
    B. void Play(int a,b);
    C. void Play(int,int);
    D. void Play(int a,int b)

14. 以下函数定义正确的是( )。
    A. double Fun(int x,int y){z=x+y; return z;}
    B. Fun (int x,y){int z; return z;}
    C. double Fun(int x,int y){int x,y; double z; z=x+y; return z;}
    D. double Fun(int x,int y){ double z; z=x+y; return z;}

15. 以下关于 C 语言函数的叙述错误的是( )。
    A. 主函数可以调用子函数,但子函数不能调用主函数
    B. 被调用的函数必须在 main() 函数中定义
    C. 函数的定义是不能嵌套的
    D. 函数可以嵌套调用

16. 若有如下代码:

```
void Fun2( int x,int y){int i; Fun1(x,y);……}
void Fun1( int x,int y){int i; Fun2(x,y);……;}
void main(){int x,y; scanf("%d%d",&x,&y); Fun1(x,y);……;}
```

则 Fun1() 函数为( )。
    A. 库函数      B. 值函数      C. 地址函数      D. 递归函数

17. 在函数的嵌套调用中,若一个用户自定义函数直接或间接地调用自身,称为函数的( )。
    A. 值调用      B. 引用调用      C. 递归调用      D. 参数调用

18. 函数体内定义的变量是( )。
    A. 全局变量      B. 局部变量      C. 直接变量      D. 间接变量

19. C 语言中,凡未指定存储类别的局部变量的隐含存储类别是( )。
    A. 自动(auto)
    B. 静态(static)
    C. 外部(extern)
    D. 寄存器(register)

20. 若有以下程序段:

```
int a=6;
void main(){……}
void sum(int x,int y){……}
```

则变量 a 是( )。
    A. 静态变量      B. 全局变量      C. 局部变量      D. 递归变量

二、判断题

1. C 语言中,程序从第一个函数开始执行。 ( )
2. 若需生成[5,20]之间的随机数,可通过 5+rand()%(20-5)获得。 ( )
3. 用户自定义的函数可以调用库函数,也可以调用 main() 函数。 ( )

4. 有返回值的函数,其返回值类型是由 return 语句中返回数据的类型决定的。（　　）

5. C 语言中,用户自定义函数时,return 可以出现在函数体的任意位置,代表函数结束并返回。（　　）

6. 值传递为单向传递,形参一旦获得了值便与实参脱离关系,此后无论形参发生了怎样的改变,都不会影响实参。（　　）

7. 不同函数中,可以使用相同名字的变量。（　　）

8. 函数的递归调用分为直接递归调用和间接递归调用。在执行 a() 函数的过程中,调用 a() 函数称为间接递归调用。（　　）

9. 静态局部变量在函数调用结束时仍然存在,再次调用函数时不会对其重新赋值,静态局部变量直到程序结束才释放内存。（　　）

10. 自动局部变量、静态局部变量在内存中的生存期的长短是一样的。（　　）

### 三、阅读程序,写出运行结果

1. 程序如下：

```c
#include <stdio.h>
long Fun(int n)
{
    long s;
    if(n==1||n==2)
        s=2;
    else
        s=n-Fun(n-1);
    return s;
}
int main()
{
    printf("%ld\n",Fun(3));
    return 0;
}
```

2. 程序如下：

```c
#include <stdio.h>
int Han(int a,int b);
int a=1,b=2,c=3;
int main()
{
    int a=4,b=5;
    c=a+b;
    printf("main()函数中：c=%d,a=%d\nHan()函数返回值为：%d\n",c,a,Han(c,b));
    return 0;
}
int Han(int c,int b)
{
    printf("Han()函数中：a=%d\n",a);
    a=b+c;
    printf("Han()函数中：a=%d\n",a);
    return a;
}
```

### 四、程序填空题

程序功能：定义一个函数，功能是求一个整数的回文数（回文数是从左读和右读都一样的数，如 62326）；并在主函数中输出 100～10 000 的回文数。

```
#include <stdio.h>
int Huiwen(int n)
{
    int s=0,t=n;
    while(t)
    {
        ___①___
        t=t/10;
    }
    return  ___②___ ;
}
int main()
{
    int i,t=0;
    for(i=100;i<=10000;i++)
    {
        if( ___③___ )
        {
            printf("%5d",i);
            t++;
            if(t%10==0)
                printf("\n");
        }
    }
    return 0;
}
```

### 五、程序改错题

程序功能：输出 n 到 m 之间的所有素数。编写子函数，子函数的功能是判断素数。在主函数中调用该子函数，输入/输出均在主函数中完成。输入/输出格式参见运行结果（有 4 个错误）。

```
1    #include<stdio.h>
2    int Prime(int n)
3    {
4        int i;
5        for(i=1;i<n;i++)
6            if(n%i==0)
7                return 0;
8            else
9                return 1;
10   }
11   int main()
12   {
13       int i,m,n,t;
```

```
14      printf("请输入 n 和 m 两个整数(n<m): ");
15       scanf("%d%d",&n,&m);
16      if(m<n)
17           i=m,m=n,n=i;
18       printf("%d 到%d 之间的素数有: \n",n,m);
19      for(i=n;i<m;i++)
20      {
21          if(!Prime(i))
22          {
23              printf("%5d",i);
24              t++;
25              if(t%5==0)
26                  printf("\n");
27          }
28      }
29      if(t%5!=0)
30          printf("\n");
31      return 0;
32  }
```

【运行结果】

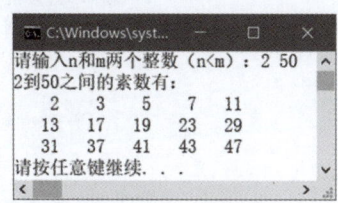

## 六、编程题

1. **程序功能**：有 1000 个人参与抽奖，抽奖号码为 1~1000。需要抽取 1 个一等奖，2 个二等奖。完成随机抽奖程序，显示中奖号码。输入/输出格式参见运行结果。

【运行结果】

2. **程序功能**：输出 m 到 n 之间各位数字之和为 5 的整数及个数。编写子函数，子函数的功能是计算某数的各位数字之和。在主函数中调用该子函数，输入/输出均在主函数中完成。需要处理用户未按照由小到大输入 m、n 值的情况。输入/输出格式参见运行结果。

【运行结果】

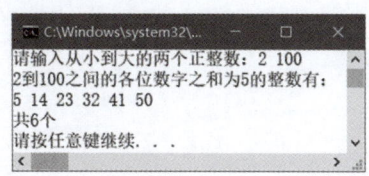 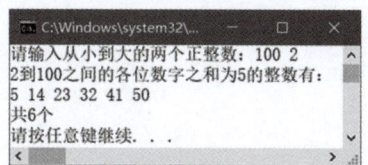

3. **程序功能**：求 m 到 n 之间的完数(完数是指真因子之和等于其本身的数,如 6＝1＋2＋3)。编写子函数,子函数的功能是判断一个整数是否为完数。在主函数中调用该子函数,输入/输出均在主函数中完成。需要处理用户未按照由小到大输入 m、n 值的情况。输入/输出格式参见运行结果。

【运行结果】

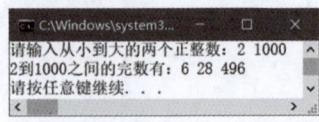
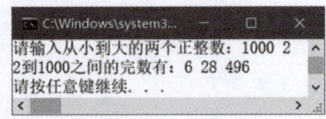

4. **程序功能**：输出斐波那契数列的前 20 项。要求编写子函数,子函数的功能是求斐波那契数列的第 n 项;在主函数中调用该子函数,输入/输出均在主函数中完成。输入/输出格式参见运行结果。

【运行结果】

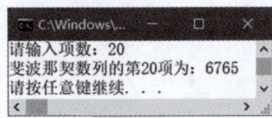

5. **程序功能**：将从键盘输入的八进制整数转换为十进制并输出。要求编写子函数,子函数功能是将八进制整数转换为十进制;在主函数中调用该子函数,输入/输出均在主函数中完成。输入/输出格式参见运行结果。

【运行结果】

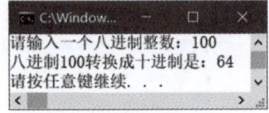

# 第 6 章练习题答案与解析

扫描二维码获取练习题答案与解析。

第 6 章　练习题答案与解析

# 第 7 章 数 组

【学习要点】

C语言提供了种类丰富的数据类型,包括基本数据类型和构造数据类型。构造数据类型是由基本数据类型的数据按一定规则构造而成,数组是一种构造数据类型。

本章将详细介绍数组相关知识,具体内容如下:
- 一维数组的定义、初始化、元素引用。
- 一维数组的应用,一维数组作函数形参。
- 二维数组的定义、初始化、元素引用。
- 二维数组的应用,二维数组作函数形参。
- 字符数组及字符串处理方法。

## 7.1 概 述

如果遇到这样一个实际问题:求某门课程中 10 名学生的平均成绩,并找出所有大于平均成绩的学生,如何编程实现?解决方法是:定义 10 个变量,每个变量存储 1 名学生的成绩,通过"先求平均成绩,再比较每人成绩与平均成绩的大小关系"找出所有大于平均成绩的学生。上述问题若改变条件,要求处理 100 名甚至更多学生的成绩,定义 100 个变量显然不合适,因为大量变量的使用,不仅增加了系统的管理开销,也使得程序非常复杂。

若处理的数据是具有相同数据类型且有一定联系的若干数据的集合,采用何种数据结构才能获得更高的程序处理效率?C语言提供了一种构造数据类型:数组,专门用于处理此类数据。

数组是具有一定顺序关系的若干相同类型数据的集合体。使用一个统一的名字表示这组相同类型的数据,该名字就称为数组名。数组中同类型的数据称为数组元素或分量。

数组可分为一维数组、二维数组以及多维数组。一维数组用于表示具有行或列关系的一组同类型数据,如数轴上的一组数据、某门课程多名学生的成绩等。二维数组用于表示具有行和列关系的一组同类型数据,如直角坐标系中的矩阵、多名学生多门课程的成绩表等。

# 7.2 一维数组

## 7.2.1 一维数组的定义与初始化

一维数组的定义与初始化课堂练习

**1. 一维数组的定义**

一维数组定义(声明)的语法格式如下：

类型说明符 数组名[常量表达式];

例如：

int score[10];

定义了一个具有 10 个元素、名为 score 的整型数组。

说明：

(1) 类型说明符通常为 int、char、double 等，表示数组元素的数据类型。语句

int score[10];

表示 score 数组的 10 个元素均为整型数据。

(2) 数组名用于标识数组，表示一组相同类型的数据。数组名需符合 C 语言自定义标识符的命名规范，且最好"见名识义"。

(3) 数组名后面有几对方括号就表示是几维数组。例如，数组名后有一对方括号表示一维数组，有两对方括号表示二维数组。

(4) 常量表达式的值确定各维的长度(元素个数)，必须是一个确定的值(类型为整型)。C 语言中定义数组的常量表达式只能使用宏常量或字面常量，不能使用 const 常量，例如：

```
#define N 10          //定义宏常量 N
int score[N];         //等价于 int score[10];
double a[N+2];        //等价于 double a[12];
```

**2. 一维数组的初始化**

在定义(声明)数组的同时可以给数组元素赋初始值，即数组的初始化。

(1) 只给部分元素赋初值(至少一个)，C 语言将未初始化的元素赋值为默认值。如果数组为整型，默认值为 0；若数组为浮点型，默认值为 0.0。例如：

```
int a[5]={1,2,3};          //a[3]、a[4]的默认值均为 0
```

(2) 对全部数组元素赋初值时，可以不指定数组长度。例如：

```
int a[ ]={20,21,32,43,54};   //数组长度为 5
```

(3) 如果没有给任何一个元素赋初值，C 语言不能自动初始化元素，数组元素将包含垃圾数据。例如：

```
int a[5];                //若输出数组元素,元素值为一个很小的负数(垃圾数据)
```

(4) 声明数组时,可以在类型前面加关键字 static,表示**静态数组**。例如:

```
static int a[5];
static double b[5];
```

若未对静态数组进行初始化,**数组所有元素将自动获得初始值**。如本例定义的静态整型数组 a,其所有元素均获得初值 0;静态 double 型数组 b,其所有元素自动获得初值 0.0。

### 7.2.2 一维数组元素的引用

一维数组的元素在内存中按地址从低到高的顺序存放,所有元素占用一段**连续**的内存空间,且每个元素占用的空间大小相同(由数组的数据类型决定)。例如:

一维数组元素的引用课堂练习

```
int score[10];
```

整型数组 score 的每个元素占 4 字节的内存空间,如图 7.1 所示。**数组名** score 是数组在内存中的**起始地址(首地址)**,即第 1 个元素在内存中的地址。当执行语句

```
printf("%p", score);
```

会输出数组首地址 0113F768。每次执行程序,系统为数组分配不同的内存空间,故每次输出的数组首地址都不相同。

数组是构造数据类型,不能作为一个整体进行访问和处理,只能逐个引用数组元素。利用元素在数组中的位置(下标)实现对元素的引用,称为**下标法**。数组元素的**下标**是数组元素与数组起始位置的**偏移量**,数组第 1 个元素的位置就是数组的起始位置,其偏移量为 0,故数组元素**下标从 0 开始**。第 2 个元素的偏移量为 1,以此类推。score 数组的第 1 个元素用下标法表示为 score[0],最后一个元素表示为 score[9]。**长度为 n 的一维数组,元素下标的范围为[0,n−1]**。

| 数组元素 | score数组 | 内存地址 |
|---|---|---|
| score[0] | | 0113F768 |
| score[1] | | 0113F76C |
| score[2] | | 0113F770 |
| score[3] | | 0113F774 |
| score[4] | | 0113F778 |
| score[5] | | 0113F77C |
| score[6] | | 0113F780 |
| score[7] | | 0113F784 |
| score[8] | | 0113F788 |
| score[9] | | 0113F78C |

图 7.1 一维数组在内存中的存储

### 7.2.3 一维数组的应用

**【例 7.1】** 编程实现:从键盘输入正整数 n,自动产生并输出斐波那契数列前 n 项的值。

**【问题分析】**

例 5.16 介绍了斐波那契数列,即数列第 1 项和第 2 项的值均为 1,从第 3 项开始,每项的值均为前两项之和。可用一维数组存储斐波那契数列各项的值。定义整型一维数组

Fibo，Fibo[0]=1，Fibo[1]=1，从第 3 项(Fibo[2])开始，各项的值可根据规律产生，即 Fibo[i]=Fibo[i-1]+Fibo[i-2]。

**【编程实现】**

```
1    #include <stdio.h>
2    #define N 20
3    int main()
4    {
5        int n,i,Fibo[N];
6        printf("请输入项数(不超过%d)：", N);
7        scanf("%d",&n);
8        printf("前%d项斐波那契数列的值为：\n",n);
9        for(i=0;i<n;i++)
10       {
11           if(i==0||i==1)
12               Fibo[i]=1;                       //产生第 1 项和第 2 项的值
13           else
14               Fibo[i]=Fibo[i-1]+Fibo[i-2];     //产生第 3 项及其后所有项的值
15           printf("%-4d",Fibo[i]);              //输出各项的值
16           if((i+1)%5==0||i==n-1)               //每行 5 个元素或输出最后一个元素后换行
17               printf("\n");
18       }
19       return 0;
20   }
```

**【运行结果】**

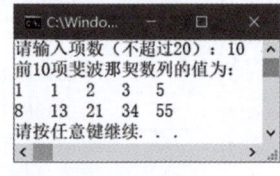 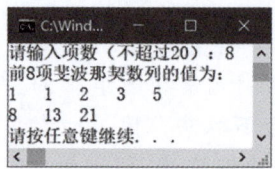

**【关键知识点】**

(1) 数组定义：代码第 2 行定义了宏常量 N，其作用是预定义数组的长度，C 编译系统会在编译程序时给数组分配 N 个元素的存储空间(每个元素的存储空间大小由数组类型决定)。若数组预定义长度不满足应用要求，只需修改 N 的值即可。

第 7 行从键盘输入数组实际长度 n，这样处理的好处在于：**便于程序测试、调试，提高程序的灵活性**。可先输入较小的 n 值，使用较少的数据进行程序测试和调试，程序正确后，再按要求输入数组的长度。

(2) 控制每行输出的元素个数：第 16 行实现控制每行输出 5 个元素。由于循环控制变量 i 本身就具有"计数"的功能，因此，可用 i 控制每行输出的元素个数，当(i+1)是 5 的整数倍时，输出换行符，即可实现每行输出 5 个元素。当 i 的值为 n-1 时，即输出最后一个元素后，也输出换行符。

**【延展学习】**

数组元素的值可以按一定规律自动产生(如本例)，也可以从键盘逐个输入(见例 7.2)，

还可以随机产生。随机产生数组元素的代码如下：

```
srand(time(NULL));                    //初始化随机数产生器,该语句在 for 循环之前
for(i=0;i<n;i++)                      //利用循环给数组元素逐个赋值
    score[i]=0+rand()%(100-0+1);      //随机产生 0~100 的数赋值给数组元素
```

【例 7.2】 编程实现：从键盘输入 n 个整数（有重复数据）存入一维整型数组中，寻找并输出第一个最大元素及其位置、最后一个最小元素及其位置。

【问题分析】

定义一个整型一维数组存储从键盘输入的 n 个整数。寻找最大或最小元素时，先假设第 1 个元素为最大或最小元素，同时记录其下标；然后从第 2 个元素到最后一个元素，依次与当前最大或最小元素作比较，若找到更大或更小的元素，则记录新的最大或最小元素的下标。

【编程实现】

```
1    #include <stdio.h>
2    #define N 10
3    int main()
4    {
5        int Num[N],n,i,max,min;
6        printf("请输入数据个数(不超过%d)：",N);
7        scanf("%d",&n);
8        printf("请输入%d个整数：\n",n);
9        for(i=0;i<n;i++)
10           scanf("%d",&Num[i]);
11       max=0;                        //假设第 1 个元素为最大值,其下标为 0
12       min=0;                        //假设第 1 个元素为最小值,其下标为 0
13       for(i=1;i<n;i++)              //处理第 2 个到最后一个元素
14       {
15           if(Num[i]>Num[max])       //比较 Num[i]与当前最大元素 Num[max]的大小
16               max=i;                //记录新的最大元素的下标
17           if(Num[i]<=Num[min])      //比较 Num[i]与当前最小元素 Num[min]的大小
18               min=i;                //记录新的最小元素的下标
19       }
20       printf("最大值为%d,它是数列中第%d个数。\n",Num[max],max+1);
21       printf("最小值为%d,它是数列中第%d个数。\n",Num[min],min+1);
22       return 0;
23   }
```

【运行结果】

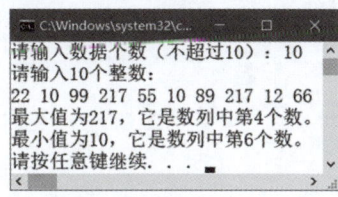

【关键知识点】

（1）最值问题。通过逐个比较元素大小找到数组的最大或最小元素。若有多个相同

的最大或最小元素,比较时,关系运算符使用>或<,找到的是第一个最大或第一个最小元素,如代码第 15 行;关系运算符使用>＝或<＝,找到的是最后一个最大或最后一个最小元素,如第 17 行。

变量 max 用于记录最大元素的下标,最大元素可表示为 Num[max],它是第 max+1 个元素,如第 20 行。变量 min 用于记录最小元素的下标,最小元素可表示为 Num[min],它是第 min+1 个元素,如第 21 行。

(2) 注意下标越界的问题。定义数组时,编译系统会根据定义语句中指定的数组长度为数组分配相应的内存空间,空间一旦分配,就不可再改变。如果访问数组元素时超出有效空间,就会出现越界问题。下标越界可能会带来严重后果,因此,访问数组元素时,下标一定不要越界!

在例 7.2 中,输入的 n 为 10,若将第 9 行的 for 循环条件误写为 i<＝n,程序在编译和链接过程中不会报错,运行程序时会要求用户输入 11 个数,且有运行时错误"Stack around the variable 'Num' was corrupted."(变量 Num 周围的堆栈区被破坏了),即实际输入的数组元素个数超过数组预定义长度造成堆栈损坏,如图 7.2 所示。

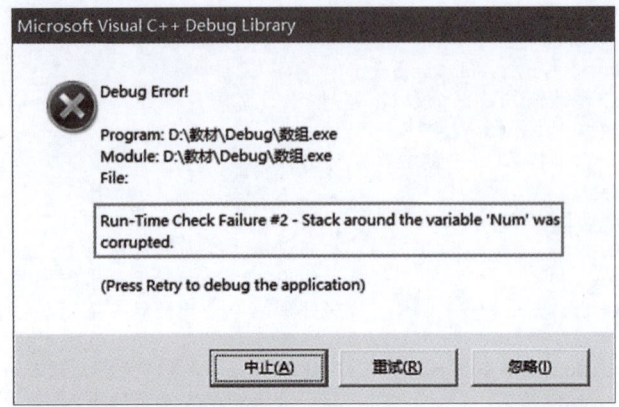

图 7.2  数组实际长度超过预定义长度引起堆栈损坏

如果将第 13 行的循环条件误写为 i<＝n,程序在编译和链接过程中不会报错,但是运行结果中最小值为一个非常小的负数(-858993460),如图 7.3 所示。其原因是,当 i=10 时,下标越界,访问到数组以外的空间(a[10]),该空间中的数据是未知的(垃圾数据),程序将其作为了最小值。

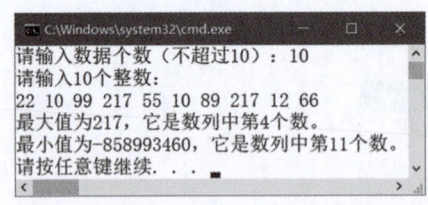

图 7.3  下标越界访问到垃圾数据

【延展学习】

在例 7.2 基础上,不再另外定义变量,如何编程实现交换最大值和最小值?

## 7.2.4 一维数组作为函数参数

一维数组作为函数参数课堂练习

函数的参数可以是数组。用一维数组作函数的形参,函数调用时需将数组名作为实参传递给函数。

【例7.3】 编程实现:求学生平均成绩,要求用子函数实现成绩输入及求平均成绩。

【编程实现】

```
1    #include <stdio.h>
2    #define N 20
3    void Input(float a[],int n);        //函数声明(函数原型),函数实现输入功能
4    float Average(float a[], int n);    //函数声明(函数原型),函数实现求平均值
5    int main()
6    {
7        int n;
8        float score[N],ave;
9        printf("请输入学生人数(不超过%d): ",N);
10       scanf("%d",&n);
11       printf("请输入%d个学生的成绩: \n",n);
12       Input(score,n);                  //调用函数输入数组元素
13       ave=Average(score,n);            //调用函数求平均成绩
14       printf("平均成绩为: %.2f\n",ave);
15       return 0;
16   }
17   void Input(float a[],int n)
18   {
19       int i;
20       for(i=0;i<n;i++)
21           scanf("%f",&a[i]);           //输入元素值
22   }
23   float Average(float a[],int n)
24   {
25       int i;
26       float sum=0;                     //定义并初始化求和变量sum
27       for(i=0;i<n;i++)
28           sum=sum+a[i];                //求所有元素之和
29       return sum/n;                    //返回平均值
30   }
```

【运行结果】

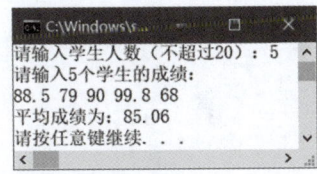

【关键知识点】

(1)一维数组作函数形参,**数组名后面的方括号不能少**,否则不是数组。实参数组和

形参数组的类型应保持一致,如代码第 3 行、第 4 行、第 8 行,数组均为 float 类型。

(2) C 编译系统对形参数组的长度不做检查,因此,形参数组名后的[ ]中不用写数组长度,若写了,编译器会忽略。通常用另一个整型变量来指定数组的长度,参见第 3 行和第 4 行。

(3) 函数调用时,实参为**数组名**和**数组实际长度**,参见第 12 行和第 13 行。用数组做函数参数不是传递所有数组元素的值,而是**地址传递**,即将实参数组的首地址传递给形参数组。实参数组与形参数组具有相同的首地址,实际上占用的是**同一段内存空间**,对形参数组元素的任何操作(如输入、输出、引用、删除、移动、交换元素等)实际上就是对实参数组元素的操作。

为了更直观地了解"**数组作函数参数,传递地址**"的特性,在第 12 行后增加如下代码段:

```
printf("实参数组 score 的首地址是: %p\n",score);
for(i=0;i<n;i++)
{
    printf("score[%d]的地址: %p",i,&score[i]);
    printf("\tscore[%d]=%.2f\n",i,score[i]);
}
```

在第 21 行后增加如下代码段:

```
printf("形参数组 a 的首地址是: %p\n",a);
for(i=0;i<n;i++)
{
    printf("a[%d]的地址: %p",i,&a[i]);
    printf("\ta[%d]=%.2f\n",i,a[i]);
}
```

重新运行例 7.3 程序,结果如图 7.4 所示。可观察到:实参数组 score 和形参数组 a 的首地址相同;实参数组 score 各元素的值和地址与形参数组 a 各元素的值和地址相同。调用 Input()子函数输入形参数组 a 各元素的值,实际上就是输入实参数组 score 各元素的值。

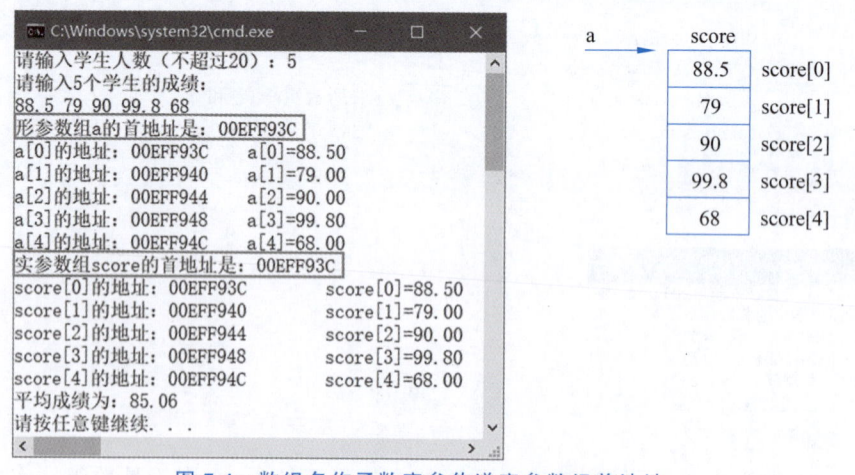

图 7.4 数组名作函数实参传递实参数组首地址

## 7.2.5 应用案例

利用一维数组,可以实现数据的插入、删除、查找、排序等多种处理。

【例7.4】 编程实现:从键盘输入一个整数,将其插入一个升序(从小到大顺序排列)整数序列中,插入后,数列仍然保持升序。

【问题分析】

可用一个一维整型数组保存该有序数列。实现插入需要解决三个关键问题:如何找到正确的插入位置?如何把插入位置"空出来"?如何插入数据?

(1)定义整型数组 a[N],数组的实际长度(数据的个数)n 从键盘输入,因为要插入新值,故需预留存储插入数据的空间,即 n≤N−1。长度为 n 的数组,最后一个元素可表示为 a[n−1],预留的数据插入空间可表示为 a[n]。

(2)为了找到正确的插入位置,可以设置下标变量 j(初值为 0),将当前元素 a[j] 和待插入的值 value(设待插入的值为 11)进行比较,当它们的大小关系发生变化时,表示找到正确的插入位置(即 j=4),如图 7.5 所示。

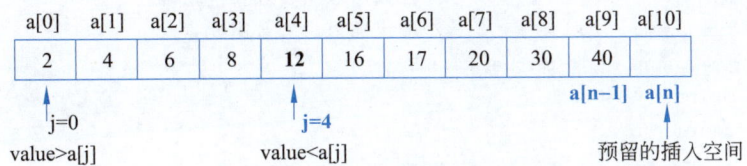

图 7.5　寻找正确的插入位置

(3)将从最后一个元素 a[n−1]到插入位置的元素 a[j](a[4])之间的所有元素,逐个依次往后(右)移动一位,可"空"出插入位置,如图 7.6 所示。

| a[0] | a[1] | a[2] | a[3] | a[4] | a[5] | a[6] | a[7] | a[8] | a[9] | a[10] |
| --- | --- | --- | --- | --- | --- | --- | --- | --- | --- | --- |
| 2 | 4 | 6 | 8 | 12 | 16 | 17 | 20 | 30 | 40 | |
| | | | | a[j] | | | | | a[n−1] | a[n] |

| a[0] | a[1] | a[2] | a[3] | a[4] | a[5] | a[6] | a[7] | a[8] | a[9] | a[10] |
| --- | --- | --- | --- | --- | --- | --- | --- | --- | --- | --- |
| 2 | 4 | 6 | 8 | 12 | 12 | 16 | 17 | 20 | 30 | 40 |

图 7.6　将正确的插入位置"空"出来

(4)最后将待插入的值存入正确插入位置(a[4])即可,如图 7.7 所示。

| a[0] | a[1] | a[2] | a[3] | a[4] | a[5] | a[6] | a[7] | a[8] | a[9] | a[10] |
| --- | --- | --- | --- | --- | --- | --- | --- | --- | --- | --- |
| 2 | 4 | 6 | 8 | 11 | 12 | 16 | 17 | 20 | 30 | 40 |

图 7.7　将待插入的值存入正确插入位置

【编程实现】

```
1    #include <stdio.h>
2    #define N 11
3    int main()
4    {
5        int n,value,i,j,a[N];
6        printf("请输入数列实际长度(不超过%d)：",N-1);
7        scanf("%d",&n);              //输入的n≤N-1,预留足够的插入空间
8        printf("请从小到大输入%d个整数：\n",n);
9        for(i=0;i<n;i++)
10           scanf("%d",&a[i]);
11       printf("请输入待插入的数：");
12       scanf("%d",&value);
13       j=0;                         //j=0表示从第1个元素开始查找插入位置
14       while(value>a[j]&&j<n)       //寻找正确的插入位置
15           j++;
16       for(i=n-1;i>=j;i--)          //将插入位置及其后的所有元素依次后移一位
17           a[i+1]=a[i];
18       a[j]=value;                  //在正确位置插入数据
19       n++;                         //插入后数组实际长度增加1
20       for(i=0;i<n;i++)             //输出插入后的数组元素
21           printf("%-3d",a[i]);
22       printf("\n");
23       return 0;
24   }
```

【运行结果】

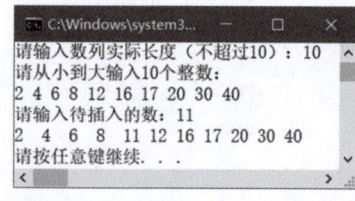 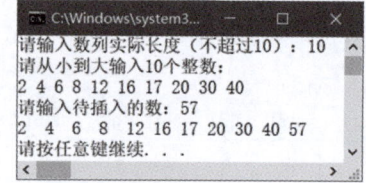

【关键知识点】

代码第14行的循环条件,其中j<n,是为了确保数组下标不越界(长度为n的数组,元素下标为0~n-1),以避免访问到数组之外其他空间的数据(垃圾数据),导致插入失败。

数据插入
微视频

【延展学习】

本案例的插入方法包含数组元素的两个基本操作：比较和移动。若从最后一个元素开始,边比较边移动元素,也可实现数据插入。操作过程如图7.8所示。

本题也可采用子函数实现,子函数代码如下,其函数体采用图7.8介绍的边比较边移动的插入方法2。同时,将main()函数第13~18行改为函数调用语句

```
Insert(a, n, value);
```

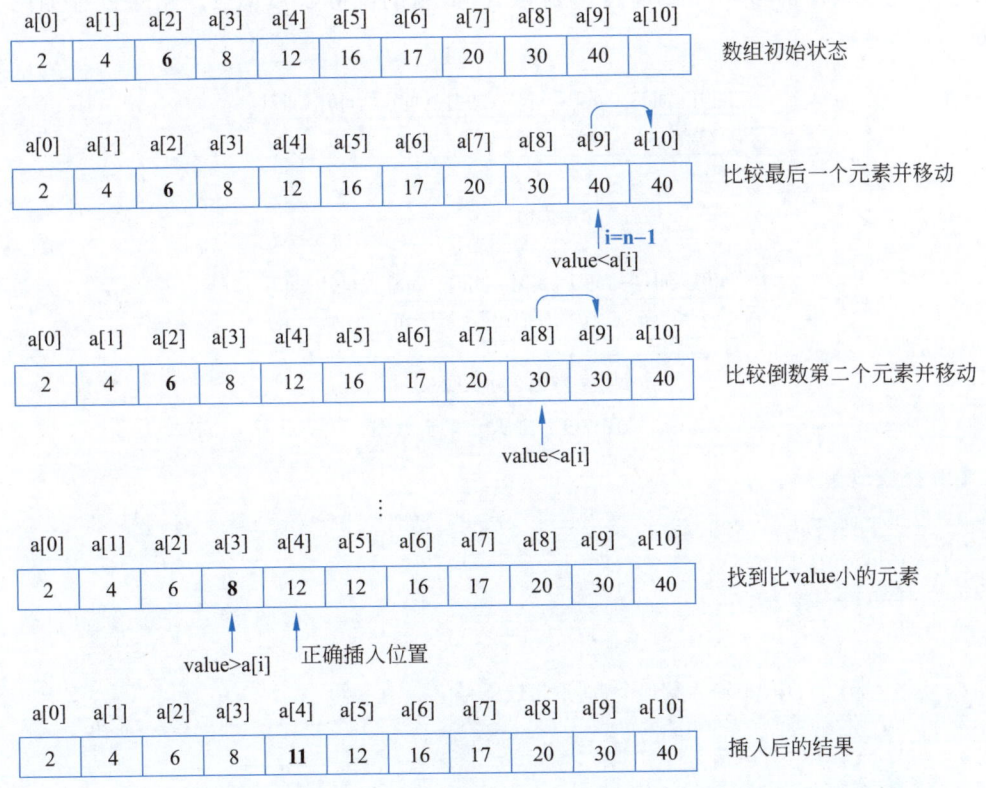

图 7.8　插入方法 2（从最后一个元素开始，边比较边移动）

```
void Insert(int a[ ],int n,int value)
{
    int i;
    for(i=n-1;i>=0;i--)
       if(a[i]>value)        //若当前元素比待插入的值大
          a[i+1]=a[i];       //将当前元素向后移动一个位置
       else
          break;             //否则,结束比较
    a[i+1]=value;            //在正确位置插入值,正确插入位置的下标为 i+1
}
```

在子函数中也可以采用方法 1，请读者自行完成。

【例 7.5】　编程实现：从键盘输入 n 个整数存入一维整型数组中，找出其中的最大元素，并将其删除。如果有多个相同的最大元素，则只删除最后一个。

【问题分析】

（1）寻找最值的方法可参考例 7.2。

（2）删除指定元素（删除 1 个元素）

删除元素就是将元素从数组中移除掉。将待删除元素后方的元素依次往前移动一位，利用变量"新值覆盖旧值"的特性，可实现元素删除。例如，要删除元素 a[2]，只需将

第 7 章　数组　183

a[3]~a[7]依次往前移动一位即可。删除后,数组的实际长度减1。删除过程如图7.9所示。

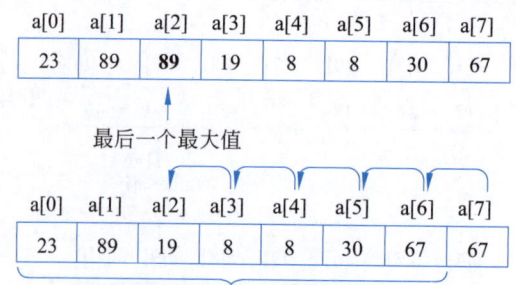

图 7.9　删除元素示意图

【编程实现】

```
1   #include <stdio.h>
2   #define N 10
3   int main()
4   {
5       int a[N],n,i,max;
6       printf("请输入数据个数(不超过%d): ",N);
7       scanf("%d",&n);
8       printf("请输入%d个数: \n",n);
9       for(i=0;i<n;i++)
10          scanf("%d",&a[i]);
11      max=0;                          //max 记录最大值下标,假设第1个元素为最大值
12      for(i=1;i<n;i++)
13          if(a[i]>=a[max])            //寻找最后一个最大值
14              max=i;                  //记录最大值下标
15      printf("最大值为%d,它是第%d个数。\n",a[max],max+1);
16      for(i=max;i<n-1;i++)
17          a[i]=a[i+1];                //移动元素,实现删除
18      n--;                            //删除后数组实际长度减1
19      printf("删除后的结果为: \n");
20      for(i=0;i<n;i++)
21          printf("%-4d",a[i]);
22      printf("\n");
23      return 0;
24  }
```

【运行结果】

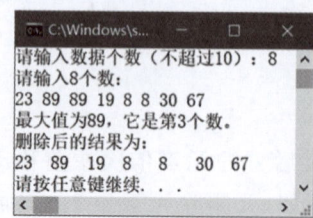

【关键知识点】

**数组元素的移动**(左移或右移)可应用于多种实际问题,如本例中删除元素;例 7.4 插入数据时,通过移动元素将正确插入位置"空"出来。此外,数组元素的循环左移和循环右移都涉及数组元素的移动。

移动数组元素时,注意元素下标不要越界。代码第 16 行,循环控制变量 i 的初值为 max,循环条件为 i<n−1(或 i<=n−2),执行第 17 行

```
a[i]=a[i+1];
```

才能保证元素下标不越界。

若将第 17 行写成:

```
a[i-1]=a[i];
```

第 16 行的 for 循环,循环控制变量的初值和循环条件应该如何修改?为保证下标不越界,实现元素移动(删除)的第 16~17 行可写为:

```
for(i=max+1;i<=n-1;i++)        //移动元素,实现删除
    a[i-1]=a[i];
```

【延展学习】

利用原数组(**不再新建数组**),删除数组中多个相同的最大值,如何编程实现?

实现方法:首先,寻找数组的最大元素,将其保存在变量 max 中。由于在删除过程中需要移动元素,故记录最大元素的值而不是记录其下标。将第 11~14 行修改如下,同时,删除第 15 行。

```
max=a[0];                      //假设第 1 个元素为最大值
for(i=1;i<n;i++)
    if(a[i]>=max)              //寻找最后一个最大值
        max=a[i];              //记录最大值
```

然后,将所有不等于最大值 max 的元素重新存入数组中,即可实现删除多个最大值。定义下标变量 j,用于记录**结果集**(删除最大值后的结果)元素的存入位置,其初值为 0,即 a[0]为结果集元素的第一个存入位置。从数组第 1 个元素开始处理,比较其与 max 的关系,如果不等于 max,则将其存入 j 所指示的位置,同时 j 增加 1,指向结果集的下一个存入位置。若当前元素等于 max,则不存入结果集(相当于删除),即 j 保持不变,然后继续比较后续元素。重复上述操作,直到所有元素处理完毕,即可得到删除后的结果。**删除多个相同最大元素后数组的实际长度为 j**。删除过程如图 7.10 所示。

删除多个相同最大元素的代码如下,替换例 7.5 第 16~18 行即可。

```
j=0;                           //初始化结果集下标
for(i=0;i<n;i++)               //依次处理数组中的每个元素
    if(a[i]!=max)              //若当前元素 a[i]不等于最大值
        a[j++]=a[i];           //将当前元素写入 j 指向的位置,移动 j 指向下一个写入位置
n=j;                           //删除后,数组实际长度为 j,将其赋值给变量 n
```

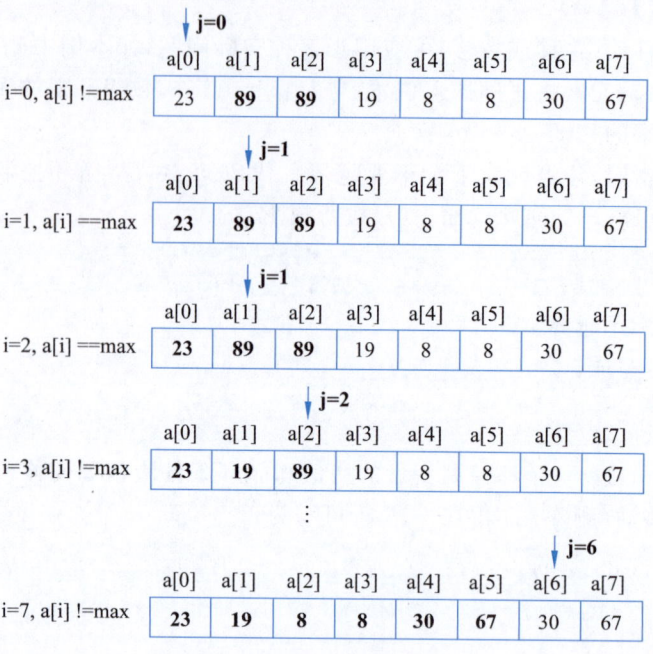

图 7.10　删除多个元素示意图

【例 7.6】　编程实现：从键盘输入待查找的数，在一个升序（从小到大顺序排列）整数序列中查找该数是否存在，并返回查找结果。要求用子函数实现折半查找。

【问题分析】

查找是在大量的信息中寻找一个特定的信息元素，是数据处理中的常用操作。

使用折半查找算法的前提条件是待查找的数据序列必须是有序的。用一维整型数组保存升序整数序列的所有数据，较小的数存储于数组前端，较大的数存储于数组后端。设置两个变量 bot 和 top，其初值分别为 0 和 n−1，表示数组第 1 个元素和最后一个元素的下标。

查找过程：首先，将数组中点位置的元素（下标 mid＝(bot＋top)/2）与待查找的值 value 作比较，若 value 小于中点位置元素的值，将待查序列缩小为数组的前半部分（值小的区域），即移动下标 top 到 mid−1 的位置；否则将待查序列缩小为数组的后半部分（值大的区域），即移动下标 bot 到 mid＋1 的位置。通过一次比较，可将查找区间缩小一半。重复上述操作，直到找到元素或者超出处理范围为止。折半查找过程如图 7.11 所示。

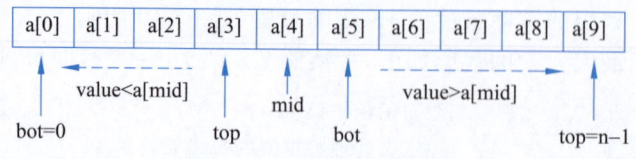

图 7.11　折半查找示意图

折半查找是一种高效的查找方法，其算法效率为 $\log_2 N$，其中 N 表示数列中数据的个数。

【编程实现】

```c
1    #include <stdio.h>
2    #define N 10
3    int BinSearch(int num[],int n,int x);    //函数声明
4    int main()
5    {
6        int a[N],n,i,find,value;
7        printf("请输入数列的数据个数(不超过%d): ",N);
8        scanf("%d",&n);
9        printf("请输入%d个数(从小到大): \n",n);
10       for(i=0;i<n;i++)
11           scanf("%d",&a[i]);
12       printf("请输入待查找的值: ");
13       scanf("%d",&value);
14       find=BinSearch(a,n,value);            //调用函数实现折半查找
15       if(find==-1)
16           printf("查找失败! \n");
17       else
18           printf("查找成功! 该值在数列的第%d个位置\n",find+1);
19       return 0;
20   }
21   int BinSearch(int num[],int n,int x)
22   {
23       int bot=0,top=n-1,mid;
24       while(bot<=top)                        //查找有效范围控制条件
25       {
26           mid=(top+bot)/2;                   //中间元素下标
27           if(x==num[mid])                    //找到
28               break;                         //结束查找,退出循环
29           else
30               if(x>num[mid])                 //待查找的值大于中间元素
31                   bot=mid+1;                 //往数组后半部分(值大的区域)继续查找
32               else
33                   top=mid-1;                 //往数组前半部分(值小的区域)继续查找
34       }
35       if(bot<=top)
36           return mid;                        //查找成功,返回查找到的元素下标
37       else
38           return -1;                         //查找不成功,返回-1
39   }
```

【运行结果】

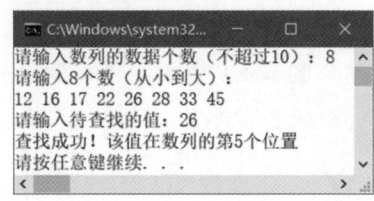

【延展学习】

(1) 对降序数列(从大到小)进行折半查找。

若待查找的值大于中点元素的值,将待查序列缩小为数组的前半部分(值大的区域),即移动下标 top 到 mid−1 的位置;否则将待查序列缩小为数组的后半部分(值小的区域),即移动下标 bot 到 mid+1 的位置。

方法1:将代码第 30 行修改为 if(x<num[mid]) 即可。

方法2:保持第 30 行不变,交换第 31 行和第 33 行即可。

(2) 顺序查找。

除了折半查找之外,常用的查找方法还有顺序查找。顺序查找也称为线性查找,属于无序查找算法,适用于无序数列。

顺序查找过程:从数组的第 1 个元素开始,依次比较每个元素和待查找的值,若相等则表示查找成功;若所有元素都比较完了,仍未找到待查找的值,表示查找失败。实现顺序查找功能的子函数代码如下:

```
int SeqSearch(int num[],int n,int x)      //子函数实现顺序查找
{
    int i;
    for(i=0;i<n;i++)                       //遍历数组所有元素
        if(num[i]==x)                      //判断当前元素和待查找的值是否相等
            return i;                      //查找成功,返回查找到的元素下标
    return -1;                             //查找不成功,返回-1
}
```

【例 7.7】 编程实现:利用冒泡法对数据进行升序(从小到大)排列。要求用子函数实现排序功能。

【问题分析】

(1) 排序。

排序是数据处理中经常使用的一种重要操作,它的功能是将无序的数据序列调整为有序的。排序的方法很多,比如选择法、冒泡法、希尔排序法等。不论采用何种排序方法,要排序的原始数据均可用一维数组表示。

(2) 冒泡排序法。

冒泡排序法又称为起泡法。若有 n 个待排序的数,需进行 n−1 轮处理。以升序排序为例,先将 n 个数进行第 1 轮比较,每次比较相邻的两个数,若不满足前小后大的关系则交换两数,保证小的数在前,经过 n−1 次两两比较后,最大的数"沉底"(位于 a[n−1]),而最小的数在原位置基础上"上升"一个位置。然后在剩余的 n−1 个数中进行第 2 轮比较,经过 n−2 次两两比较,最大的数"沉底"(a[n−2]),而最小的数在原位置基础上"上升"一个位置;如此进行下去,直到全部数排序完成。一轮排序过程如图 7.12 所示。

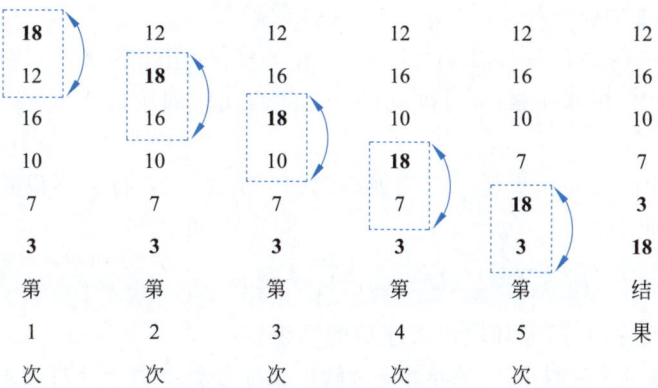

图 7.12　冒泡法示意图(第 1 轮)

【编程实现】

```
1   #include <stdio.h>
2   #define N 10
3   void BubbleSort(int a[],int n);    //函数声明
4   int main()
5   {
6       int a[N],n,i;
7       printf("请输入数据个数(不超过%d)：",N);
8       scanf("%d",&n);
9       printf("请输入%d个待排序的数：\n",n);
10      for(i=0;i<n;i++)
11          scanf("%d",&a[i]);
12      BubbleSort(a,n);                //调用函数实现排序
13      printf("排序后的结果为：\n");
14      for(i=0;i<n;i++)
15          printf("%-4d",a[i]);
16      printf("\n");
17      return 0;
18  }
19  void BubbleSort(int a[],int n)     //函数定义,实现冒泡排序
20  {
21      int i,j,t;
22      for(i=0;i<n-1;i++)              //n 个待排序的数比较 n-1 轮
23          for(j=0;j<n-i-1;j++)        //每轮排序,相邻两数两两比较次数为 n-i-1 次
24              if(a[j]>a[j+1])         //升序排列(从小到大)
25              {
26                  t=a[j];
27                  a[j]=a[j+1];
28                  a[j+1]=t;
29              }                        //第 26~28 行实现数据交换
30  }
```

【运行结果】

```
C:\Windows\s...
请输入数据个数（不超过10）：6
请输入6个待排序的数：
18 12 16 10 7 3
排序后的结果为：
3   7   10  12  16  18
请按任意键继续...
```

第 7 章　数组

【关键知识点】

(1) n 个数进行排序,总共需要进行 n−1 轮处理(外层循环次数),在第 i 轮(i 的初值为 0)的处理过程中,相邻元素(a[j]和 a[j+1])两两比较的次数为 n−i−1 次(内层循环次数)。

(2) 可设置中间变量 t 实现元素交换,如代码第 26~28 行。不设置中间变量,交换两个元素的代码如下:

> a[j]=a[j]+a[j+1];　　a[j+1]=a[j]-a[j+1];　　a[j]=a[j]-a[j+1];

(3) 排序结束后,利用循环输出排序后的结果。

**注意**:不要在排序过程中,一边排序一边输出数组元素,这样无法得到正确的排序结果。

【延展学习】

**利用选择排序法对数据进行升序(从小到大)排列**

数据排序
微视频

选择排序法,n 个待排序的数需要进行 n−1 轮的处理。每轮处理中,将当前位置的数与本轮待排序数中的最小值进行交换。例如,第 1 轮处理,寻找 n 个数中的最小值,将其与第 1 个数(a[0])交换;第 2 轮处理,从余下的 n−1 个数中寻找最小值,将其与第 2 个数(a[1])交换,……,如此进行下去,直到全部数处理完毕。选择排序的处理过程如图 7.13 所示。

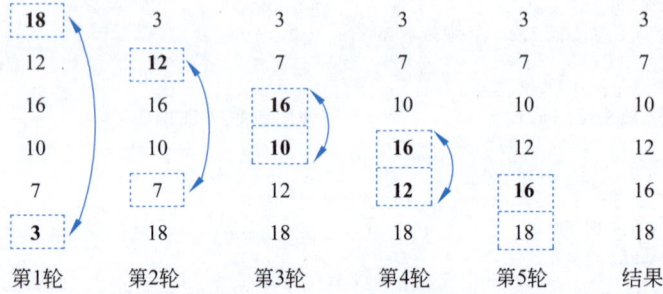

图 7.13　选择排序示意图

实现选择排序的子函数如下:

```
void SelectSort(int a[],int n)      //子函数实现选择排序
{
    int i,j,min,temp;
    for(i=0;i<n-1;i++)              //n 个待排序数需进行 n-1 轮处理
    {
        min=i;                      //假设当前元素为本轮最小值,其下标为 i
        for(j=i+1;j<n;j++)          //处理当前元素后方的所有元素
            if(a[j]<a[min])         //比较 a[j]和当前最小值 a[min]的大小
                min=j;              //记录新的最小值下标
        if(min!=i)                  //若本轮最小值不是假设的最小值 a[i]
        {
            temp=a[min];
            a[min]=a[i];
```

```
            a[i]=temp;
        }                //交换当前元素 a[i]和本轮最小值 a[min]
    }
}
```

## 7.3　二 维 数 组

### 7.3.1　二维数组定义与初始化

二维数组定义与初始化课堂练习

**1. 二维数组定义**

二维数组定义(声明)的语法格式如下：

```
类型说明符  数组名[常量表达式 1][常量表达式 2];
```

例如：

```
int students[3][4];
```

定义一个 3 行 4 列、名为 students 的整型二维数组。

二维整型数组 students 可用于存放 3 行 4 列的整型数据，该二维数组可以看成是由 3 个元素组成的一维数组，而每个元素又是一个一维数组，即**二维数组可以看成是由一维数组构成的数组**。其中第一维(行)有 3 个元素，下标为 0~2；第二维(列)有 4 个元素，下标为 0~3，数组总共有 12 个元素，如图 7.14 所示。

$$
students\begin{cases} students[0] — students[0][0] \quad students[0][1] \quad students[0][2] \quad students[0][3] \\ students[1] — students[1][0] \quad students[1][1] \quad students[1][2] \quad students[1][3] \\ students[2] — students[2][0] \quad students[2][1] \quad students[2][2] \quad students[2][3] \end{cases}
$$

图 7.14　二维数组元素构成示意图

**2. 二维数组初始化**

二维数组的初始化方法如下。

(1) 按行分别对二维数组元素赋值，例如：

```
int a[3][4]={{1, 2, 3, 4}, {5, 6, 7, 8}, {9, 10, 11, 12}};
```

对全部元素逐一赋值，表示行的花括号可以省略，将所有元素按顺序写在一个花括号内，例如：

```
int a[3][4]={1, 2, 3, 4, 5, 6, 7, 8, 9, 10, 11, 12};
```

(2) 对部分数组元素赋值，例如：

```
int a[3][4]={{2}, {1, 7}, {0, 0, 18}};
```

赋值结果如图 7.15(a)所示。第 1 行第 1 列元素 a[0][0]的值为 2，本行其余元素

a[0][1]、a[0][2]、a[0][3]的值均为0(整型二维数组,未赋值的部分元素,C编译系统会在编译时自动给它们赋整数0);第2行第1列元素a[1][0]的值为1,第2行第2列元素a[1][1]的值为7,本行其余元素a[1][2]、a[1][3]的值为0;第3行4个元素a[2][0]、a[2][1]、a[2][2]、a[2][3]的值分别为0、0、18、0。

**注意**:如果只对部分数组元素赋值,表示每行数据的花括号不能随意省略,否则赋值结果会发生改变。例如,int a[3][4]={2,1,7,0,0,18}语句的赋值结果如图7.15(b)所示。

|  | 第1列 | 第2列 | 第3列 | 第4列 |
|---|---|---|---|---|
| 第1行 | 2 | 0 | 0 | 0 |
| 第2行 | 1 | 7 | 0 | 0 |
| 第3行 | 0 | 0 | 18 | 0 |

(a)

|  | 第1列 | 第2列 | 第3列 | 第4列 |
|---|---|---|---|---|
| 第1行 | 2 | 1 | 7 | 0 |
| 第2行 | 0 | 18 | 0 | 0 |
| 第3行 | 0 | 0 | 0 | 0 |

(b)

图7.15 二维数组初始化

(3) 若对每行元素都赋初值,则定义数组时第一维大小(行数)可省略,第二维大小(列数)不能省略,例如:

```
int a[ ][4]={1, 2, 3, 4, 5, 6, 7, 8, 9, 10, 11, 12};
//数组为3行4列,第3行元素为9, 10, 0, 0
int a[ ][4]={1, 2, 3, 4, 5, 6, 7, 8, 9, 10};
```

C编译系统会根据元素的总个数进行内存空间的分配。由于第二维(列)的长度为4,即每行有4列,对所有元素按每行4个元素进行分组,最后得到的分组数目,就是第一维(行)的长度。

### 7.3.2 二维数组元素的引用

二维数组元素的引用课堂练习

定义二维数组int students[3][4],其在内存中存储时**按行存储**,**数组名students表示二维数组在内存中的首地址**,即数组首元素students[0][0]的内存地址。存储格式如图7.16所示。

数组是一种**构造数据结构**,**不能作为一个整体进行访问和处理**,**只能逐个引用数组元素**。引用二维数组的元素,可采用下标法,用双重循环实现对行、列下标的控制:通常外层循环控制行下标的变化(n行,行下标范围[0, n−1]),内层循环控制列下标的变化(m列,列下标范围[0, m−1])。**注意行、列下标不要越界**。用下标法引用二维数组元素的代码如下:

```
for(i=0;i<n;i++)                        //控制行下标变化
{
    for(j=0;j<m;j++)                    //控制列下标变化
        printf("%-4d",students[i][j]);  //输出数组元素的值
    printf("\n");                       //输完一行元素,输出换行符
}
```

| 数组元素 | Students数组 | 内存地址 |
|---|---|---|
| students[0][0] | | 0053FAC8 |
| students[0][1] | | 0053FACC |
| students[0][2] | | 0053FAD0 |
| students[0][3] | | 0053FAD4 |
| students[1][0] | | 0053FAD8 |
| students[1][1] | | 0053FADC |
| students[1][2] | | 0053FAE0 |
| students[1][3] | | 0053FAE4 |
| students[2][0] | | 0053FAE8 |
| students[2][1] | | 0053FAEC |
| students[2][2] | | 0053FAF0 |
| students[2][3] | | 0053FAF4 |

第1行：students[0][0]~students[0][3]
第2行：students[1][0]~students[1][3]
第3行：students[2][0]~students[2][3]

图 7.16　二维数组在内存中的存储结构

### 7.3.3　二维数组的应用

二维数组可用于存储逻辑上具有行、列关系的数据，如矩阵、若干学生的学号和成绩等。在矩阵的应用中，可实现矩阵的转置，矩阵的加、减、乘等运算。

【例 7.8】　编程实现：在 1~30 中随机产生 n×m(n 行 m 列)的矩阵，然后将该矩阵转置后输出。

【问题分析】

矩阵是由若干行和列组成的，因此可用二维数组来存储。对于 n×m 的矩阵，转置后得到一个 m×n 的矩阵，故需要定义两个二维数组 A[n][m] 和 B[m][n] 分别表示矩阵 A 和矩阵 B，其中二维数组 B[m][n] 用来保存转置后的结果。转置的处理过程就是将二维数组 A 的元素 A[i][j] 赋值给二维数组 B 中对应元素 B[j][i]，即 B[j][i]=A[i][j]。

【编程实现】

```
#include <stdio.h>
#include <stdlib.h>
#include <time.h>
#define N 3
#define M 4
int main()
{
    int A[N][M],B[M][N],i,j;
    printf("随机产生的%d×%d 矩阵为：\n",N,M);
    srand(time(NULL));                    //初始化随机数产生器
    for(i=0;i<N;i++)
    {
```

```c
        for(j=0;j<M;j++)
        {
            A[i][j]=1+rand()%30;        //随机产生二维数组A(矩阵)的元素
            B[j][i]=A[i][j];            //矩阵转置
            printf("%4d",A[i][j]);      //输出二维数组A中的元素
        }
        printf("\n");
    }
    printf("转置之后的结果为：\n");
    for(i=0;i<M;i++)                    //输出转置矩阵
    {
        for(j=0;j<N;j++)
            printf("%4d",B[i][j]);
        printf("\n");
    }
    return 0;
}
```

【运行结果】

```
随机产生的3×4矩阵为：
  21  26  29  25
   4  28   8  21
  20   8  17  18
转置之后的结果为：
  21   4  20
  26  28   8
  29   8  17
  25  21  18
请按任意键继续. . .
```

【延展学习】

(1) 用二维数组表示一个 **N 阶方阵**(N 行 N 列)，从左上角到右下角的斜线称为**主对角线**，其特点为：元素的行、列下标相同，因此，主对角线元素可表示为 A[i][i] 或 A[j][j]。从右上角到左下角的斜线称为**次对角线**，其特点是，元素的行、列下标之和等于 N−1，因此，次对角线元素可表示为 A[i][N−i−1] 或 A[N−j−1][j]。

(2) 本例用两个二维数组实现了矩阵的转置，若二维数组 A 存放的是方阵(行数、列数相等)，要实现方阵 A 的就地转置，如何编程实现？

**提示**：可考虑以方阵 A 的主对角线为对称轴，将对应元素 A[i][j] 和 A[j][i] 进行交换。

(3) 矩阵求和，就是将 n×m 矩阵 A 和 n×m 矩阵 B 的对应元素相加，结果存放在 n×m 矩阵 C 中，即 C[i][j]＝A[i][j]＋B[i][j]，如何编程实现？

【例 7.9】 编程实现：求二维数组中的最大元素及其位置(行、列下标)。

【问题分析】

寻找二维数组最大元素的方法与一维数组类似，即先假设二维数组的第 1 个元素为最大值，记录其行、列下标(行、列下标初值均为 0)，然后将二维数组的所有元素依次和当前最大元素作比较，若找到更大的元素，则记录新的最大元素的行、列下标。所有元素处

理完毕,即可找到二维数组的最大元素及其位置。

**【编程实现】**

```
1    #include<stdio.h>
2    #define N 10
3    int main()
4    {
5        int A[N][N];
6        int n,m,i,j,row,col;
7        printf("请输入二维数组的行数、列数(均不超过%d): ",N);
8        scanf("%d%d",&n,&m);
9        printf("请输入%d×%d二维数组的元素: \n",n,m);
10       for(i=0;i<n;i++)
11           for(j=0;j<m;j++)
12               scanf("%d",&A[i][j]);        //输入二维数组的元素
13       row=0;
14       col=0;          //假设二维数组第1个元素为最大值,其行、列下标为0
15       for(i=0;i<n;i++)
16           for(j=0;j<m;j++)
17               if(A[i][j]>A[row][col])   //比较当前元素与最大元素的大小
18               {
19                   row=i;
20                   col=j;
21               }                              //记录新的最大元素的行、列下标
22       printf("最大值为: A[%d][%d]=%d\n",row,col,A[row][col]);
23       return 0;
24   }
```

**【运行结果】**

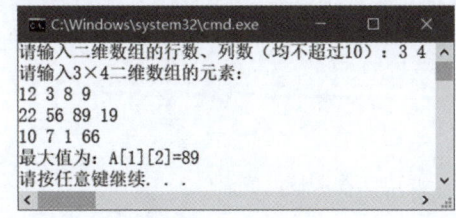

**【延展学习】**

(1) 将代码第17行修改为:

`if(A[i][j]<A[row][col])`

即可得到二维数组的最小值及其位置。若要交换最大值和最小值,如何编程实现?

(2) 若要求每行的最值(最大值/最小值)或每列的最值(最大值/最小值),如何编程实现?

(3) 将每行的最大(或最小)值与主对角线(或次对角线)上的对应元素交换,如何编程实现?

## 7.3.4　二维数组作为函数参数

二维数组作为函数参数
课堂练习

用二维数组作为函数的形参,函数调用时以**数组名**作为实参传递给函数,是**地址传递**,即把实参数组的首地址赋值给形参数组。

函数声明时,形参二维数组可以指定每一维(行、列)的长度,也可以省略第一维(行)的长度,例如:

```
int Max_value( int score[3][4] );       //指定每一维长度
int Max_value( int score[ ][4] );       //省略第一维长度
```

但是,不能省略第二维(列)的大小说明,例如:

```
int Max_value( int score[3][ ] );       //非法的声明
int Max_value( int score[ ][ ] );       //非法的声明
```

函数调用时,实参传递的是二维数组首地址,二维数组在内存中通常**按行存储**,编译系统必须知道一行有多少个元素(列长度),才能准确找到欲访问的元素,否则无法确定下一行从什么位置开始。因此,函数声明时若不说明形参二维数组的列数,C编译系统无法确定二维数组的行、列数。

【例7.10】　编程实现:用二维数组作函数参数,求二维数组的最大元素。

【编程实现】

```
#include<stdio.h>
#define N 10
int Max_value(int B[][N],int n,int m);    //函数声明
int main()
{
    int A[N][N], n,m,i,j,max;
    printf("请输入二维数组的行数、列数(均不超过%d): ",N);
    scanf("%d%d", &n, &m);
    printf("请输入%d×%d二维数组的元素: \n",n,m);
    for(i=0;i<n;i++)
        for(j=0;j<m;j++)
            scanf("%d",&A[i][j]);
    max=Max_value(A,n,m);                  //调用函数求最大值
    printf("二维数组的最大值为: %d\n",max);
    return 0;
}
int Max_value(int B[][N],int n,int m)
{
    int i,j,max=B[0][0];                   //先假设 B[0][0]是最大值
    for(i=0;i<n;i++)
        for(j=0;j<m;j++)
            if(B[i][j]>max)                //比较当前元素与max的大小
                max=B[i][j];               //记录新的最大值
    return max;                            //返回最大值
}
```

【运行结果】

```
请输入二维数组的行数、列数（均不超过10）: 3 4
请输入3×4二维数组的元素:
1 2 3 89
22 56 89 19
10 7 1 66
二维数组的最大值为: 89
请按任意键继续. . .
```

### 7.3.5 应用案例

【例 7.11】 编程实现：从键盘输入 n 名同学的学号及 m 门课程的成绩，找出平均分最高的同学，输出该同学的平均分及其学号和各科成绩。

【问题分析】

（1）可以用二维数组存储学生信息，第 1 列保存学号，第 2 列到第 m+1 列保存 m 门课程成绩，即数组实际的列长为 m+1。

（2）求某位同学 m 门课程的平均成绩，只需把对应行（代表某个学生），从第 2 列到第 m+1 列的元素累加求和，再除以课程数 m 即可。每求出一位同学的平均成绩，就把它和默认的最大值 max（初值设置为 0）做比较，如果大于 max，记录下新的最大值，并记录其所在行号。所有行处理完毕，可找到最高平均成绩，然后根据最大值的行号，输出对应学生的学号及各科成绩信息。

【编程实现】

```c
#include <stdio.h>
#define N 20
#define M 11
int main()
{
    int students[N][M],i,j,n,m,max_row=0;
    float max=0,sum,avg;
    printf("请输入学生人数(不超过%d)及课程数量(不超过%d): ",N,M-1);
    scanf("%d%d",&n,&m);
    printf("请输入学生的学号和各科成绩: \n");
    printf("学号\t");                        //提示信息,用水平制表符间隔
    for(i=1;i<=m;i++)
        printf("课程%d\t",i);                //提示信息,用水平制表符间隔
    printf("\n");
    for(i=0;i<n;i++)
        for(j=0;j<=m;j++)                    //学号及 m 门课程,共 m+1 列
            scanf("%d", &students[i][j]);
    for(i=0;i<n;i++)
    {
        sum=0;                               //求和变量初始化
        for(j=1;j<=m;j++)
            sum=sum+students[i][j];          //求某位学生所有课程的总成绩
```

```
        avg=sum/m;                              //平均成绩
        if(avg>max)
        {
            max=avg;                            //记录新的最大值
            max_row=i;                          //记录行号
        }
    }
    printf("平均成绩最高为：%.2f\n", max);
    printf("该同学的学号及%d门课成绩为：\n",m);
    for(j=0;j<=m;j++)
        printf("%-8d",students[max_row][j]);    //输出平均成绩最高的学生信息
    printf("\n");
    return 0;
}
```

【运行结果】

```
C:\Windows\system32\cmd.exe
请输入学生人数（不超过20）及课程数量（不超过10）：4 3
请输入学生的学号和各科成绩：
学号     课程1    课程2    课程3
202401   90       89       70
202402   66       88       95
202403   100      70       80
202404   87       82       75
平均成绩最高为：83.33
该同学的学号及3门课成绩为：
202403   100      70       80
请按任意键继续. . .
```

杨辉三角
微视频

【例7.12】 编程实现：输出如下所示的杨辉三角形。要求用子函数分别实现杨辉三角形数据的产生及输出。

```
1
1   1
1   2   1
1   3   3   1
1   4   6   4   1
1   5   10  10  5   1
```

【问题分析】

（1）如图所示的杨辉三角形是一个6×6方阵的左下三角形区域，可用二维数组存储杨辉三角形的数据。杨辉三角形的特征：第1列与主对角线的元素均为1，其余的数等于它肩上（正上方、左上方）的两个数之和。

（2）数据产生。观察需要输出的杨辉三角形，所有值为1的元素在第1列和主对角线上（行、列下标相等）。可表示为

```
for(i=0;i<n;i++)
{   yh[i][i]=1;    yh[i][0]=1; }
```

所有非1元素的值等于其两肩元素之和，若已知一个元素为a[i][j]，则有

```
yh[i][j]=yh[i-1][j-1]+yh[i-1][j]
```

只需要确定 i、j 的变化范围即可。

(3) 数据输出。以左下三角形形式输出杨辉三角形,可用外层循环控制输出的行数,内层循环控制输出的数据,数据间的间隔通过设置输出宽度实现。

**【编程实现】**

```c
#include <stdio.h>
#define N 10
void Yh_data(int yh[][N],int n);
void Yh_output(int yh[][N],int n);    //函数声明
int main()
{
    int yh_triangle[N][N],n;          //定义二维数组表示杨辉三角形
    printf("请输入杨辉三角形的行数(不超过%d): ",N);
    scanf("%d",&n);
    Yh_data(yh_triangle,n);           //调用子函数产生杨辉三角形的数据
    Yh_output(yh_triangle,n);         //调用子函数输出杨辉三角形
    return 0;
}
void Yh_data(int yh[][N],int n)
{
    int i,j;
    for(i=0;i<n;i++)                  //产生所有值为1的元素
    {
        yh[i][0]=1;                   //第1列值为1的元素
        yh[i][i]=1;                   //主对角线上值为1的元素
    }
    for(i=2;i<n;i++)
        for(j=1;j<i;j++)
            yh[i][j]=yh[i-1][j-1]+yh[i-1][j];      //产生非1元素
}
void Yh_output(int yh[][N],int n)
{
    int i,j;
    printf("以左下三角形输出杨辉三角形: \n");
    for(i=0;i<n;i++)                  //控制输出行数,共输出 n 行
    {
        for(j=0;j<=i;j++)             //控制每行输出元素:第 i+1 行输出 i+1 个元素
            printf("%4d",yh[i][j]);
        printf("\n");                 //换行输出下一行
    }
}
```

**【运行结果】**

```
请输入杨辉三角形的行数（不超过10）: 6
以左下三角形输出杨辉三角形:
   1
   1   1
   1   2   1
   1   3   3   1
   1   4   6   4   1
   1   5  10  10   5   1
请按任意键继续. . .
```

【延展学习】

(1) 以右下三角形输出杨辉三角形，输出每行的数据之前，需要先输出 n−i−1 个空格，以字符串的方式(%s)输出空格，且设置字符串的输出宽度与 数据的输出宽度相同，子函数代码如下：

```
void Yh_output(int yh[][N],int n)
{
    int i,j;
    printf("以右下三角形输出杨辉三角形：\n");
    for(i=0;i<n;i++)                    //控制输出行数
    {
        for(j=0;j<n-i-1;j++)
            printf("%4s"," ");          //输出每行的空格,输出时设置输出宽度
        for(j=0;j<=i;j++)               //控制每行输出的元素
            printf("%4d",yh[i][j]);     //输出每行的数据,设置与空格相同的输出宽度
        printf("\n");                   //换行输出下一行
    }
}
```

【运行结果】

```
请输入杨辉三角形的行数（不超过10）：6
以右下三角形输出杨辉三角形：
                        1
                    1   1
                1   2   1
            1   3   3   1
        1   4   6   4   1
    1   5  10  10   5   1
请按任意键继续. . .
```

(2) 以等腰三角形输出杨辉三角形，输出每行的数据之前，需要先输出 n−i−1 个空格，以字符串的方式(%s)输出空格，且设置字符串的输出宽度为 数据的输出宽度的一半，子函数代码如下：

```
void Yh_output(int yh[][N],int n)
{
    int i,j;
    printf("以等腰三角形输出杨辉三角形：\n");
    for(i=0;i<n;i++)                    //控制输出行数
    {
        for(j=0;j<n-i-1;j++)
            printf("%2s"," ");          //控制每行输出的空格,输出时设置输出宽度
        for(j=0;j<=i;j++)               //控制每行输出的元素
            printf("%4d",yh[i][j]);     //输出宽度是空格宽度的两倍
        printf("\n");                   //换行输出下一行
    }
}
```

【运行结果】

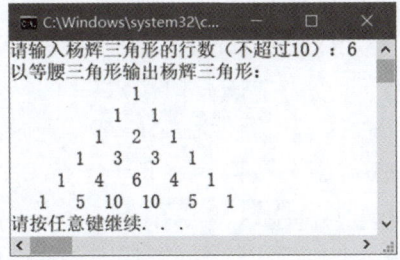

【例 7.13】 编程实现：求 N 阶方阵对角线上所有元素之和，对角线上交叉元素不重复计算。要求用子函数分别实现数据输入、求对角线元素和。

【问题分析】

用二维数组表示一个 N 阶方阵，主对角线上元素的行、列下标相同，即 i＝j；次对角线上元素的行、列下标之和等于 N－1。因此，在遍历数组的过程中，只需将下标满足 i＝＝j || i＋j＝＝N－1 的元素累加求和即可。

【编程实现】

```c
#include <stdio.h>
#define N 10
void Input(int a[][N],int n);
int Sum(int a[][N],int n);                    //函数声明
int main()
{
    int matrix[N][N],n;
    printf("请输入方阵的阶数(不超过%d): ",N);
    scanf("%d",&n);
    printf("请输入%d阶方阵的数据：\n",n);
    Input(matrix,n);                          //调用子函数输入方阵数据
    //调用子函数求对角线元素和,并输出调用结果
    printf("方阵对角线上所有元素和为：%d\n",Sum(matrix,n));
    return 0;
}
void Input(int a[][N],int n)
{
    int i,j;
    for(i=0;i<n;i++)
        for(j=0;j<n;j++)
            scanf("%d",&a[i][j]);             //输入二维数组元素
}
int Sum(int a[][N],int n)
{
    int i,j,sum=0;
    for(i=0;i<n;i++)
        for(j=0;j<n;j++)
            if(i==j||i+j==n-1)                //对角线元素下标
                sum=sum+a[i][j];              //求对角线元素之和
    return sum;                               //返回求和结果
}
```

【运行结果】

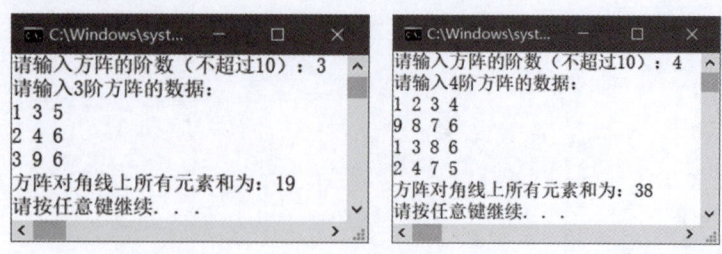

## 7.4 字符数组与字符串

字符串的存储课堂练习

### 7.4.1 字符串的存储

**字符串**是字符的序列,即一组字符。C 语言中用字符数组存储字符串。

**1. 字符数组定义**

字符数组定义格式如下:

char 数组名[常量表达式 1][常量表达式 2]…;

定义数组时,将数组类型说明为 char 类型就表示**字符数组**。数组名后面的方括号表示数组的维数,若只有一对方括号,表示一维字符数组,可存储一个字符串;若有两对方括号,表示二维字符数组,可存储多个字符串。例如:

char str[6]="China";                                    //定义一个一维字符数组并初始化
char cc[3][9]={"shanghai","chengdu","beijing"};        //定义一个二维字符数组并初始化

**2. 字符串的存储**

用字符数组存储字符串,系统会自动在字符串的后面附加一个转义字符'\0'(其 ASCII 码值为 0,是不可显示的字符,即"空"操作符)作为**字符串结束标志**。有结束标志'\0'才表示一个"字符串",即在遇到转义字符'\0'时,表示字符串结束,否则仅为存储在字符数组中的一个一个的字符元素。

定义一维字符数组:

char str[6]="China";

其存储结构如图 7.17 所示。

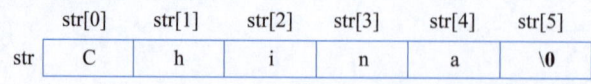

图 7.17 一维字符数组存储示意图

**字符串结束标志**'\0'在字符数组中占一个元素的存储空间,因此,长度为 n 的一维字符数组,能存储的字符串的最大长度为 n−1。例如:

```
char str[5] = "China";          //错误,字符数组 str 的长度应至少为 6
```

定义二维字符数组:

```
char cc[3][9] = {"shanghai", "chengdu", "beijing"};
```

它有 3 行 9 列,其中行数表示数组可存储的字符串数量,列数-1 表示每个字符串的最大长度,其存储结构如图 7.18 所示。

| | | | | | | | | | |
|---|---|---|---|---|---|---|---|---|---|
| cc[0] | s | h | a | n | g | h | a | i | \0 |
| cc[1] | c | h | e | n | g | d | u | \0 | |
| cc[2] | b | e | i | j | i | n | g | \0 | |

图 7.18　二维字符数组存储示意图

### 3. 字符数组初始化

字符数组在使用前,必须先定义,并可根据需要进行初始化。下面的代码给出一维字符数组的几种初始化方法。

```c
#include <stdio.h>
int main()
{
    char s1[ ]={'a','b','c','d','e','f','g'};
    char s2[ ]={'a','b','c','d','e','f','g','\0'};
    char s3[ ]="abcdefg";
    char s4[10]={'a','b','c','d','e','f','g'};
    printf("s1=%s\n",s1);
    printf("s2=%s\n",s2);
    printf("s3=%s\n",s3);
    printf("s4=%s\n",s4);
    return 0;
}
```

关于字符数组初始化的几点说明。

(1) s1 在定义时未指定数组长度,根据初始化的 7 个字符,确定数组长度为 7。由于没有字符串结束标志,故 s1 不构成字符串,只能逐个输出数组元素(字符)。若用字符串格式(%s)将 s1 作为整体输出,输出结果会出现乱码。

(2) s2 在定义时通过赋初值来确定数组长度,根据其赋值的情况,可确定 s2 的数组长度为 8。由于初值中有字符串结束标志'\0',故 s2 构成字符串,可作为整体输出。

(3) s3 在定义时用字符串常量进行初始化,由于编译器会自动在字符串常量的末尾添加字符串结束标志'\0',故字符数组 s3 的实际长度为 8,它也可作为整体输出。

(4) s4 在定义时指定了数组长度,但只初始化了部分数据。在高版本编译器中,如果字符数组初始化时只给部分元素赋值(此时数组的长度不能省略),其余元素由系统自动初始化为 0,而字符串结束标志'\0'的 ASCII 码值就是 0,故 s4 构成字符串。

## 7.4.2 字符串的输入/输出

字符串的输入/输出课堂练习

C 语言中对字符串的存取用字符数组来实现,以下 3 种方法可实现字符串的输入/输出。

**1. 逐字符输入/输出**

用下标法逐个输入字符数组的元素,然后逐个输出,输入/输出时格式控制符用%c,实现代码如下:

```
char str[21];
for(i=0;i<20;i++)
        scanf("%c",&str[i]);           //以字符形式逐个输入字符数组元素
for(i=0;i<20;i++)
        printf("%c",str[i]);           //以字符形式逐个输出字符数组元素
```

采用逐个字符输入的方法,存入字符数组中的只是若干字符,不是字符串,无法将其作为整体输出,无法使用字符串处理函数。若要构成字符串,还需在所有字符后存入字符串结束标志'\0',即在实现输入的 for 语句后增加一条语句:

```
str[i]='\0';
```

通常较少使用逐个字符输入的方法。

由于字符串的长度与字符数组的长度并不完全一致,因此也较少使用逐个输出字符的方法,而是借助字符串结束标志'\0',识别字符串是否结束,从而实现对字符串的输出,可用如下的 for 语句实现:

```
for(i=0;str[i]!='\0';i++)    //循环控制条件:判断当前元素是否为字符串结束标志
    printf("%c",str[i]);     //以字符形式逐个输出字符数组元素
```

**2. 整体输入/输出字符串**

在输入/输出时,使用格式控制符%s,可实现字符串的整体输入/输出。例如:

```
char str[20];
scanf("%s",str);
```

scanf()函数中,地址列表是数组名,数组名表示字符数组在内存中的首地址,不能在数组名前面加地址运算符&。输入字符串时,遇到空格、回车或制表符表示字符串输入结束,即输入的字符串不包含空格。

```
printf("%s",str);
```

整体输出字符串,直到遇到字符串结束标志为止。

**3. gets()函数和 puts()函数实现字符串输入/输出**

gets()函数和 puts()函数都是 C 语言的标准库函数,使用时必须在程序开头包含头文件 stdio.h。

(1) gets()函数。调用方法为:

```
gets(字符数组);
```

函数功能：接收从键盘输入的一个字符串(可以包含空格)并保存到字符数组中,该函数的返回值是字符数组在内存中的起始地址。

(2) puts()函数。调用方法为：

```
puts(字符数组);
```

函数功能：将字符数组中存储的字符串输出到屏幕,输出字符串后会自动换行。

【例 7.14】 编程实现：利用 gets()函数和 puts()函数实现字符串的输入/输出。

【编程实现】

```
1    #include <stdio.h>
2    #define N 20
3    int main()
4    {
5        char str[N];
6        printf("请输入一个字符串：\n");
7        gets(str);                //调用 gets()函数输入字符串(可包含空格)
8        printf("输入的字符串是：\n");
9        puts(str);                //调用 puts()函数输出字符串
10       return 0;
11   }
```

【运行结果】

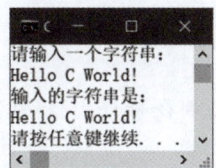

【关键知识点】

(1) gets()函数只能输入一个字符串;puts()函数只能输出一个字符串。下面的调用形式错误：

```
gets(str1, str2);           //只能有 1 个实参,多个实参导致函数调用错误
```

(2) gets()函数输入字符串,以回车键表示输入结束,但是不会将回车符作为字符串的一部分存储在字符数组中。代码第 9 行用 puts()函数输出字符串后会自动换行,因为 **puts()函数会将字符串结束标志'\0'转换为换行符'\n'输出**。

(3) gets()函数不会检查输入字符串的长度,若输入的字符串长度超过字符数组的长度,多出的字符会写到字符数组后面的内存区域,引起缓冲区溢出,导致程序错误,因此,在定义字符数组时,其长度应足够大。

**4. fgets()函数实现字符串输入**

fgets()函数实现字符串的输入,它会检查字符串长度。调用方法为：

```
fgets(数组名, N, stdin);
```

函数功能：fgets()函数从标准输入流 stdin 输入字符串，最多接收 N－1 个字符，余下 1 个存储空间用于存储字符串结束标志'\0'。接收到的字符串保存在由"数组名"指定的数组中。实际使用时，通常第 2 个参数不会直接写一个整型常量，而是写为 sizeof(数组名)。

例 7.14 也可用 fgets()接收字符串，将第 7 行改为：

```
fgets(str,sizeof(str),stdin);
```

如果从键盘输入的字符串长度小于 sizeof(数组名)－1，fgets()函数会将回车符作为字符串的一部分存储在字符数组中，用 puts()函数输出时会多一个空白行，如图 7.19 所示，若不想出现空白行，可将第 9 行改为：

```
printf("%s", str);
```

如果输入的字符串长度大于或等于 sizeof(数组名)－1，则只存储 sizeof(数组名)－1 个字符到字符数组中，不会存储回车符，故输出时不会出现多余的空行。

图 7.19　fgets()函数接收字符串，puts()函数输出字符串

### 7.4.3　常用的字符串处理函数

常用的字符串处理函数
课堂练习

C 系统函数库提供了很多字符串处理函数，要使用这些函数，必须在程序开头包含头文件 **string.h**。

**1. strlen()函数**

调用方法：

```
strlen(字符数组);
```

或

```
strlen(字符串常量);
```

函数功能：获得字符串的长度。函数返回值为字符串的<u>实际长度</u>，不包括字符串结束标志'\0'。例如：

```
char str[10]="chengdu";
printf("%d",strlen(str));
```

输出结果为：

```
7
```

**2. strcpy()函数**

调用方法：

```
strcpy(字符数组 1,字符数组 2);
```

或

```
strcpy(字符数组 1,字符串常量);
```

函数功能:将字符数组 2 中的字符串或字符串常量复制到字符数组 1 中,并覆盖字符数组 1 中原有的内容。函数调用的返回值是字符数组 1 在内存中的首地址。

说明:

(1) 字符数组 1 的长度必须足够大,以便容纳将被复制的字符串。字符数组 1 的长度不得小于字符数组 2 中的字符串长度。

(2) 字符数组 1 必须是数组名,字符数组 2 可以是数组名,也可以是一个字符串常量。例如:

```
char str[50]="china";
strcpy(str,"chengdu");        //将字符串常量复制到 str 中
puts(str);                    //输出复制结果
```

输出结果为:

```
chengdu
```

(3) 不能用赋值运算符将一个字符串常量或字符数组直接复制给另一个字符数组,只能用 strcpy()函数处理。例如:

```
char str[50];
str="chengdu";       //错误,str 是数组名,表示数组首地址(常量),不能对其赋值
```

### 3. strcat()函数

调用方法:

```
strcat(字符数组 1,字符数组 2);
```

或

```
strcat(字符数组 1,字符串常量);
```

函数功能:将字符数组 2 中的字符串或字符串常量连接到字符数组 1 的字符串后面,连接的结果放在字符数组 1 中,函数调用的返回值是字符数组 1 在内存中的首地址。

说明:

(1) 字符数组 1 必须足够大,以便容纳连接后的新字符串。

(2) 连接前两个字符串的后面都有一个'\0',连接时将字符串 1 后面的'\0'删除,只在新串后面保留一个'\0'。例如:

```
char str1[20]="Hello";
char str2[20]="Everyone";
strcat(str1,str2);            //连接后的结果存在 str1 中
puts(str1);                   //利用 puts 函数输出连接后的字符串
//上面两行代码也可修改为 puts(strcat(str1,str2));
```

输出结果为：

```
HelloEveryone
```

### 4. strcmp()函数

调用方法：

```
strcmp(字符数组 1,字符数组 2);
```

函数功能：比较字符数组 1 中的字符串和字符数组 2 中的字符串是否相同。该函数的两个参数，既可以是字符数组，也可以是字符串常量。

比较规则：对两个字符串从左到右逐个按字符的 **ASCII 码进行比较**，直到出现不同的字符或遇到'\0'为止。若全部字符相同，则认为两个字符串相等；若出现不相同的字符，则以第一个不相同字符的 ASCII 码比较结果为准，比较结果由函数值返回。

（1）若字符串 1＝＝字符串 2，函数值为 **0**。
（2）若字符串 1＞字符串 2，函数值为 **一个正整数**。
（3）若字符串 1＜字符串 2，函数值为 **一个负整数**。

例如：

```
char str1[20]="chengdu",str2[20]="chongqing";
int result=strcmp(str1,str2);
if(result==0)
    printf("相同!\n");
else if(result>0)
    printf("%s>%s\n",str1,str2);
else
    printf("%s<%s\n",str1,str2);
```

输出结果为：

```
chengdu<chongqing
```

### 5. strlwr()函数

调用方法：

```
strlwr(字符数组);
```

函数功能：将字符串中的大写字母转换为小写字母，转换结果保存在字符数组中。函数的返回值是字符数组在内存中的首地址。例如：

```
char str[]="Hello Everyone";
strlwr(str1);              //调用函数实现大写转小写
printf("%s\n",str1);       //输出转换结果
//上面两行代码也可修改为 printf("%s\n",strlwr(str));
```

输出结果为：

```
hello everyone
```

### 6. strupr()函数

调用方法：

```
strupr(字符数组);
```

函数功能：将字符串中的小写字母转换为大写字母,转换结果保存在字符数组中。函数的返回值是字符数组在内存中的首地址。

该函数的使用方法与 strlwr()函数一样。

### 7.4.4 应用案例

**【例 7.15】** 编程实现：从键盘输入一个字符串（包括空格），删除字符串中的空格，然后判断它是否为回文字符串。

**【问题分析】**

（1）回文字符串是指正读（从左往右）和反读（从右往左）都一样的字符串。

（2）去掉字符串中的空格。

若字符串初始状态如图 7.20 所示。

图 7.20 待判断的字符串（包括空格）

若字符数组中的元素 str[i]为空格,将其后方所有元素（包括字符串结束标志'\0'）依次往前移动一位,即可删除该空格。处理过程及结果如图 7.21 所示。

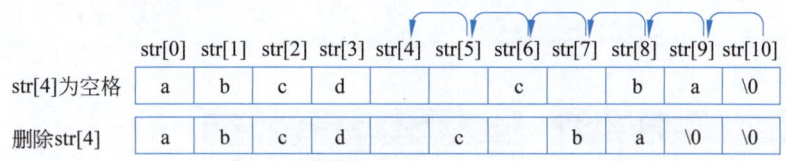

图 7.21 删除字符串中的一个空格

若字符串中有多个空格,重复上述操作,直到遇到字符串结束标志'\0'。

（3）判断是否为回文字符串。

判断字符串是否为回文串,可设置两个下标变量 i 和 j,i 为第 1 个字符的下标,其初值为 0;j 为最后一个有效字符（不包括'\0'）的下标,其初值为 strlen(str)−1。重复以下过程：比较 str[i]和 str[j]是否相同,若不相同,说明字符串不是回文串,处理结束；若相同,往后移动 i,即 i++,让它指向后一个元素,同时往前移动 j,即 j−−,让它指向前一个,继续比较 str[i]和 str[j],直到 i>j 结束,此时可知字符串是回文串。处理过程如图 7.22 所示。

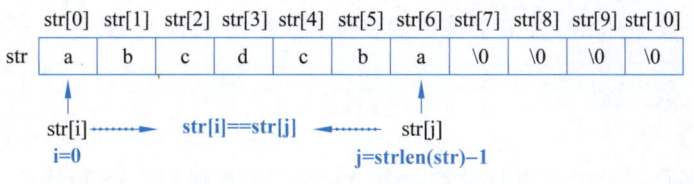

图 7.22 判断是否为回文字符串

【编程实现】

```
1    #include <stdio.h>
2    #include <string.h>
3    #define N 31
4    int main()
5    {
6        char str[N];
7        int i,j;
8        printf("请输入一个长度不超过%d的字符串：\n",N-1);
9        gets(str);                          //接收包括空格的字符串
10       for(i=0;str[i]!='\0';)              //利用字符串结束标志控制循环
11          if(str[i]==' ')                  //如果当前元素是空格
12             for(j=i;str[j]!='\0';j++)
13                str[j]=str[j+1];           //将其后方所有元素(包括'\0')依次前移一位
14          else
15             i++;                          //处理下一个字符
16       for(i=0,j=strlen(str)-1;i<=j;i++,j--)   //比较字符串对应位置的字符
17          if(str[i]!=str[j])               //不相同,字符串不是回文字符串
18             break;                        //结束比较
19       if(i>j)                             //所有对应位置元素都相同
20          printf("该字符串是回文字符串！\n");
21       else
22          printf("该字符串不是回文字符串！\n");
23       return 0;
24   }
```

【运行结果】

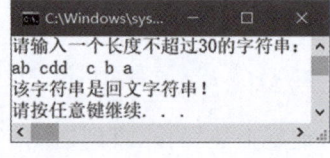

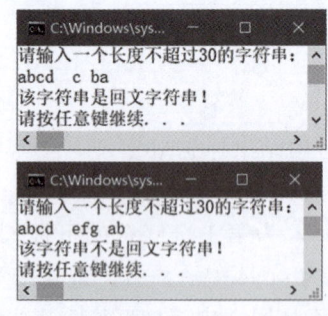

【关键知识点】

由于字符串的长度与字符数组的长度(N为字符数组的长度)并不完全一致，因此不能使用i<N-1判断字符串是否结束。常用的方法有两种：

（1）利用字符串结束标志'\0'，即 str[i]!='\0'，如代码第10行。

（2）利用函数 strlen() 获得字符串的长度，将第10行修改为：

```
for(i=0;i<strlen(str);)
```

【延展学习】

判断回文字符串时也可以只设置一个下标变量，将第16~18行修改为：

```
for(i=0;i<strlen(str)/2;i++)
    if(str[i]!=str[strlen(str)-i-1])
        break;
```

输出结果的判断条件,将第 19 行代码修改为:

```
if(i==strlen(str)/2)
```

【例 7.16】 编程实现:从键盘输入 24 字社会主义核心价值观并输出。
【问题分析】
利用二维字符数组存储核心价值观的内容,然后输出。
【编程实现】

```
#include<stdio.h>
#define N 4
#define M 31
int main()
{
    char str[N][M];        //该二维字符数组可保存 4 个字符串,每串长度不超过 15 个汉字
    int i;
    printf("请输入社会主义核心价值观的内容: \n");
    for(i=0;i<N;i++)       //控制接收的字符串的个数
        gets(str[i]);      //利用 gets()函数输入每个字符串
    printf("社会主义核心价值观: \n");
    for(i=0;i<N;i++)
        puts(str[i]);      //输出字符串
    return 0;
}
```

【运行结果】

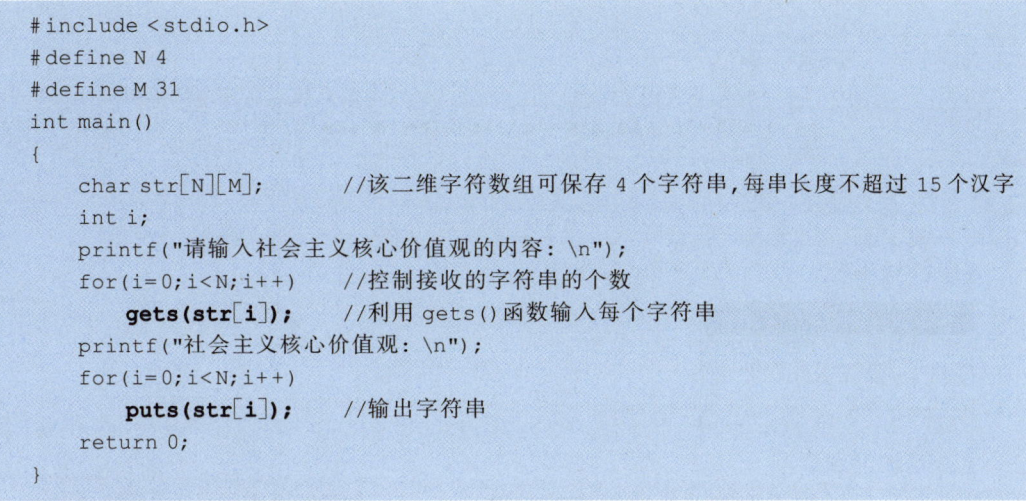

## 7.4.5 字符数组作为函数参数

可以用字符数组作函数的参数。用字符数组作函数的形参,数组名后面的方括号不能少,若是二维字符数组作形参,不能省略第二维(列)的长度。函数调用时需将数组名作为实参传递给函数,传递的是字符数组在内存中的首地址。

【例 7.17】 编程实现:输入一个字符串,用子函数统计字符串中字母的个数。

【编程实现】

```
1    #include <stdio.h>
2    #define N 51
3    int Char_num(char s[]);            //函数声明
4    int main()
5    {
6        char str[N];
7        printf("请输入字符串(长度不超过%d)：\n",N-1);
8        gets(str);
9        printf("字符串中共有%d个字母\n", Char_num(str));
10       return 0;
11   }
12   int Char_num(char s[])
13   {
14       int i,sum=0;
15       for(i=0;s[i]!='\0';i++)        //以字符串结束标志作为循环控制条件
16           if(s[i]>='a'&&s[i]<='z'||s[i]>='A'&&s[i]<='Z')     //元素为字母
17               sum++;
18       return sum;
19   }
```

【运行结果】

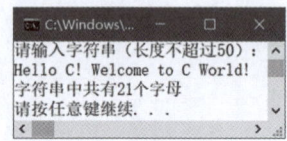

【关键知识点】

（1）gets()函数不检查输入字符串的长度，fgets()函数会检查输入的字符串长度，因此，可将代码第8行修改为：

```
fgets(str,sizeof(str),stdin);
```

（2）用一维字符数组作为函数形参，不需要传递数组长度，因为字符串最后有结束标志'\0'，可以通过检测 s[i]是否等于'\0'来判断字符串是否结束。也可以用字符串长度控制对字符串的访问，第15行可修改为：

```
for(i=0;i<strlen(str);i++)
```

【例7.18】 编程实现：从键盘输入多个字符串，找出其中最大的字符串。要求用子函数分别实现字符串输入、输出及寻找最大字符串。

【问题分析】

定义二维字符数组保存从键盘输入的多个字符串。利用字符串处理函数 strcmp()，对字符串进行两两比较，找出最大的字符串。

【编程实现】

```
#include <stdio.h>
#include <string.h>
```

```c
#define N 10
#define M 30
void Input_Str(char str[][M],int n);
void Output_Str(char str[][M],int n);
int Max_Str(char str[][M],int n);          //函数声明,二维字符数组作函数参数
int main()
{
    char str[N][M];
    int i,n,max;
    printf("请输入需要处理的字符串的个数：");
    scanf("%d",&n);
    printf("请输入%d个字符串：\n",n);
    Input_Str(str,n);                      //调用子函数输入多个字符串
    printf("输入的字符串分别为：\n");
    Output_Str(str,n);                     //调用子函数输出多个字符串
    printf("最大的字符串为：\n");
    max=Max_Str(str,n);                    //调用子函数获得最大字符串的行下标
    puts(str[max]);                        //输出最大字符串
    return 0;
}
void Input_Str(char str[][M],int n)        //输入多个字符串
{
    int i;
    for(i=0;i<n;i++)
        scanf("%s",str[i]);
}
void Output_Str(char str[][M],int n)       //输出多个字符串
{
    int i;
    for(i=0;i<n;i++)
        printf("str[%d]: %s\n",i,str[i]);
}
int Max_Str(char str[][M],int n)
{
    char temp[M];                          //定义一维字符数组,其长度应等于二维数组的列数
    int i,max=0;
    strcpy(temp,str[0]);                   //假设第1个字符串最大,将其复制到temp数组
    for(i=1;i<n;i++)                       //将第2个到最后一个字符串依次和temp比较
        if(strcmp(temp,str[i])<0)          //如果temp小于str[i]
        {
            strcpy(temp,str[i]);           //若找到更大的字符串,将其保存到temp中
            max=i;                         //记录行下标
        }
    return max;                            //返回最大串的行下标
}
```

【运行结果】

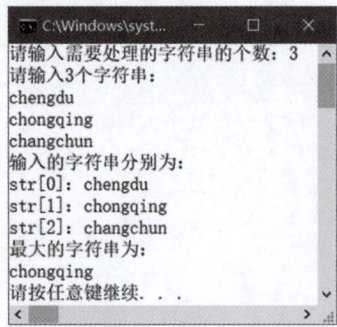

## 7.5 常见错误小结

| 常见错误示例 | 错误描述及解决方法 | 错误类型 |
| --- | --- | --- |
| int a[5]={1,2,3,4,5,6}; | 错误描述：提供的初值个数多于数组元素个数 | 编译错误 |
| int n;<br>scanf("%d",&n);<br>int a[n]; | 错误描述：定义变长数组 a，VS 系列编译器均不支持该特性 | 编译错误 |
| int a[5]={1,2,3,4,5};<br>printf("%d", a(2)); | 错误描述：引用数组元素时不能用圆括号，应用方括号，即 a[2] | 编译错误 |
| int a[5], i;<br>for(i=0;i<=5;i++)<br>    a[i]=i; | 错误描述：运行时错误"Stack around the variable 'a' was corrupted."（变量 a 周围的堆栈区被破坏了），即数组下标越界造成堆栈损坏<br>for 循环应写为：for (i=0;i<5;i++) | 运行时错误<br>（提示参见图 7.23） |
| int a[5]={1,2,3,4,5}, i;<br>for (i=0; i<=5; i++)<br>    printf("%-4d", a[i]);<br>printf("\n"); | 错误描述：输出结果出现一个多余的负数（-858993460），错误原因是引用数组元素时下标越界，访问到数组之外的其他空间的数据（垃圾数据）<br>for 循环应写为：for (i=0;i<5;i++) | —<br>（提示参见图 7.24） |
| int maxtrix[][]={1,2,3,4,5,6}; | 错误描述：定义二维数组时，不能省略列数，行数可省略<br>正确定义方法：int maxtrix[][3]={1,2,3,4,5,6}; | 编译错误 |
| int maxtrix[2][3]={{1,2,3},{4,5,6,7}}; | 初始值设定项太多，第 2 行提供的初值个数多于本行元素的个数 | 编译错误 |
| int matrix[2][3]={1,2,3,4,5,6};<br>printf("%d", matrix(1,1)); | 错误描述：引用数组元素时使用圆括号，且将行下标和列下标写在一个圆括号内<br>正确引用二维素组元素：matrix[1][1] | 编译错误 |

续表

| 常见错误示例 | 错误描述及解决方法 | 错误类型 |
| --- | --- | --- |
| int matrix[2][3]={1, 2, 3, 4, 5, 6};<br>printf("%d", matrix[1,1]); | 错误描述：引用数组元素时将行下标和列下标写在一个方括号内，编译时不会报错，编译器会将 matrix[1,1]解释为 matrix[1]<br>正确引用二维素组元素：matrix[1][1] | 运行时错误 |
| BubbleSort(a[],n); | 错误描述：函数调用时，实参数组名后面多了一对方括号。调用时实参为数组名，传递地址<br>正确调用方法：BubbleSort(a,n); | 编译错误 |
| BubbleSort(int a[],int n); | 错误描述：调用时，实参为数组名和数组实际长度。不能用形参列表的书写方式 | 编译错误 |
| int Input( int a[][], int n, int m); | 错误描述：二维数组作函数形参，可以省略第一维（行）的长度，不能省略第二维（列）的长度 | 编译错误 |
| char str[ ]={'a','b','c','d','e','f','g'};<br>printf("str=%s\n",str); | 错误描述：输出结果出现乱码。错误原因是字符数组中未存储字符串结束标志'\0'，不构成字符串，不能整体输出，只能用循环逐个输出字符数组的元素 | — |
| char str[10];<br>str="Hello C!"; | 错误描述：编译错误显示为："="：左操作数必须为左值。因为数组名 str 是字符数组在内存中的首地址，它是一个常量，不能作为左值 | 编译错误 |

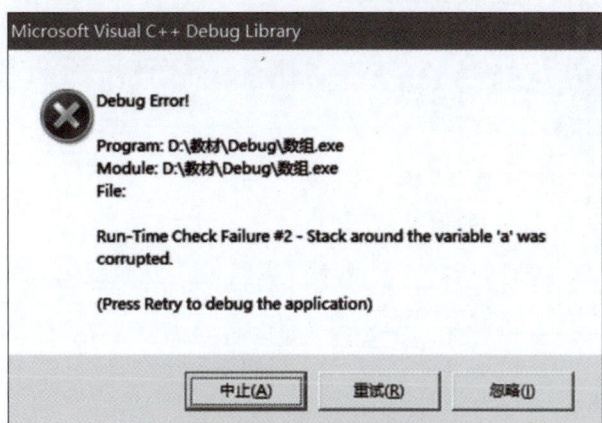

图 7.23 引用数组元素时下标越界

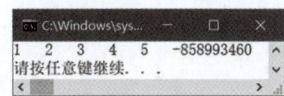

图 7.24 引用数组元素时下标越界

第 7 章 数组

## 7.6 练 习 题

一、单项选择题

1. 以下说法错误的是(　　)。
   A. 数组中的元素在某些方面彼此相关
   B. 数组中的所有元素具有相同的下标
   C. 数组中的所有元素具有相同的数据类型
   D. 数组中的所有元素在内存中存储时占据大小相同的存储空间

2. 关于一维数组下标的描述,错误的是(　　)。
   A. 按元素在数组中的位置进行访问,称为下标访问
   B. 长度为 n 的一维数组,其元素下标的范围为 0~n−1
   C. 数组元素的下标与元素在数组中的位置没有关系
   D. 下标是数组元素与数组起始位置的偏移量,它的初始值一般为 0

3. 设有

```
int n=5;
#define N 5
```

则以下一维数组定义语句中存在语法错误的是(　　)。
   A. int a[ ]={1,2,3};　　　　　　B. int a[N+1];
   C. int a[N];　　　　　　　　　　D. int a[n];

4. 执行以下语句后,a[5]的值是(　　)。

```
int a[10]; int i;
for(i=0;i<=9;i++)   a[i]=i;
for(i=0;i<=9;i++)   a[i]=a[9-i];
```

   A. 0　　　　　B. 4　　　　　C. 5　　　　　D. 6

5. 执行以下语句后,a[4]的值是(　　)。

```
int i, a[4]={1,2,3,4};
for( i=1;i<=4;i++)   a[i-1]=1;
```

   A. 4　　　　　B. 3　　　　　C. 1　　　　　D. 错误

6. 若有定义语句:

```
int a[10]={0,1,2,3,4,5,6,7,8,9};
```

则能够正确访问数组元素的是(　　)。
   A. a[10]　　　B. a[a[3]−5]　　　C. a[a[9]]　　　D. a[a[4]+6]

7. 若有定义语句:

```
int a[10]={1,2,3,4,5,6,7,8,9,10};
```

则对数组元素的访问错误的是(　　)。

　　A. a[10−2*3]　　B. a[2*a[2]]　　C. a[3a[0]]　　D. a[a[4]+4]

8. 若有定义语句：

int a[5]={1,2,3,4,5}, int b[5]={0};

则对数组元素的访问正确的是(　　)。

　　A. b[5]　　B. b[2*a[4]]　　C. a[2*b[4]]　　D. a[a[4]]

9. 关于语句：

int a[10]={1};

描述正确的是(　　)。

　　A. 数组除了第1个元素的值为1,其余所有元素均没有值

　　B. 数组第1个元素的值为1,其余所有元素的值均为0

　　C. 数组第1个元素的值为1,其余所有元素的值均为0.0

　　D. 定义错误,需要对所有数组元素逐一赋值

10. 执行以下语句后,数组 b 的所有元素初始值为(　　)。

```
#define N 5
int a[N]={1,2,3},b[N+1]={0},i;
for(i=0;i<N;i++)    b[i]=a[i];
```

　　A. {1,2,3}　　　　　　　　　　B. {1,2,3,0,0}

　　C. {1,2,3,0,0,0}　　　　　　　D. 赋值不成功

11. 对长度为 N 的线性表进行折半查找,其算法效率为(　　)。

　　A. $\log_2 N$　　B. N　　C. (N+1)/2　　D. N/2

12. 对长度为 N 的线性表进行顺序查找,在最坏情况下所需要的比较次数为(　　)次。

　　A. N+1　　B. N　　C. (N+1)/2　　D. N/2

13. 用一维数组作函数参数,函数调用正确的是(　　)。

　　A. max=Find_max(int a[], int n);

　　B. max=Find_max( a[], int n);

　　C. max=Find_max(a[], n);

　　D. Find_max(a, n);

14. 二维数组在内存中的存放顺序是(　　)。

　　A. 由编译器决定　　　　　　B. 由用户自己定义

　　C. 按行存放　　　　　　　　D. 按列存放

15. 若有定义语句：

int a[3][4]={0};

下列描述正确的是(　　)。

　　A. 只有元素 a[0][0]可得到初值0

B. 数组 a 中每个元素均可得到初值 0

C. 此定义语句不正确

D. 数组 a 中各元素都可得到初值,但其值不一定为 0

16. 下面初始化不正确的是(　　)。

　　A. int a[2][3]={1,2,3,4,5,6};

　　B. int a[][2]={7,8,9};

　　C. double a[][3]={1,2,3,4,5,6,7};

　　D. double a[3][2]={{1.5,2.0},{3.5},{5,6,7}};

17. 若有以下定义,则数组元素 a[3][1]的值是(　　)。

　　int a[][3]={{1,2},{3,2,4},{4,5,6},{1,2,3}};

　　A. 4　　　　　　B. 5　　　　　　C. 2　　　　　　D. 6

18. 若定义了一个 4 行 3 列的二维数组,则第 10 个元素(a[0][0]为第 1 个元素)是(　　)。

　　A. a[2][2]　　　B. a[2][3]　　　C. a[3][1]　　　D. a[3][0]

19. 以下对数组初始化的语句中,不正确的是(　　)。

　　A. int a[2][3]={1,2,3,4,5,6};

　　B. double a[3][3]={1,2,3,4,5,6,7,8,9,10};

　　C. int a[][2]={7,8,9};

　　D. double a[3][2]={{1.5,2.0},{3.5},{5,6}};

20. 以下二维数组的定义中,不正确的是(　　)。

　　A. int x[ ][ ];　　　　　　　　B. int x[ ][5]={{1,3},5,7};

　　C. int x[10][5];　　　　　　　D. int x[10][5]={0};

21. 用二维数组作为形参,以下函数声明正确的是(　　)。

　　A. void Input_Maxtrix( int a[][], int n);

　　B. void Input_Maxtrix( int a[][], int n, int m);

　　C. void Input_Maxtrix( int a[][3], int n, int m);

　　D. void Input_Maxtrix( int a[3][], int n, int m);

22. 用二维数组作为形参,以下函数调用正确的是(　　)。

　　A. Input_Maxtrix(a[][],n, m);

　　B. Input_Maxtrix(int a[][3], int n, int m);

　　C. Input_Maxtrix(a, n, m);

　　D. Input_Maxtrix(a[][3], n, m);

23. 以下数组定义错误的是(　　)。

　　A. char a[ ]="good";

　　B. ♯define N 5 char a[n]="good";

　　C. int n=5; char a[n]="good";

　　D. ♯define n 5 char a[n+2]="good";

24. 将两个字符串连接起来组成一个字符串时,用( )函数。
    A. strcat()　　　　B. strlen()　　　　C. strcpy()　　　　D. strcmp()

25. 用一维字符数组分别存储字符串 a 和 b,能够判断这两个字符串(分别用 a、b 表示)相等的操作为( )。
    A. if(a==b)　　　　　　　　　　B. if(strcmp(a,b))
    C. if(strcmp(a,b)==0)　　　　　D. if(strcmp(a,b)==1)

26. 执行以下语句后,输出的结果为( )。

```
#define N 20
char str[N]="Hello Everyone!";
printf("%d\n",strlen(str));
```

    A. 20　　　　　B. 13　　　　　C. 14　　　　　D. 15

27. 二维字符数组 char str[10][10]能够存储( )个字符串,每个字符串的最大长度为( )。
    A. 10,10　　　B. 10,9　　　C. 9,10　　　D. 9,9

## 二、判断题

1. 数组是具有一定顺序关系的若干相同类型数据的集合体。( )
2. int a[5]={1,2,3,4,5,6}是定义一维数组的正确语句。( )
3. 在 C 语言中,一维数组的大小可以在运行时动态改变。( )
4. 二维数组可以看成是由多个元素组成的一维数组,而每个元素又是一个一维数组。( )
5. 在 C 语言中,二维数组中的每个元素必须具有相同的数据类型。( )
6. 一维数组和二维数组在内存中的存储方式是连续的,二维数组通常按行存储。( )
7. 在 C 语言中,字符串是字符序列,可用字符数组存储字符串。一维字符数组存储1个字符串;二维字符数组存储2个字符串。( )
8. 在 C 语言中,字符串总是以空字符'\0'结束。( )
9. 在 C 语言中,可以直接使用比较运算符(==)来比较两个字符串是否相等。( )
10. max=Find_Max( int a[] ,int n)是调用函数的正确语句。( )

## 三、编程题

1. 编程实现:从键盘输入 n 个整数并存入一个一维整型数组中,数组长度 n 从键盘输入。将数组中的元素逆序存放并输出。输入/输出格式参见运行结果。

【运行结果】

```
请输入数组长度（不超过10）：8
请输入8个数组元素：
12 3 9 78 19 22 18 3
数组逆序存放的结果为：
3 18 22 19 78 9 3 12
请按任意键继续...
```

2. **编程实现**：从键盘输入 n 个整数并存入一维整型数组中，输入循环左移位数 m，将 n 个元素循环左移 m 位并输出。输入/输出格式参见运行结果。

【运行结果】

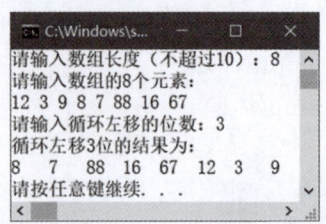

3. **编程实现**：从键盘输入 n 个整数并存入一维整型数组中，输入循环右移位数 m，将 n 个元素循环右移 m 位并输出。输入/输出格式参见运行结果。

【运行结果】

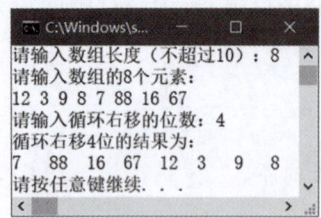

4. **编程实现**：求整数集合 a、b 的交集 c（由既在集合 a 中又在集合 b 中的元素构成的集合）。集合 a、b、c 分别用三个一维整型数组表示。输入/输出格式参见运行结果。

【运行结果】

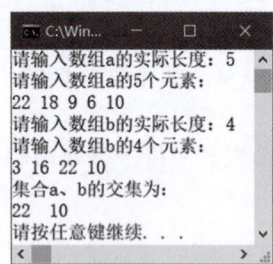

5. **编程实现**：求整数集合 a、b 的并集 c（由属于 a 或属于 b 的所有元素构成的集合）。集合 a、b、c 分别用三个一维整型数组表示。输入/输出格式参见运行结果。

【运行结果】

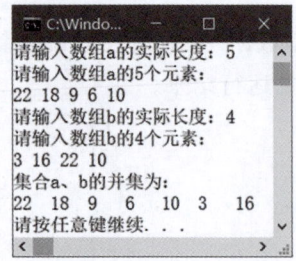

6. **编程实现**：将一维整型数组中所有相同的元素删到只剩下一个，要求<u>只能使用一个数组</u>。输入/输出格式参见运行结果。

【运行结果】

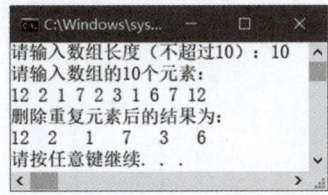

7. **编程实现**：自动产生 N 阶方阵的数据(N 的取值不超过 100)并存入二维整型数组中，数组元素的形成规律如下图(呈 S 形)。要求输出二维数组左下三角形区域的元素，输出形式如下图所示(呈等腰三角形)。输入/输出格式参见运行结果。

【运行结果】

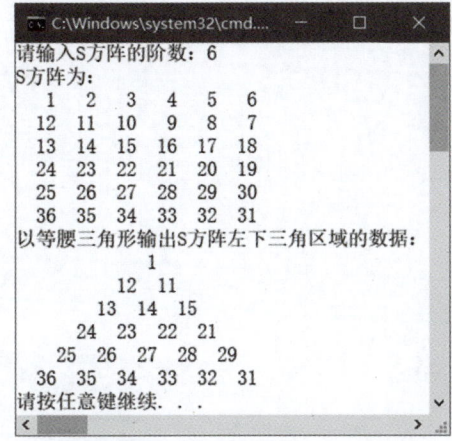

8. **编程实现**：从键盘输入 N 阶方阵(N 的取值不超过 100)的数据，并存入二维整型数组中。将每行的最大值与主对角线上元素交换，输出交换后的二维数组。输入/输出格式参见运行结果。

【运行结果】

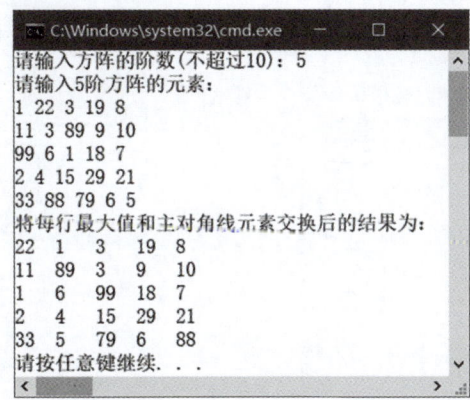

9. **编程实现**：对输入的一串字符信息(不超过 100 个字符)进行加密处理，加密规则为：将字母表看成首尾衔接的闭合环，遇大写字母用该字母后面的第 3 个小写字母替换，遇小写字母用该字母后面的第 3 个大写字母替换……其他字符不变。例如，字母 a 加密

后的结果为 D,字母 Y 加密后的结果为 b。输入/输出格式参见运行结果。

【运行结果】

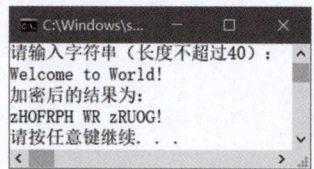

10. **编程实现**：从键盘输入多个字符串,要求将输入的字符串按由小到大的顺序输出。字符串排序可用冒泡排序法或选择排序法。输入/输出格式参见运行结果。

【运行结果】

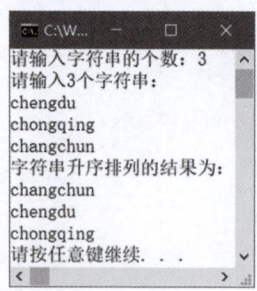

## 第7章练习题答案与解析

扫描二维码获取练习题答案与解析。

第7章 练习题答案与解析

# 第 8 章 指 针

【学习要点】

在了解指针和指针变量的基础上,学会通过指针引用数组元素解决实际问题,使用指针变量作为函数参数实现函数之间的地址传递,利用指针实现内存的动态分配。本章的学习要点如下:
- 指针与指针变量。
- 指针与一维数组。
- 指针与二维数组。
- 指针与函数。
- 动态数组。

## 8.1 指针与指针变量

指针与指针变量课堂练习

### 8.1.1 变量的内存地址

**1. 内存地址的概念**

为了方便对计算机内存空间的管理,将内存空间以字节为单位划分为若干内存单元(也称存储单元),每个内存单元有唯一的编号,该编号被称为内存单元的地址,通常用十六进制表示内存地址。

**2. 取地址运算符 &**

程序运行时,系统需要为变量分配内存空间(若干连续的内存单元),变量的类型不同,其所占内存空间的大小也不同。例如,在大多数情况下,int 型变量占 4 字节,double 型变量占 8 字节。变量的地址是指系统分配给变量的第一个内存单元的地址,即变量在内存中所占存储空间的首地址。变量对应的内存空间中存放的数据,称为变量的值。变量的名字即变量名,是用户编写程序时对内存空间的一种引用方式。

C 语言提供了取地址运算符 &,该运算符为单目运算符,用于得到变量的内存地址。

【例 8.1】 从键盘输入两个整数和一个字符,使用取地址运算符 & 得到各变量的地址,并输出各变量的值和地址。

【编程实现】

```
#include <stdio.h>
int main()
{
    int a, b;
    char c;
    printf("请输入两个整数和一个字符：");
    scanf("%d %d %c",&a,&b,&c);              //输入数据时以空格间隔
    printf("a 的值为%d,a 的地址为%p\n",a,&a);   //格式符%p 用于输出地址
    printf("b 的值为%d,b 的地址为%p\n",b,&b);
    printf("c 的值为%c,c 的地址为%p\n",c,&c);
    return 0;
}
```

【运行结果】

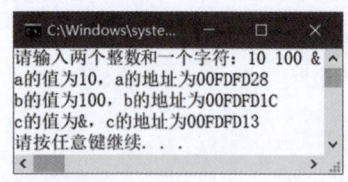

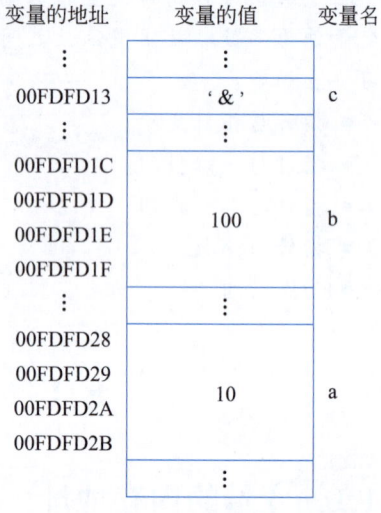

图 8.1　变量 a、b、c 的存储示意图

【关键知识点】

（1）内存单元的地址是一个十六进制的无符号整数。多次运行本程序，输出的地址不同，这是因为程序每次运行时，系统自动为变量分配内存空间，每次分配的存储单元的位置可能不同，导致变量的地址不同；运行结束时，系统自动回收内存空间。

（2）变量 a、b 在内存中分别占 4 字节，变量 c 占 1 字节。变量 a、b、c 在内存中的存储情况如图 8.1 所示。

## 8.1.2　指针变量的定义和初始化

### 1. 指针和指针变量的概念

在 C 语言中，变量的地址就是**指针**。存放变量的地址需要一种特殊类型的变量，这种特殊的数据类型就是指针类型。定义为指针类型的变量，称为**指针变量**。

指针变量也是变量，系统会为其分配内存空间，专门用于存放地址。若指针变量 pa 存放了变量 a 的地址，可形象地描述为：**指针变量 pa 指向变量 a**。通常会将指针变量简称为指针，但两者的真实含义并不一样。

### 2. 指针变量的声明

指针变量必须先定义（声明）后使用，指针变量定义的语法格式如下：

数据类型关键字　*指针变量名；

数据类型关键字代表指针变量所指向变量的数据类型,即指针变量的基类型。* 是指针变量定义符,定义其后的变量是一个指针变量。

例如:

```
int * pa;
```

该语句定义了一个指针变量 pa,它可以指向一个整型变量,即 pa 可以存放一个整型变量的地址。

例如:

```
int * pa, * pb;          //两个变量名前都必须加 *
```

该语句定义了两个具有相同基类型的指针变量 pa 和 pb,且 pa 和 pb 都可以指向整型变量。

### 3. 指针变量的赋值

指针变量的赋值方式有两种:

(1) 定义指针变量的同时对它进行初始化,格式如下:

```
数据类型关键字   * 指针变量=地址;
```

例如:

```
int a, * pa=&a;
```

表示定义整型变量 a,定义基类型为 int 的指针变量 pa,同时将 &a(变量 a 的地址)赋值给指针变量 pa,即指针变量 pa 指向整型变量 a。

```
int a, * pa=&a;           //等价于: int a, * pa;   pa=&a;
```

若改为:

```
int * pa=&a, a;
```

则会出现错误,因为对指针变量 pa 赋值时,系统还未给变量 a 分配内存空间,无法获取变量 a 的地址,所以 pa 初始化不成功。

(2) 先定义指针变量,然后通过赋值语句对指针变量进行赋值。格式如下:

```
指针变量名=地址;
```

例如:

```
double x=10.5, * px, * qx;
px=&x; qx=px;
```

上述语句执行完之后,指针变量 px、qx 中存放的都是 double 型变量 x 的地址,变量 x、px、qx 在内存中的存储情况如图 8.2 所示。

未初始化指针变量的值是随机的,无法预知其指向哪里,未赋值的指针变量被称为**野指针**。使用野指针是初学者易犯的错误,在不知道指针变量指向哪里的情况下,就对指针变量所指向的内存单元进行写操作,将会给系统带来潜在的风险,甚至导致系统崩溃。

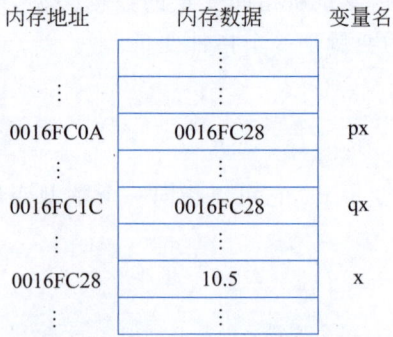

图 8.2　变量 x、px、qx 的存储示意图

对指针变量赋值需要注意以下几点：

（1）指针变量只能存放地址，可以存放变量的地址、数组的地址（数组名）、函数的地址（函数名）等。此外，指针变量可以初始化为 **0 或 NULL**，表示该指针变量不指向任何对象，被称为 <u>空指针</u>。NULL 是在头文件 stdio.h 中定义的宏常量，其值为 0。为了避免出现野指针，建议 <u>在定义指针变量时将其初始化为空指针</u>，例如：

```
int *pa=0, *pb=NULL;
```

（2）不能对常量或表达式进行取地址运算。例如：

```
int *p=&10, *q=&(x+y);
```

是错误的。

（3）内存由操作系统统一分配和回收，避免将一个内存地址直接赋给指针变量。例如：

```
float *pc=0X0012FA8B;
```

是不允许的。

（4）指针变量只能指向同一基类型的变量。例如：

```
double x=5.5;
int *pd=&x;
```

是错误的，因为 pd 只能指向整型变量，不能指向其他类型的变量。

## 8.1.3　变量的两种访问方式

**1. 直接访问**

变量获得内存空间的同时，变量名也就成为相应内存空间的名称，可以直接通过变量名访问其所标识的内存空间。变量的直接访问方式，就是 <u>通过变量名或者变量的地址</u> 直接对变量的存储单元进行访问，也称为 <u>直接寻址</u>。

例如：

```
int a;
scanf("%d", &a);              //通过变量地址直接访问变量 a,将输入的数据存入 a
printf("变量的值为: ",a);      //通过变量名直接访问变量 a,输出 a 的值
```

### 2. 间接访问

变量的间接访问方式,就是先通过指针变量获取变量的地址,然后再通过该地址去访问变量的值,该方式也称为间接寻址。

间接访问方式需要使用指针运算符 *（也称为间接寻址运算符）,用于获取指针变量所指向变量的值,指针运算符 * 是单目运算符。

例如：

```
int a,b=10,* p;      //* 为指针定义符,用于定义指向整型变量的指针变量 p
p=&a;                //指针变量 p 赋值为 a 的地址,即 p 指向整型变量 a
* p=20;              //间接访问：* 为指针运算符,* p 得到 p 指向的变量 a,等价于 a=20
a=a* b;              //* 为乘法运算符
```

注意指针定义符 *、指针运算符 *、乘法运算符 * 的区别：

(1) 在变量定义语句中,* 出现在变量名之前为指针定义符,表示定义其后的变量是指针变量；

(2) 在非变量定义语句中,* 作为单目运算符是指针运算符；作为双目运算符是乘法运算符。

## 8.2 指针与一维数组

### 8.2.1 数组名的特殊含义

数组作为一种复合数据结构,是由若干相同类型的数组元素构成的。一旦定义了数组,编译系统就会为该数组分配一块连续的内存空间用于存放数组元素,数组元素按照下标从小到大的顺序在内存中连续存放。

数组名代表存放数组元素的连续内存空间的首地址,是一个常量。例如,int a[10],定义长度为 10 的一维数组 a,系统为其分配 40 字节的连续内存空间,每个数组元素占 4 字节,数组名 a 代表一维数组的首地址,即第一个数组元素 a[0] 的地址 &a[0]。

### 8.2.2 用指针访问数组元素

用指针访问数组元素课堂练习

指针变量可以指向某个数组元素,即指针变量用于存放该数组元素的地址。数组元素的指针是该数组元素在内存中的地址,即该数组元素所占的第一个存储单元的地址；而数组的指针是数组在内存中的起始地址,即数组第一个元素所占的第一个存储单元的地址,又称数组的首地址。

## 1. 指向数组元素的指针

数组的每个元素均可视为一个简单变量,可以通过指针间接访问数组元素。定义指向数组元素的指针变量与定义指向简单变量的指针变量的方法相同。

例如:

```
int a[10], * p;
p=&a[0];                //p指向数组元素 a[0],a[0]的地址就是数组的首地址,等价于 p=a;
```

例如:

```
int a[10], * p=&a[9];   //p指向 a[9]
* p=8;                  //给指针变量 p 所指向的数组元素赋值,等价于 a[9]=8;
```

## 2. 指针的算术运算

若指针变量指向数组元素,可对其进行算术运算。**指针加上或减去整数 n**,表示该指针所指向的数组元素**向后**(内存单元地址大的方向)或**向前**(内存单元地址小的方向)第 n 个元素的地址。

例如:

```
int a[5], * p=&a[0];
```

则 a+1 或 p+1 指向 a[1],a+2 或 p+2 指向 a[2],…,**a+i 或 p+i 指向 a[i]**。通过指针运算符 * 可以得到指针所指向的数组元素,***(a+i)和 *(p+i)等价于 a[i]**。指针的算术运算如图 8.3 所示。

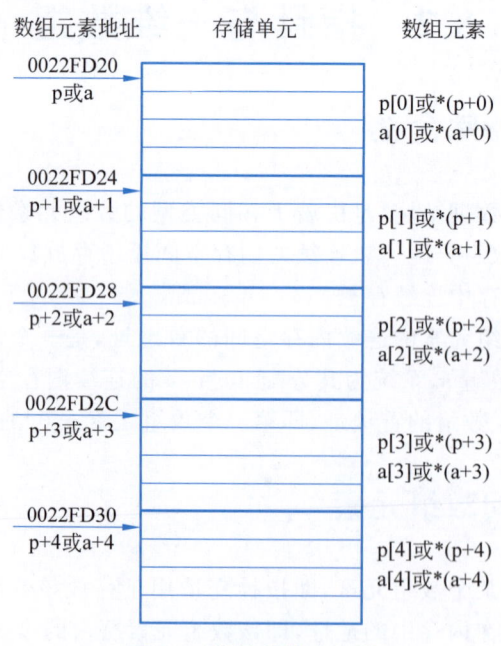

图 8.3 指针的算术运算

## 3. 指针变量的移动

指针变量的值可以发生变化,指针变量的值**增加 n**,表示指针变量从当前位置**向后移**

动 n 个数组元素位置；指针变量的值减少 n，表示指针变量从当前位置向前移动 n 个数组元素位置。通过指针的移动可以遍历数组元素。

例如：

```
int a[5], *p=a;      //a 为常量,始终指向 a[0];p 为变量,不同时刻指向不同数组元素
p=p+3;               //p 指向 a[3]
p--;                 //p 指向 a[2]
```

初始情况下，指针变量 p 指向 a[0]，增加 3 后 p 指向 a[3]，再自减 1 后 p 指向 a[2]，通过指针变量 p 的移动可以对不同的数组元素进行间接访问。指针变量的移动过程如图 8.4 所示。

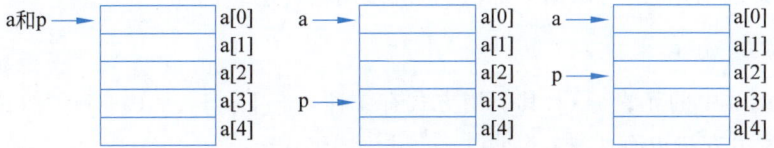

图 8.4 指针变量的移动过程

指针变量自增（++）、自减（--）运算速度很快，通过指针变量的移动（++或--）访问数组元素，可减少寻址时间，提高程序的执行效率。

例如，已知

```
int a[10], *p=a;
```

分别计算以下表达式。

（1）p++：使得 p 指向下一个数组元素，即 a[1]，此时用 *p 可以得到 a[1] 的值。

注意：p+1 和 p++ 本质上是两个不同的操作。p+1 并不改变 p 的值；而 p++，即 p=p+1，p 的值（地址）增加了 sizeof(p 的基类型)，基类型为 int，sizeof(int) 为 4，那么 p++ 就相当于地址增加 4，即 p 向后移动 4 字节，指向下一个整型数组元素。

（2）a++、a=a+2 都是非法表达式，因为 a 为数组名，表示数组的首地址，是常量，其值不能发生变化。

**4. 指针变量的关系运算**

指针变量可以用关系运算符比较大小。当两个指针变量指向同一个数组中的元素时，关系运算的结果表明这两个指针变量所指向数组元素的前后关系。指针变量可以和 0 或 NULL 进行等于或不等于的关系运算，判断该指针是否为空指针，例如，p==0 或 p!=NULL。

例如：

```
int a[5], *p1=NULL, *p2=NULL;    //p1 和 p2 为空指针,p1==NULL 和 p2==NULL 均为真
p1=a+2; p2=a+4;                  //p1 指向 a[2],p2 指向 a[4],p1<p2 为真
p1++; p2--;                      //p1 指向 a[3],p2 指向 a[3],p1==p2 为真
```

指针的关系运算如图 8.5 所示。

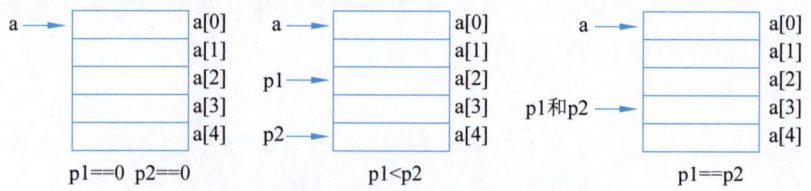

图 8.5　指针的关系运算

### 8.2.3　指针操作一维数组

数组元素的引用,既可以用下标法,也可以用指针法。例如:

int a[10], * p=a;

对于数组 a 中的元素 a[i],其引用方式有 4 种:a[i]、p[i]、*(a+i)、*(p+i)。元素 a[i]的地址表示方法也有 4 种:&a[i]、&p[i]、a+i、p+i。

【例 8.2】　使用多种方法分别实现一维数组的输入、求和、求最大值、求最小值和逆序输出。

【问题分析】

定义数组 a 和指针变量 p:

int a[10], * p=a;

本例用多种方法访问数组元素,实现数组的基本操作。

(1) 使用数组名下标法 a[i]访问数组元素,实现数组元素的输入。

(2) 使用数组名的算术运算和指针运算 *(a+i)访问数组元素,实现数组元素的求和。

(3) 使用指针变量的算术运算和指针运算 *(p+i)访问数组元素,实现求最大值。

(4) 使用指针变量下标法 p[i]访问数组元素,实现求最小值。

(5) 通过指针变量的移动(p——)遍历数组,使用 * p 访问数组元素,实现数组的逆序输出。

【编程实现】

```
1    #include <stdio.h>
2    #define N 50
3    int main()
4    {
5        int n,i,a[N],sum=0,max,min;
6        int * p=a;
7        printf("请输入数组元素个数(<=50): ");
8        scanf("%d",&n);
9        printf("请输入%d个数组元素: ",n);
10       for(i=0;i<n;i++)              //方法1:输入
11           scanf("%d",&a[i]);
12       for(i=0;i<n;i++)              //方法2:求和
```

```
13            sum+= * (a+i);
14            printf("数组元素之和为: %d\n",sum);
15            max= * p;                              //方法 3: 求最大值
16            for(i=1;i<n;i++)
17                if( * (p+i)>max)
18                    max= * (p+i);
19            printf("数组最大值为: %d\n",max);
20            min=p[0];                              //方法 4: 求最小值
21            for(i=1;i<n;i++)
22                if(p[i]<min)
23                    min=p[i];
24            printf("数组最小值为: %d\n",min);
25            printf("逆序输出这%d个数组元素: ",n);
26            for(p=a+n-1;p>=a;p--)                  //方法 5: 逆序输出
27                printf("%d ", * p);
28            printf("\n");
29            return 0;
30        }
```

【运行结果】

```
请输入数组元素个数（<=50）: 10
请输入10个数组元素: 1 2 3 4 5 6 7 8 9 10
数组元素之和为: 55
数组最大值为: 10
数组最小值为: 1
逆序输出这10个数组元素: 10 9 8 7 6 5 4 3 2 1
请按任意键继续...
```

【例 8.3】 用指针法实现一维数组的逆序存储。

【问题分析】

从键盘输入 n 个整数，存入一维数组 a 中，将第一个元素和最后一个元素交换，第二个元素和倒数第二个元素交换……，直至所有对应元素完成两两交换。可定义变量 i＝0（从小到大）、j＝n－1（从大到小）遍历数组元素的下标，当 i<j 时，交换元素 a[i]和 a[j]，每完成一组数据的交换，则 i＋＋、j－－。在程序中通过指针法实现数组元素的访问。

【编程实现】

```
1     #include <stdio.h>
2     int main()
3     {
4         int a[50],n,i,j,temp, * p;
5         printf("请输入元素个数: ");
6         scanf("%d",&n);
7         printf("请输入%d个整数: ",n);
8         for(p=a;p<a+n;p++)              //移动指针 p 遍历数组 a
9             scanf("%d",p);              //从键盘输入一个整数，存入 p 指向的内存空间
10        p=a;                             //回溯指针让 p 重新指向 a[0]
11        for(i=0,j=n-1;i<j;i++,j--)       //循环中 p 一直指向 a[0]
12            temp= * (p+i), * (p+i)= * (p+j), * (p+j)=temp; //a[i]与 a[j]交换数据
13        printf("逆序存储后数组元素为: ");
14        for(p=a;p<a+n;p++)               //移动指针 p 遍历数组 a
15            printf("%d ", * p);
16        printf("\n");
17        return 0;
18    }
```

【运行结果】

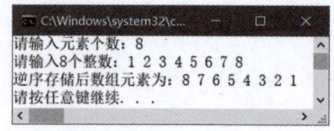

【关键知识点】

（1）代码第 8 行移动了指针变量 p，若需再次使用该指针变量访问数组元素，一定要将指针变量重新指向数组首地址，见第 10 行。

（2）在访问数组元素的过程中，下标 i+j 始终等于 n-1，因此下标 j 可表示为 n-1-i，可删除变量 j，将第 11～12 行修改为：

```
for(i=0;i<n/2;i++)
    temp=*(p+i),*(p+i)=*(p+n-1-i),*(p+n-1-i)=temp;
```

（3）除了上述方法外，还可以使用两个指针变量 p 和 q，通过它们的移动遍历数组元素，实现数组元素 *p 和 *q 的交换，即将第 4 行修改为 int a[50]，n，temp，*p，*q；将第 11～12 行修改为：

```
for(p=a, q=a+n-1; p<q; p++, q--)       //循环过程中移动 p 和 q
    temp=*p, *p=*q, *q=temp;
```

【例 8.4】 用指针法实现数组元素的循环右移。

【问题分析】

从键盘输入右移的位数 m，将 n 个数组元素循环右移 m 位后输出。

将数组元素右移 1 位的处理过程为：首先将数组最后一个元素 a[n-1] 保存在变量 temp 中，然后将元素 a[n-2]～a[0] 依次往后移动 1 位，最后将 temp 的值写入第 1 个元素 a[0]，这样就完成了右移 1 位的操作。若要循环右移 m 位，只需要重复 m 次右移操作即可。由于每右移 n 次，数组就回到初始状态，所以，若 m>n 则可将次数优化为 **m%n**。

算法的 N-S 流程图如图 8.6 所示。

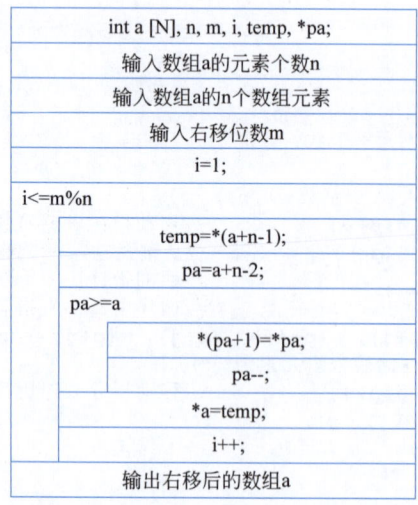

图 8.6 例 8.4 算法的 N-S 流程图

【编程实现】

```
1    #include <stdio.h>
2    #define N 10
3    int main()
4    {
5        int a[N],n,m,i,temp,*pa;
6        printf("请输入数组的实际长度: ");
7        scanf("%d",&n);
8        printf("请输入%d个数据: ",n);
9        for(pa=a;pa<a+n;pa++)                //指针移动
10           scanf("%d",pa);
11       printf("请输入循环右移的位数: ");
12       scanf("%d",&m);
13       pa=a;                                //指针回溯,pa 重新指向 a[0],必不可少!
14       for(i=1;i<=m%n;i++)                  //外循环执行 m%n 次
15       {
16           temp=*(a+n-1);                   //保存最后一个元素
17           for(pa=a+n-2;pa>=a;pa--)         //移动指针 pa,遍历其他元素
18               *(pa+1)=*pa;                 //其他元素依次右移一位
19           *a=temp;                         //将 temp 赋值给首元素
20       }
21       printf("循环右移%d位后的结果为: ",m);
22       for(pa=a;pa<a+n;pa++)
23           printf("%d ",*pa);
24       printf("\n");
25       return 0;
26   }
```

【运行结果】

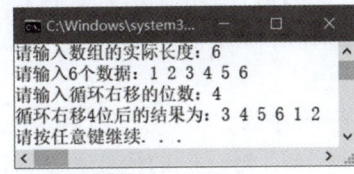 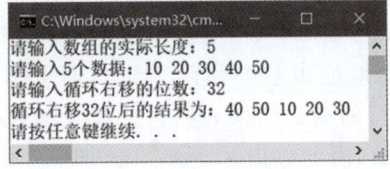

【关键知识点】

代码第 9、17、22 行的 for 语句,都是通过指针变量的移动遍历数组,每次使用指针变量 pa 前,都需要为其赋值。

【延展学习】

读者可尝试修改本题代码,实现数组元素的循环左移。

【例 8.5】 演示 *p++、*(p++) 和 (*p)++ 的区别。

```
1    #include <stdio.h>
2    int main()
3    {
4        int a[5]={8,6,5,2,4},*p=a;
5        printf("数组首地址: %p\n",p);
6        printf("*p++的值: %d\n",*p++);
```

第 8 章 指针

```
7        printf("执行*p++后,p的值：%p\n\n",p);
8        p=a;
9        printf("*(p++)的值：%d\n",*(p++));
10       printf("执行*(p++)后,p的值：%p\n\n",p);
11       p=a;
12       printf("(*p)++的值：%d\n",(*p)++);
13       printf("执行(*p)++后,p的值：%p\n",p);
14       printf("执行(*p)++后,a[0]的值：%d\n",a[0]);
15       return 0;
16   }
```

【运行结果】

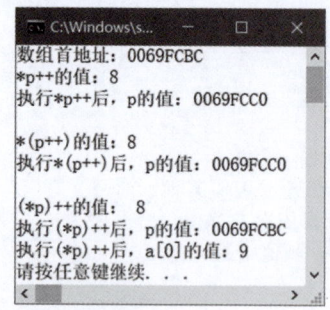

【关键知识点】

(1) 多次运行本程序,输出的地址都不相同,但输出的4个地址中,第1个和第4个一定相同,第2个和第3个一定相同,且第2个比第1个大4。

(2) 代码第6、7行与第9、10行的输出结果相同,表明 *p＋＋等价于 *(p＋＋),由于后置＋＋的优先级高于指针运算符 *,故可省略圆括号。该表达式的运算顺序为：先使用p的原值(数组首地址)进行指针运算(*p),得到a[0]的值,因此输出8,然后p自增1,指向下一个数组元素(即a[1]),从第7行的输出结果可以看出p的当前值为006FFB3C,与数组首地址相差4字节,表明此时p指向a[1]。

(3) 第12~14行的输出结果表明,(*p)＋＋的运算顺序为：先对p进行指针运算(*p),得到a[0]的值,因此输出8,然后*p(即a[0])自增1,因此a[0]的值变为9。该表达式执行完之后,p的指向不变,仍然指向a[0]。

(4) 通过以上分析可知,若想表示数组元素的值自增1,(*p)＋＋的圆括号不能省略。

【延展学习】

(1) 读者可修改例8.5,通过运行结果分析*p－－和(*p)－－的区别。

(2) *＋＋p等价于*(＋＋p),因为前置＋＋和指针运算符*的优先级相同,并且都具有右结合性。假设p现在指向a[0],则该表达式的运算顺序为：p先自增1指向下一个数组元素a[1],再通过*p得到a[1]的值,即表达式的值为a[1]的当前值。

(3) ＋＋*p等价于＋＋(*p),假设p现在指向a[0]且a[0]的值为8,则该表达式的运算顺序为：先通过*p得到a[0]的值,然后a[0]自增1,从8变为9,即表达式的值为a[0]的当前值9。p的指向不变,仍然指向a[0]。

## 8.3　指针与二维数组

指针与二维数组课堂练习

指针变量可以指向二维数组的元素，二维数组的指针无论在概念上还是在使用上，都比一维数组的指针更为复杂。

### 8.3.1　二维数组的行地址和列地址

可以将一个二维数组看成由若干一维数组构成的。若有二维数组的定义：

```
int a[3][4];
```

其逻辑存储结构如图 8.7 所示。

|  | 列下标0 | 列下标1 | 列下标2 | 列下标3 |
|---|---|---|---|---|
| 行下标0 | a[0][0] | a[0][1] | a[0][2] | a[0][3] |
| 行下标1 | a[1][0] | a[1][1] | a[1][2] | a[1][3] |
| 行下标2 | a[2][0] | a[2][1] | a[2][2] | a[2][3] |

图 8.7　二维数组的逻辑存储结构

首先，二维数组 a 可以看成由 3 个元素 a[0]、a[1]、a[2] 组成的一维数组（即将每一行看作一个元素），而每个元素 a[0]、a[1]、a[2] 又是一个一维数组。

a 是数组名，代表第一个元素 a[0] 的地址（&a[0]）；a+1 表示首地址之后第一个元素的地址，代表元素 a[1] 的地址（&a[1]）；同理 a+2 表示首地址之后第二个元素的地址，代表元素 a[2] 的地址（&a[2]）。即 **a 与 &a[0] 等价，a+1 与 &a[1] 等价，a+2 与 &a[2] 等价**。通过这些地址就可以引用各元素的值了，例如，*(a+0) 或 *a 即为元素 a[0]，*(a+1) 即为元素 a[1]。

**注意**：这里所谓的元素 a[i] 或 *(a+i) 事实上仍然是地址，而非具体的数据值。

可以将数组 a 的 3 个元素 a[0]、a[1]、a[2] 分别看成由 4 个整型元素组成的一维数组的数组名。例如，**a[0]** 可以看成由元素 **a[0]**[0]、**a[0]**[1]、**a[0]**[2] 和 **a[0]**[3] 组成的一维数组的数组名，a[0] 代表该一维数组第一个元素 a[0][0] 的地址，即 a[0] 与 &a[0][0] 等价。a[0]+1 则代表元素 a[0][1] 的地址，即 &a[0][1]。对地址进行指针运算可以得到其所指向的数组元素，例如，*(a[0]+0) 即为元素 a[0][0]，*(a[0]+1) 即为元素 a[0][1]，以此类推。

为了描述更为简洁直观，本节直接使用行下标和列下标标识二维数组元素，比如用"**0 行 0 列**"表示"**第 1 行第 1 列**"的数组元素。

二维数组中常见的表示形式、含义及其对应的地址如表 8.1 所示。

a[i] 即 *(a+i) 可以看成一维数组 a 的下标为 i 的元素，同时又可以看成由 a[i][0]、a[i][1]、a[i][2]、a[i][3] 元素组成的一维数组的数组名，代表一维数组 a[i] 即 *(a+i) 的第 1 个元素 a[i][0] 的地址（&a[i][0]）。而 a[i]+j 即 *(a+i)+j 则代表一维数组 a[i]

中下标为 j 的元素的地址,即 a[i][j] 的地址(&a[i][j])。

表 8.1 二维数组中常见的表示形式

| 表 示 形 式 | 含 义 | 地址 |
| --- | --- | --- |
| a | 二维数组名,数组首地址,0 行首地址 | &a[0][0] |
| a[0],*(a+0),*a | 0 行 0 列元素地址 | &a[0][0] |
| a+1 | 1 行首地址 | &a[1][0] |
| a[1],*(a+1) | 1 行 0 列元素地址 | &a[1][0] |
| a+2 | 2 行首地址 | &a[2][0] |
| &a[1][2],a[1]+2,*(a+1)+2 | 1 行 2 列元素地址 | &a[1][2] |
| a[1][2],*(a[1]+2),*(*(a+1)+2) | 1 行 2 列元素 | a[1][2] |

对二维数组 a 的 i 行 j 列元素的 4 种等价表示为:a[i][j]、*(a[i]+j)、*(*(a+i)+j)、(*(a+i))[j]。

**二维数组名 a 是行地址**(0 行地址),则 **a+i 代表二维数组 a 的 i 行地址**,即行地址 a+i 指向 i 行。

**a[i] 是列地址**(i 行 0 列地址),则 **a[i]+j 代表二维数组 a 的 i 行 j 列地址**,即列地址 a[i]+j 指向 i 行 j 列。

a 是二维数组名,是行地址;a[0]、a[1]、a[2] 是一维数组名,是列地址。可以形象地把二维数组的行地址比作一个宾馆客房所在的楼层号(如 a,a+1,…,a+i),把二维数组的列地址比作一个宾馆客房的房间号(如 a[i],a[i]+1,…,a[i]+j)。

二维数组的行地址和列地址示意图如图 8.8 所示。

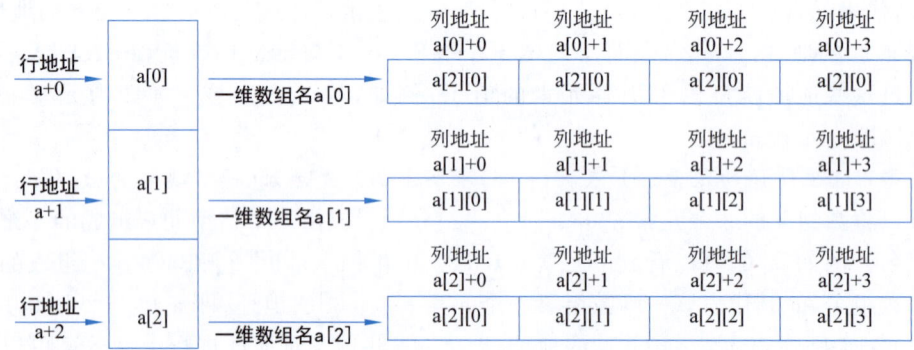

图 8.8 二维数组的行地址和列地址示意图

## 8.3.2 指针操作二维数组

二维数组有两种指针:一种是行指针,使用二维数组的行地址进行初始化;另一种是列指针,使用二维数组的列地址进行初始化。

**1. 二维数组的行指针**

二维数组的行指针指向的对象是地址,即**指向指针的指针**,二维数组名是**行指针**。定

义二维数组的行指针变量的一般格式为:

类型说明符 (*指针变量名)[长度];

例如:

```
//定义二维数组 a,省略了行数(3 行)
int a[ ][4]={58,96,83,75,63,89,76,93,71,89,70,42};
int (*p)[4] =a;      //定义并初始化指向二维数组 a 的行指针变量 p,圆括号不可省略
```

上面第二行代码也可改为:

```
int (*p)[4];        //先定义行指针变量 p
p=a;                //再给 p 赋值,等价于 p=&a[0];
```

上述语句定义了一个指向二维数组 a 的行指针变量 p,*表明 p 是一个指针变量,[]中的 4 表示行指针所指向的一维数组的长度为 4,不可省略。指针变量 p 是一个指向二维数组的行指针,它所指向的二维数组的每一行有 4 个元素。p 的初值指向 a[0],p+1 指向 a[1],……,p+i 指向 a[i];行指针 p+i 指向的对象是一维数组名 a[i],p 的增值以一维数组的长度为单位,即二维数组每行元素所占据的内存空间字节数。

需要特别强调的是:由于[]的运算级优先级高于*,而此处需要先解释*,说明 p 是一个指针变量,所以()不能省略! 若写成 int *p[4],等价于 int *(p[4]),p 就成了一个指针数组(每个数组元素用于存放一个指针),而不是二维数组的行指针。

行指针 a 和 p 均为指向地址的指针,通过行指针 p 引用二维数组 a 的元素 a[i][j]的方法有以下 4 种等价的形式:**p[i][j]、*(p[i]+j)、*(*(p+i)+j)、(*(p+i))[j]**。

**在定义和使用二维数组的行指针时,必须指定其所指向的一维数组的长度(即二维数组的列数)**,且不能用变量指定列数。对该行指针执行自增(或自减)操作时,指针是沿着二维数组逻辑行的方向移动的,每次增减的字节数为**二维数组的列数*数组元素所占的字节数**。

显然,定义二维数组时不指定列数,则无法计算行指针移动的字节数,所以在定义二维数组时,一定不能缺省列数。

二维数组行指针自增操作如图 8.9 所示。

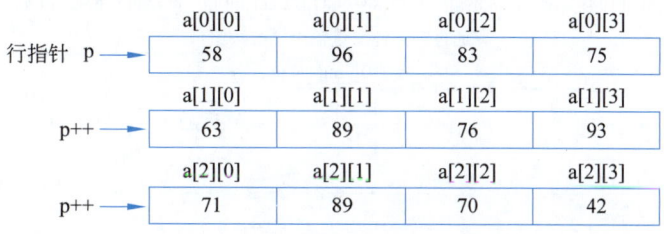

图 8.9 二维数组行指针自增操作

**2. 二维数组的列指针**

二维数组的列指针指向的对象为二维数组的元素,列指针和指向简单变量的指针变量的定义方法是一样的,例如:

```
int *p;
```

对于指向二维数组的列指针 p 进行初始化的方法是：**p＝a[0]**；或 **p＝*a**；或 **p＝&a[0][0]**；

假定二维数组每行有 n 个数组元素。由于 p 代表数组的 0 行 0 列的地址，从数组的 0 行 0 列寻址到 i 行 j 列，中间需要跳过 i*n+j 个元素，因此 p+i*n+j 代表数组 i 行 j 列元素的地址，即 &a[i][j]；对 i 行 j 列元素的地址进行指针运算，得到 i 行 j 列数组元素，即 *(p+i*n+j)、p[i*n+j]、a[i][j] 三者是等价的。

**注意**：不能用 p[i][j] 表示二维数组 a 的数组元素 a[i][j]，这是因为 p 是列指针、而 a 是行指针。在**定义列指针时**，并未将这个数组看成二维数组，而是**将二维数组等同于一维数组看待**，即将其看作具有"行数*列数"个元素构成的一维数组。

对列指针执行自增（或自减）操作时，指针沿着二维数组逻辑列的方向移动，每次操作移动二维数组元素所占的字节数。二维数组列指针的移动如图 8.10 所示。

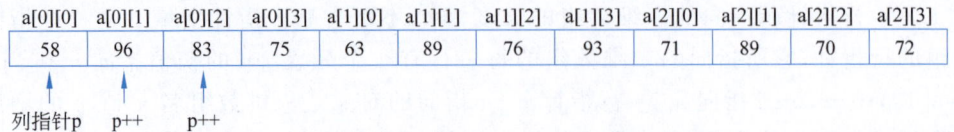

图 8.10 二维数组列指针的移动

当使用列指针访问数组元素时，由于二维数组的列数只用于计算元素的地址偏移量，因此可用形参变量指定数组元素的总数（或者行、列数）。二维数组的列指针经常用作函数参数，以实现当二维数组的行列数需要动态指定的场合。

【例 8.6】 利用二维数组的列指针变量输出整型二维数组的所有元素，并求出最大值及最大值所在的行下标和列下标。

【问题分析】

定义一个二维数组 a 和列指针变量 p，通过列指针 p 的移动访问数组元素。为了找到数组的最大元素，可假设第 1 个元素为默认最大值，然后将其余元素依次和当前最大值比较，若有更大的元素，则记录其行、列下标。最后输出数组的最大值及最大值所在的行下标和列下标。算法的 N-S 流程图如图 8.11 所示。

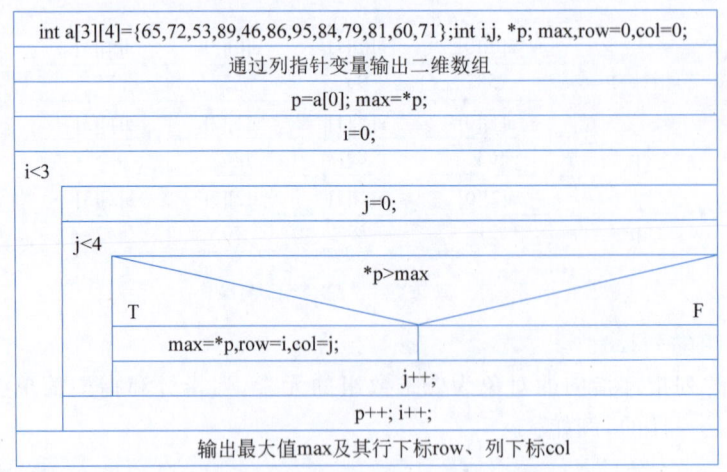

图 8.11 例 8.6 算法的 N-S 流程图

【运行结果】

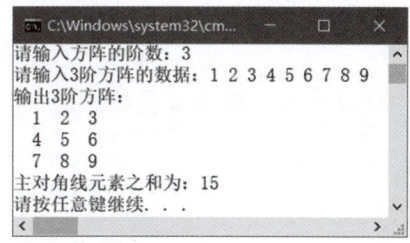

【关键知识点】

(1) 代码第 6 行定义了一个行指针变量 p,用于指向元素个数为 N 的一维数组。

(2) 第 10、14 行的 for 语句中,指针变量 p 的初值指向二维数组 a 的第 1 行(行下标为 0),终值指向第 n 行(行下标为 n−1),每循环一次通过 p++ 移动指针变量 p 指向二维数组的下一行。

## 8.4 指针与函数

指针与函数
课堂练习

### 8.4.1 函数的参数传递

C 语言中形参与实参有两种参数传递方式:值传递和地址(指针)传递。

**1. 值传递**

值传递又称值调用。实参与形参结合时直接将实参的值传递给形参。形参为简单变量,实参为常量或已赋值的简单变量。

值传递为单向传递,形参一旦获得了值便与实参脱离关系,此后无论形参发生怎样的改变,都不会影响到实参。

值传递的优点是:增强函数自身的独立性,减少主调函数与被调函数之间的数据依赖。

值传递的缺点是:每次调用只能通过 return 向主调函数返回值,且仅有一个返回值,有时显得不够用。

**2. 地址传递**

地址传递主要有以下两种形式。

(1) 简单变量的地址传递。

实参是地址(指向简单变量的指针或指针变量),而形参是指针变量。发生函数调用时,将主调函数的实参(地址)传递给被调函数的形参(指针变量),使实参和形参指向相同的内存单元。

被调函数可以通过形参间接访问主调函数的简单变量,从而改变主调函数中简单变量的值。

(2) 数组的地址传递。

实参是数组的地址,形参是指针变量或数组。指针变量或数组作为函数的形参,参数的传递方式为地址传递；在函数调用时将实参地址传递给形参，形参与实参都指向同一个数组（值为数组首地址），因此被调函数中对形参数组的修改将直接作用于主调函数中的实参数组。

使用地址传递操作数组，可以实现在被调函数中操作主调函数的批量数据。

## 8.4.2 简单变量的地址传递

使用地址传递操作简单变量，一般实参是某一变量的地址，或者指向某一变量的指针变量，而形参为指针变量。希望通过被调函数的形参操作主调函数中实参指向的变量，可考虑选择地址传递完成形参和实参的结合。

【例 8.8】 定义子函数实现两个整数的升序排列，要求：所有输入、输出均在主函数中完成。

【问题分析】

主函数：从键盘输入两个整数、调用子函数、输出两个整数 a 和 b；
子函数：实现两个变量的升序排列。

【编程实现 1】（值传递方式）：

```
1    #include <stdio.h>
2    void Ascend(int m,int n);
3    int main()
4    {
5        int a,b;
6        printf("请输入两个整数：");
7        scanf("%d%d",&a,&b);
8        Ascend(a,b);                   //实参为简单变量
9        printf("按先小后大的顺序输出：%d %d\n",a,b);
10   }
11   void Ascend(int m,int n)           //形参为简单变量
12   {
13       int t;
14       if(m>n)
15           t=m,m=n,n=t;               //交换 m 和 n 的值
16   }
```

【运行结果】

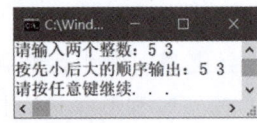

【关键知识点】

从运行结果可以看出，a 和 b 的值并没有交换成功，最终得到了错误的运行结果。其原因是：实参 a 的值传递给形参 m，a 和 m 是不同的变量，占用不同的内存空间（b 和 n 同理），一旦完成了参数传递，形参和实参便脱离关系，之后对形参所做的任何修改（代码第 15 行交换了形参 m 和 n 的值），都不会影响实参的值。

【编程实现 2】（地址传递方式）：

```
1   #include <stdio.h>
2   void Ascend(int *pa,int *pb);
3   int main()
4   {
5       int a,b;
6       printf("请输入两个整数：");
7       scanf("%d%d",&a,&b);
8       Ascend(&a,&b);                      //实参为变量的地址
9       printf("按先小后大的顺序输出：%d %d\n",a,b);
10  }
11  void Ascend(int *pa,int *pb)            //形参为指针变量
12  {
13      int t;
14      if(*pa>*pb)
15          t=*pa,*pa=*pb,*pb=t;            //交换 pa 指向变量和 pb 指向变量的值
16  }
```

【运行结果】

```
请输入两个整数：5 3
按先小后大的顺序输出：3 5
请按任意键继续. . .
```

【关键知识点】

（1）代码第 11 行，子函数 Ascend() 的两个形参分别定义为指针变量 pa 和 pb，在 main() 函数中进行函数调用时（见第 8 行），实参 &a（变量 a 的地址）传递给形参 pa，完成了形参指针变量 pa 的定义和初始化 int *pa=&a；即指针变量 pa 指向变量 a，因此 *pa 等价于 a，同理，*pb 等价于 b。在子函数中通过 *pa 和 *pb 实现对 main() 函数中的变量 a 和 b 的间接访问。第 15 行交换了 *pa 和 *pb，等价于交换了变量 a 和 b 的值。

（2）地址传递将实参（变量的地址）传递给形参（指针变量），从而使得形参和实参指向相同的变量，在被调函数中可以使用形参指针、通过间接访问方式修改主调函数相应变量的值，从而让主调函数得到修改后的数据。

（3）若被调函数仅有一个结果数据返回给主调函数，可以考虑选择值传递方式，通过 return 将结果返回给主调函数；若有两个及以上的结果数据返回给主调函数，则需要采用地址传递方式，使用指针变量做形参，这也是指针变量的一个重要应用。

## 8.4.3 数组的地址传递

若需要在函数之间传递一组数据，通常会将这组数据存放在数组中，将数组地址传递给被调函数，在被调函数中使用数组或指针变量作为函数的形参。主调函数负责数据的输入、调用子函数、结果的输出，被调函数负责对数组中的数据进行处理和操作。

使用地址传递操作数组，可以实现在被调函数中操作主调函数的批量数据，通常实参是数组的地址，而形参是指针变量或数组。

将数组作为参数传递时,应注意以下几点。

(1) 形参是数组或指针变量,实参是数组的地址。通常会用数组名作为实参,代表数组的首地址。

(2) 发生函数调用时,将实参数组的地址传递给形参数组或指针变量。形参数组和实参数组共同占用同一段内存空间,在被调函数中修改形参数组元素的值,将直接作用于实参数组(或在被调函数中通过形参指针操作实参数组)。

(3) 实参数组与形参数组的类型应保持一致。

(4) 若形参数组是一维数组,通常会省略其长度。数组的长度(元素个数)需要通过单独的整型参数传递。即函数头通常类似 void Sort(int a[ ], int n)的形式,其中的参数 n 用于接收数组的长度。若在函数定义时指定了形参数组的长度,编译器会忽略。

(5) 若形参数组是二维数组,通常会省略第一维的长度,但第二维的长度不能省略。二维数组的行数通过单独的整型参数传递。即函数头通常类似 void Sort(int a[ ][5], int n)的形式,其中的 5 表示二维数组的列数,参数 n 用于接收二维数组的行数。

例如,已知以下定义或声明语句:

```
int a[10];
int * q=a;
void Sort( int * p , int n);
//被调函数原型,也可以是 void Sort( int p[ ], int n);
```

则以下函数调用语句是等价的:

```
Sort(a,10);
```

或者

```
Sort(q,10);
```

或者

```
Sort(&a[0],10);
```

【例 8.9】 从键盘输入一个整数数列,调用子函数使用冒泡排序算法将整数数列按升序排序。

【问题分析】

主函数从键盘输入一组无序数据存入一维数组,调用子函数完成排序,输出排序以后的数据序列。定义子函数完成冒泡法排序。

采用数组作为子函数的形参,子函数算法可参考例 7.7。

【编程实现】

```
1    #include <stdio.h>
2    #define N 50
3    void Sort(int a[],int n);
4    int main()
5    {
6        int data[N],i,n;
```

```
7       printf("请输入数列中整数的个数(<=50): ");
8       scanf("%d",&n);
9       printf("请输入%d个整数: ",n);
10      for(i=0;i<n;i++)
11          scanf("%d",&data[i]);
12      Sort(data,n);
13      printf("升序排序以后的数列为: ");
14      for(i=0;i<n;i++)
15          printf("%d ",data[i]);
16      printf("\n");
17      return 0;
18  }
19  void Sort(int a[],int n)                      //数组作形参
20  {
21      int i,j,t;
22      for(i=0;i<n-1;i++)
23          for(j=0;j<n-i-1;j++)
24              if(a[j]>a[j+1])
25                  t=a[j],a[j]=a[j+1], a[j+1]=t;    //交换 a[j]和 a[j+1]
26  }
```

【运行结果】

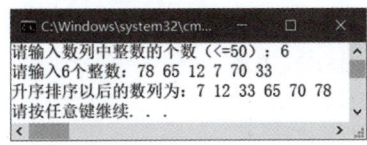

【关键知识点】

(1) 代码第 12 行的函数调用语句,实参为数组名 data,表示将数组首地址传递给形参 a,所以实参数组 data 和形参数组 a 实际上对应同一段内存空间,在子函数中修改 a[j] 的值,相当于修改了 data[j] 的值,所以在子函数 Sort() 中完成的排序操作,在 main() 函数中同样可以获取排序结果。

(2) 子函数 Sort() 通过第一个形参仅能获取数组首地址,无法获取元素的个数,所以需要通过第 2 个形参 n 接收元素的个数。

(3) 本例也可采用指针变量作为函数的形参,可将第 19~26 行代码替换为:

```
void Sort(int * p,int n)                //指针变量作形参
{
    int i,j,t=0;
    for(i=0;i<n-1;i++)
        for(j=0;j<n-i-1;j++)
            if( * (p+j) > * (p+j+1))       //也可写成 if(p[j]>p[j+1])
                t= * (p+j), * (p+j)= * (p+j+1), * (p+j+1)=t;
}
```

(4) 一维数组做函数形参时,因为它只起到接收数组首地址的作用,所以会发生数组类型到指针类型的隐式转换。即使将形参声明为一维数组,它也将退化为指针,系统仅为

其分配指针所占的内存空间,并不为形参数组分配额外的内存空间,而是让形参数组共享实参数组所占的内存空间。因此用一维数组做函数形参与用指针变量作函数形参本质上是一样的,因为它们接收的都是数组的首地址,都需要按照此地址对实参数组元素进行间接寻址,因此在被调函数中既能以下标形式也能以指针形式访问数组元素。

动态数组
课堂练习

## 8.5 动态数组

### 8.5.1 C语言的内存映像

一个编译后的 C 语言程序获得并使用三块在逻辑上不同且用于不同目的的内存储区,如图 8.13 所示。

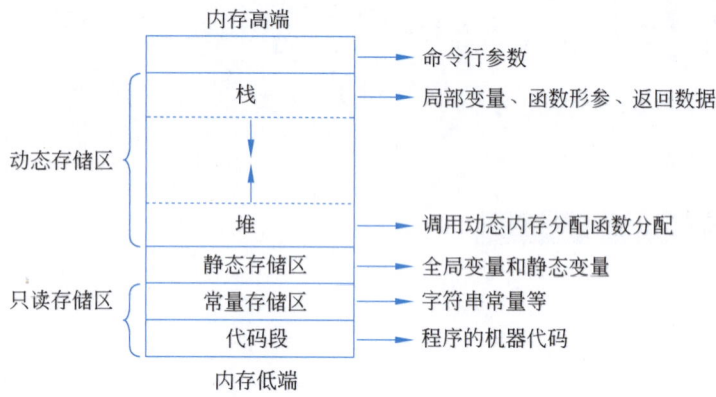

图 8.13 C语言的内存映像

从内存低端(低地址部分)开始,依次为:
(1) 只读存储区,存放程序的机器代码和字符串常量等只读数据。
(2) 静态存储区,用于存放程序中的全局变量和静态变量。
(3) 动态存储区,又分为堆和栈两部分。堆从低地址开始使用,栈从高地址开始使用。栈用于保存函数调用时的返回数据、函数的形参、局部变量及 CPU 的当前状态等程序的运行信息;堆是一个自由存储区,编程时可以利用 C 语言的动态内存分配函数来使用它。

### 8.5.2 变量的内存分配方式

**1. 在静态存储区分配**

程序中的全局变量和静态变量都在静态存储区上分配内存,且在程序编译时就已经分配好,在程序运行期间始终占据这些内存。当程序运行结束时,操作系统才收回这部分内存空间。

#### 2. 在栈上分配

当函数被调用时，系统在栈上为该函数中的形参及局部变量自动分配内存，函数执行结束时自动释放这些内存。栈内存分配运算内置于处理器的指令集之中，效率很高但容量有限。若往栈中压入的数据超出预先给栈分配的容量，那么就会出现栈溢出，从而使得程序运行失败。

#### 3. 在堆上分配

程序运行期间，用动态内存分配函数申请的内存都是从堆上分配的。动态内存的生存期由程序员决定，使用灵活，但容易出现内存泄漏等问题，需要及时调用 free() 函数释放已经不再使用的内存空间。

## 8.5.3 动态内存分配函数

本节将介绍与动态内存分配及回收相关的函数，使用这些函数，需要包含头文件 stdlib.h。

#### 1. malloc() 函数

malloc() 函数用于分配一段连续的内存空间，其函数原型为：

```
void * malloc(unsigned int size);        //有返回值函数,返回值类型为 void *
```

其中，size 表示向系统申请内存空间的大小，单位为字节。若系统不能提供足够的内存单元，该函数将返回空指针 NULL。若内存分配成功，该函数将返回一个标识该内存空间首地址的指针，该指针的类型为 void *。void * 是 ANSI C 新标准中增加的一种指针类型，具有一般性，称为通用指针或者无类型指针，通常用于声明基类型未知的指针变量，即定义一个指针变量，但未指定该指针变量的基类型。

若要将 malloc() 函数的返回值赋值给某个指针变量，则需将返回值强转为该指针变量的基类型，然后再进行赋值操作。

例如：

```
int * pi=NULL;
pi=(int *)malloc(4);
```

其中，malloc(4) 表示申请一块大小为 4 字节的内存空间，(int *) 表示将函数返回值的 void * 类型强转为 int * 类型、之后再赋值给指针变量 pi，让指针变量 pi 指向这块新申请的内存空间。

在不同的平台上，同样的数据类型占用的字节数可能不同，因此，为了提高程序的可移植性，通常使用 sizeof() 计算某数据类型占用的字节数，并将其作为 malloc() 函数的参数。

例如：

```
int * pi=NULL;
pi=(int *)malloc(sizeof(int));
```

表示向系统申请一个 int 型变量的内存空间。

例如，以下代码表示向系统申请 n 个(n 的值从键盘输入)double 型变量的内存空间，相当于创建了具有 n 个元素的 double 型动态一维数组。

```
int n;
double *pd=NULL;
scanf("%d", &n);
pd=(double *)malloc(n*sizeof(double));
```

### 2. calloc()函数

calloc()函数用于给若干同一类型的元素分配连续的内存空间并赋初值为 0，其函数原型为：

```
void *calloc(unsigned int num,unsigned int size);
//有返回值函数,返回值类型为 void *
```

相当于声明了一个动态一维数组。其中，第 1 个参数 num 表示向系统申请的内存空间的数量，决定了一维数组的长度，第 2 个参数 size 表示申请的每个空间的字节数，确定了数组元素的类型，而函数的返回值就是分配的内存空间的首地址，相当于数组首地址。

函数调用成功，返回一个 void * 类型的指针，标识分配的内存空间的首地址，否则返回空指针 NULL。若要将函数的返回值赋值给某个指针变量，需要将其强转为指针变量的基类型，然后再进行赋值操作。例如：

```
float *pf=NULL;
pf=(float *)calloc(10,sizeof(float));
```

表示向系统申请 10 个 float 型元素的内存空间，并用指针 pf 标识该连续内存空间的首地址，系统申请的内存字节数为 10 * sizeof(float)，相当于使用以下语句：

```
pf=(float *)malloc(10*sizeof(float));
```

与 malloc()函数不同，calloc()函数能自动将分配的内存空间初始化为 0。因此从安全角度考虑，使用 calloc()函数更为明智。

### 3. free()函数

free()函数的功能是释放向系统动态申请的内存空间，其函数原型为：

```
void free(void *p);
```

该函数无返回值，唯一的形参 p 是由 malloc()函数或 calloc()函数申请内存时返回的地址。该函数执行后，将以前分配的由指针 p 指向的内存空间返还给系统，以便由系统重新支配。

函数调用格式：

```
free(p);              //释放 p 指向的内存空间
```

### 4. realloc()函数

realloc()函数用于改变原来分配的内存空间的大小，其原型为：

```
void *realloc(void *p,unsigned int size);
```

该函数的功能是将指针 p 所指向的内存空间的大小修改为 size 字节,函数返回值是新分配的内存空间的首地址,与原来分配的首地址不一定相同。

由于动态内存分配的内存空间是无名的,只能通过指针变量去引用它,所以一旦改变了指针的指向,原来分配的内存及数据也就随之丢失了。因此不要轻易改变该指针变量的值。

### 8.5.4 动态一维数组

【例 8.10】 编程输入某班学生的某门课成绩,计算并输出平均分。要求:采用动态存储分配,为一维数组分配内存空间。

【问题分析】

使用 malloc() 函数为一维数组分配内存空间,使用 free() 函数释放内存空间。

【编程实现】

```
1   #include <stdio.h>
2   #include <stdlib.h>            //动态分配内存相关函数定义于 stdlib.h
3   void InputArray(int *p,int n);
4   double Average(int *p,int n);
5   int main()
6   {
7       int *p=NULL,n;
8       double aver;
9       printf("请输入学生人数: ");
10      scanf("%d",&n);            //输入学生人数 n
11      p=(int *)malloc(n*sizeof(int)); //向系统申请 n 个 int 型数据的内存空间
12      if(p==NULL)                //当 p 为空指针时,结束程序
13      {
14          printf("动态内存分配失败!\n");
15          exit(1);               //退出整个程序的执行
16      }
17      printf("请输入%d 位学生的课程成绩: \n",n);
18      InputArray(p,n);           //调用子函数输入学生成绩
19      aver=Average(p,n);         //调用子函数计算平均分
20      printf("课程的平均成绩为: %.1f\n",aver);
21      free(p);                   //释放向系统申请的内存
22      return 0;
23  }
24  void InputArray(int *p,int n)
25  {
26      int i;
27      for(i=0;i<n;i++)
28          scanf("%d",p+i);       //p+i 等价于 &p[i]
29  }
30  double Average(int *p,int n)
31  {
32      int i,sum=0;
33      for(i=0;i<n;i++)
34          sum=sum+*(p+i);        //*(p+i)等价于 p[i]
35      return (double)sum/n;      //向主调函数返回 n 名学生的平均成绩
36  }
```

【运行结果】

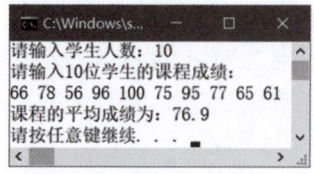

【关键知识点】

（1）代码第 11 行,向系统申请 n 个 int 型数据的内存空间,用指针变量 p 指向这块连续的内存空间,相当于建立了一个动态一维数组。

（2）第 12～16 行语句并非可有可无,由于堆空间有限,动态分配内存后,检查内存是否分配成功是非常有必要的。

（3）第 18～19 行进行函数调用时,将动态一维数组的首地址 p 传递给形参 p(两者可同名、也可不同名),在子函数中通过形参 p 即可寻址实参数组中的元素;第 28 行用 p+i 表示下标为 i 的数组元素的地址;第 34 行用 *(p+i) 表示下标为 i 的数组元素。

（4）第 21 行的 free(p);用于释放不再使用的动态内存空间。若漏写本语句,可能会造成内存泄露,给系统安全带来隐患。

### 8.5.5 动态二维数组

【例 8.11】 编程输入 m 门课程、n 位同学的成绩,计算并输出平均分。要求:m 和 n 由键盘输入。采用动态存储分配为二维数组分配内存空间。

【问题分析】

使用 calloc() 函数为二维数组分配空间,使用 free() 函数释放内存空间。

【编程实现】

```
1   #include <stdio.h>
2   #include <stdlib.h>                    //动态分配内存相关函数定义于 stdlib.h
3   void InputArray(int *p,int m,int n);
4   double Average(int *p,int m,int n);
5   int main()
6   {
7       int *p=NULL,m,n;                   //定义指针变量 p 并初始化为空指针
8       double aver;
9       printf("请输入课程门数: ");
10      scanf("%d",&m);                    //输入课程门数 m
11      printf("请输入学生人数: ");
12      scanf("%d",&n);                    //输入每班学生人数 n
13      p=(int *)calloc(m*n,sizeof(int));  //向系统申请动态内存
14      if(p==NULL)
15      {
16          printf("动态内存分配失败！\n");
17          exit(1);
18      }
```

```
19      InputArray(p,m,n);                    //调用子函数输入学生成绩
20      aver=Average(p,m,n);                  //调用子函数计算平均分
21      printf("%d门课程%d名学生的平均成绩为：%.1f\n",m,n,aver);
22      free(p);                              //释放向系统申请的内存
23      return 0;
24   }
25   void InputArray(int *p,int m,int n)      //第一个形参为指向二维数组的列指针
26   {
27      int i,j;
28      for(i=0;i<m;i++)                      //m门课程
29      {
30         printf("请输入课程%d共%d个学生的课程成绩：\n",i+1,n);
31         for(j=0;j<n;j++)                   //n个学生
32            scanf("%d",&p[i*n+j]);          //输入i行j列元素值
33      }
34   }
35   double Average(int *p,int m,int n)       //第一个形参为指向二维数组的列指针
36   {
37      int i,j,sum=0;
38      for(i=0;i<m;i++)                      //m门课程
39      {
40         for(j=0;j<n;j++)                   //n个学生
41            sum=sum+p[i*n+j];               //将i行j列元素累加到sum
42      }
43      return (double)sum/(m*n);             //将平均分返回主调函数
44   }
```

【运行结果】

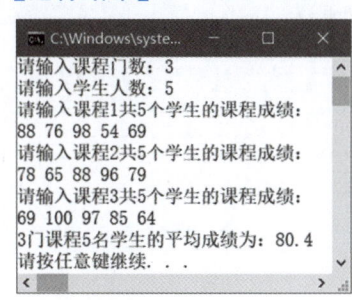

【关键知识点】

（1）代码第13行向系统申请m×n个int型内存空间，并用int型指针变量p指向这段内存空间，相当于建立了一个m行n列的动态二维数组。由于p是动态二维数组的列指针，所以在通过p寻址数组元素时，将m行n列二维数组当作m×n个元素构成的一维数组来处理。用*(p+i*n+j)或p[i*n+j]表示i行j列数组元素，如第41行。

（2）注意：malloc()函数和calloc()函数语法格式上的区别：malloc()函数只有一个参数，calloc()函数有两个参数；calloc()函数申请动态内存并将内存初始化为0，而malloc()函数不对申请的内存进行初始化。

指针法求无序集合的交集微视频

## 8.6 应用案例

**【例8.12】** 用指针法求集合 a 和 b 的交集 c。

**【问题分析】**

整数集合 a、b 的交集 c 是由既在集合 a 中、又在集合 b 中出现的元素构成的集合。整数集合 a、b 可用一维整型数组 a、b 存储,整型一维数组 c 用于存放 a、b 的交集,c 的长度可以取 a、b 中的小者。

定义指针变量 pa 用于遍历数组 a、pb 用于遍历数组 b、pc 用于遍历数组 c。pa 指向的数组元素和 pb 指向的数组元素逐一比较,若相等,就将 pa 指向的数组元素写入 pc 指向的数组元素。外层循环通过指针变量 pa 的移动遍历数组 a;内层循环通过指针变量 pb 的移动遍历数组 b。

算法的 N-S 流程图如图 8.14 所示。

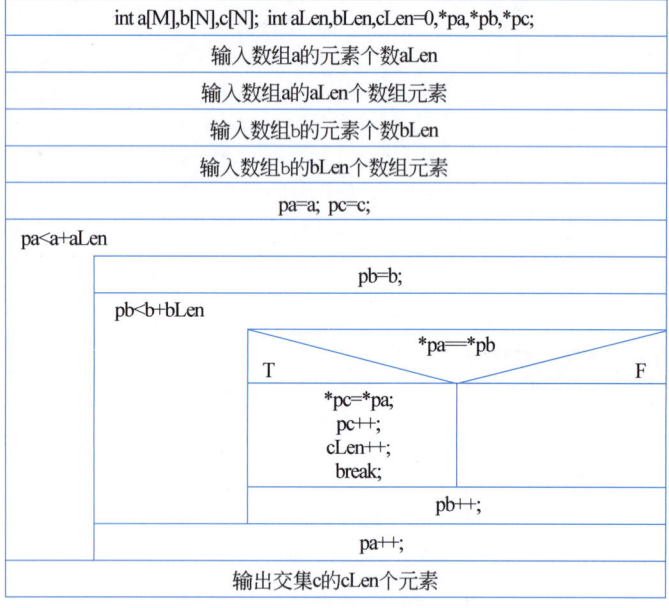

图 8.14 例 8.12 算法的 N-S 流程图

**【编程实现】**

```
1    #include <stdio.h>
2    #define M 20
3    #define N 10
4    int main()
5    {
6        int a[M],b[N],c[N];
7        int aLen,bLen,cLen=0, *pa, *pb, *pc;
```

```
8        printf("输入数组 a 中元素的个数: ");
9        scanf("%d",&aLen);
10       printf("输入数组 a 的%d 个元素: ",aLen);
11       for(pa=a;pa<a+aLen;pa++)
12           scanf("%d",pa);
13       printf("输入数组 b 中元素的个数: ");
14       scanf("%d",&bLen);
15       printf("输入数组 b 的%d 个元素: ",bLen);
16       for(pb=b;pb<b+bLen;pb++)
17           scanf("%d",pb);
18       for(pa=a, pc=c;pa<a+aLen;pa++)        //通过 pa 的遍历数组 a
19           for(pb=b;pb<b+bLen;pb++)          //通过 pb 的遍历数组 b
20               if(*pa==*pb)
21               {
22                   *pc=*pa;                  //将 pa 指向的数组 a 的元素写入数组 c
23                   pc++;
24                   cLen++;                   //cLen 记录写入数组 c 的元素个数
25                   break;                    //发现元素相等结束内层循环
26               }
27       printf("交集 c 中的元素为: ");
28       for(pc=c;pc<c+cLen;pc++)
29           printf("%d ",*pc);
30       printf("\n");
31       return 0;
32   }
```

【运行结果】

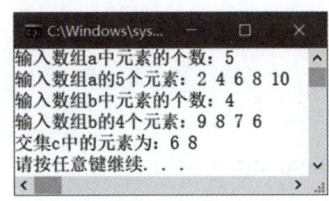

【关键知识点】

（1）本例中对于数组元素的访问,都是通过指针变量的移动实现的。

（2）代码第 22、23 行,两个语句可合并为一个语句: *pc++=*pa,即先将 pa 指向的数组 a 的元素写入 pc 指向的数组 c,之后 pc 自增 1 指向数组 c 的下一个元素。

【例 8.13】 利用指针法求集合 a 和 b 的并集 c。要求：编写子函数实现求并集的功能;输入/输出均在主函数中完成。

【问题分析】

整数集合 a、b 的并集 c 是由属于集合 a 或属于集合 b 的所有元素组成的集合。3 个集合可以分别用一维整型数组 a、b、c 表示,其中,c 的长度定义为数组 a、b 的长度之和。

首先将数组 a 中的所有元素复制到数组 c 中,此时数组 c 的实际长度 cLen 等于数组 a 的实际长度 aLen。然后,遍历数组 b,若数组 b 中的某个元素与数组 a 中的所有元素都不相等,则将该元素复制到数组 c 中,且 cLen++。

指针法求有序集合的并集微视频

子函数的 N-S 流程图如图 8.15 所示。

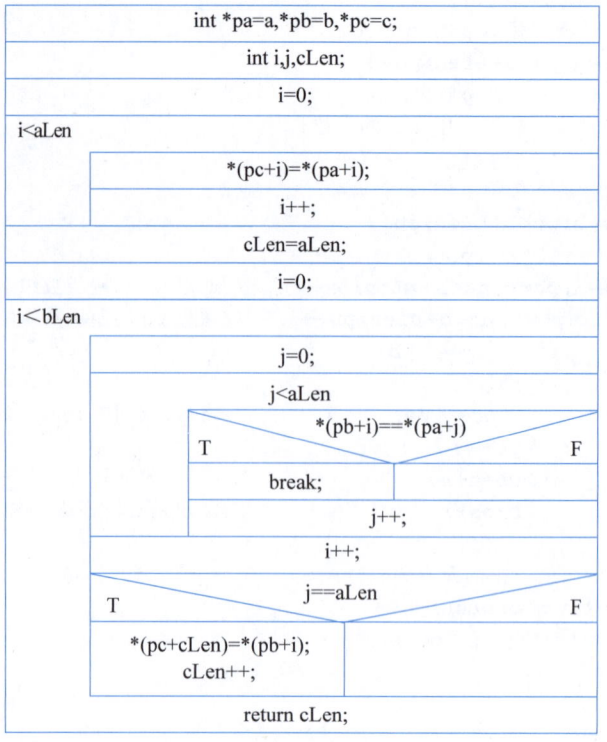

图 8.15　例 8.13 子函数算法的 N-S 流程图

【编程实现】

```
1   #include <stdio.h>
2   #define M 20
3   #define N 10
4   int UnionSet(int *pa,int aLen,int *pb,int bLen,int *pc);
5   int main()
6   {
7       int a[M],b[N],c[M+N],aLen,bLen,cLen,*p;
8       printf("请输入数组 a 的元素个数：");
9       scanf("%d",&aLen);
10      printf("请输入数组 a 的%d 个元素：", aLen);
11      for(p=a;p<a+aLen;p++)
12          scanf("%d",p);
13      printf("请输入数组 b 的元素个数：");
14      scanf("%d",&bLen);
15      printf("请输入数组 b 的%d 个元素：",bLen);
16      for(p=b;p<b+bLen;p++)
17          scanf("%d",p);
18      cLen=UnionSet(a,aLen,b,bLen,c);
19      printf("并集 c 中的元素为：");
20      for(p=c;p<c+cLen;p++)
```

```
21            printf("%d ",*p);
22        printf("\n");
23        return 0;
24    }
25    int UnionSet(int *pa,int aLen,int *pb,int bLen,int *pc)
26    {
27        int i,j,cLen;
28        for(i=0;i<aLen;i++)
29            *(pc+i)=*(pa+i);          //将数组 a 中的元素全部复制到数组 c 中
30        cLen=aLen;                     //用 cLen 记录 c 中已有的元素个数
31        for(i=0;i<bLen;i++)            //遍历数组 b
32        {
33            for(j=0;j<aLen;j++)        //遍历数组 a
34                if(*(pb+i)==*(pa+j))
35                    break;
36            if(j==aLen)  //若*(pb+i)与所有的*(pa+j)都不等,则将其复制到数组 c 中
37            {
38                *(pc+cLen)=*(pb+i);
39                cLen++;
40            }
41        }
42        return cLen;                   //返回并集元素的个数
43    }
```

【运行结果】

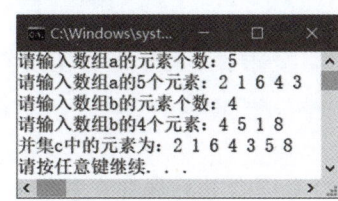

【关键知识点】

(1) 代码第 18 行的函数调用语句中,第 1、3、5 个参数分别代表数组 a、b、c 的首地址,发生函数调用时,这 3 个地址分别传递给子函数的形参指针变量 pa、pb、pc,从而可以在子函数中通过指针变量 pa、pb、pc 分别去访问主函数中数组 a、b、c 的元素。第 2、4 个参数分别是数组 a、b 的实际长度。由于数组 c 的实际长度未知,所以不能将其作为参数传递。数组 c 的长度 cLen 是在子函数中求并集元素的过程中才确定的,所以将其作为子函数的返回值,返回给 main()函数。

(2) 第 29 行的 *(pc+i) 也可写成 pc[i],*(pa+i) 也可写成 pa[i],第 34 和 38 行中的数组元素的表示方法也可以做类似修改。

(3) 第 34、35 行,一旦发现 *(pb+i) 与 *(pa+j) 相等,说明该元素已在集合 c 中,则执行 break 提前结束内层 for 循环,接着执行内层 for 的后继语句,即第 36 行的 if 语句(也可写为 if(j>=aLen)),若 for 循环是因为循环条件不成立而结束的,说明数组 b 的当前元素和数组 a 中的所有元素均不相等,则将其写入数组 c。

(4)本例中的子函数也可写成如下形式,即不使用下标i和j,而是通过指针变量的移动访问数组元素。由于pa和pb中保存了数组a和b的首地址,若移动了pa和pb,则会导致在子函数中无法再次使用数组a和b的首地址,因此定义指针变量p1和p2,并通过p1和p2的移动访问数组元素。而数组c的首地址仅需使用一次,因此可直接移动pc。

```c
int UnionSet(int *pa,int aLen,int *pb,int bLen,int *pc)
{
    int cLen=0, *p1, *p2;
    for(p1=pa;p1<pa+aLen;p1++)
        *pc++= *p1;                          //等价于: *pc= *p1;pc++;
    cLen=aLen;
    for(p2=pb;p2<pb+bLen;p2++)
    {
        for(p1=pa;p1<pa+aLen;p1++)
            if(*p2== *p1)
                break;
        if(p1==pa+aLen)
        {
            *pc++= *p2;                      //等价于: *pc= *p2;pc++;
            cLen++;
        }
    }
    return cLen;
}
```

【例8.14】 利用指针法实现两个升序数组的有序合并。要求:编写子函数实现有序合并;数据的输入、输出均在主函数中完成。

【问题分析】

已知整型一维数组a、b的元素是升序排列的,将其进行有序合并后保存在数组c中,要求在合并的过程中数组c的元素始终保持有序。数组c的长度应定义为数组a、b的长度之和。

子函数算法的N-S流程图如图8.16所示。

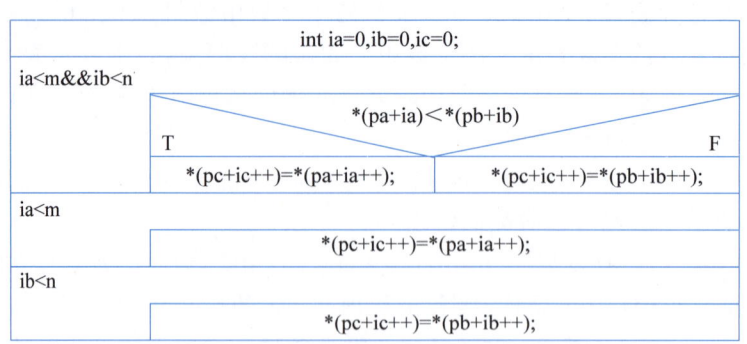

图8.16 例8.14子函数算法的N-S流程图

【编程实现】

```
1   int Merge(int *pa,int *pb,int *pc,int n,int m)
2   {
3       int ia=0,ib=0,ic=0;           //ia、ib、ic 遍历数组 a、b、c 的下标
4       while(ia<m&&ib<n)             //数组 a、数组 b 中都还有未处理的元素
5           if(*(pa+ia)<*(pb+ib))     //将数组 a 和数组 b 中的较小元素写入数组 c
6               *(pc+ic++)=*(pa+ia++);//等价于*(pc+ic)=*(pa+ia);ic++;ia++;
7           else
8               *(pc+ic++)=*(pb+ib++);
9       while(ia<m)                   //仅数组 a 中还有未处理的元素
10          *(pc+ic++)=*(pa+ia++);
11      while(ib<n)                   //仅数组 b 中还有未处理的元素
12          *(pc+ic++)=*(pb+ib++);
13      return ic;                    //返回数组 c 元素个数
14  }
```

【关键知识点】

(1) 本例子函数的 5 个参数的含义、参数传递方式均与例 8.13 相同，区别仅在于参数的顺序不同。实参、形参的顺序须一一对应。本例函数调用语句应写成

cLen=Merge(a,b,c,bLen,aLen);

请读者修改例 8.13 的主函数，完成对 Merge() 函数的调用。

【运行结果】

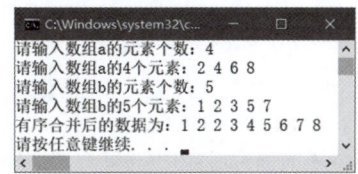

(2) Merge() 函数中用 3 个并列的 while 循环完成有序合并。

第一个 while 循环结束的原因有两种情况：

① ia<m 不成立，即数组 a 的元素已全部处理完，此时 ib<n 一定成立（两个数组中的数据不可能同时处理完），接下来将执行第三个 while 循环。

② ib<n 不成立，即数组 b 的元素已全部处理完，此时 ia<m 一定成立，接下来将执行第二个 while 循环。

因此，在程序的一次执行过程中，只可能执行第二个、第三个 while 循环中的一个，不可能两个同时执行。

(3) 代码第 6 行

*(pc+ic++)=*(pa+ia++);

等价于：

*(pc+ic)=*(pa+ia);
ic++;
ia++;

第 8、10、12 行也可以做类似修改。

## 8.7 常见错误小结

| 常见错误示例 | 错误描述及解决方法 | 错误类型 |
| --- | --- | --- |
| int * p=10; | 错误描述：编译时警告："int *"与"int"的间接级别不同<br>错误原因：用非地址值给指针变量赋值<br>解决方法：可改为：int * p=0；或 int * p=NULL；在定义指针变量 p 的同时将其初始化为空指针。0 是唯一一个可以直接赋值给指针变量的整数 | 编译警告 |
| int x;<br>double * p=&x; | 错误描述：编译时警告：从"int *"到"double *"的类型不兼容<br>错误原因：误将 int 型变量的地址赋值给基类型为 double 的指针变量<br>解决方法：第 1 行改为：double x; | 编译警告 |
| int x=5;<br>int * p;<br>* p=&x; | 错误描述：编译时报错：(1)"="："int"与"int *"的间接级别不同；(2)使用了未初始化的局部变量"p"<br>错误原因：第三行中的 * 是指针运算符，* p 得到 p 指向的变量，* p=&x 将 x 的地址赋值给 p 指向的变量；p 未赋值，为野指针<br>解决方法：第 3 行改为：p=&x；将指针变量 p 指向变量 x | 编译错误 |
| int * p;<br>scanf("%d",p);<br>printf("%d",* p); | 错误描述：编译时警告："使用了未初始化的局部变量 p"<br>错误原因：指针变量 p 未初始化，无明确指向，为野指针<br>解决方法：将第 1 行改成 int x,* p=&x；即让指针变量 p 指向变量 x | 编译警告<br>运行错误 |
| int a[4]={ 8,6,4,2};<br>a++;<br>printf("%d",* a); | 错误描述：编译时报错："++需要左值"<br>错误原因：数组名代表数组首地址，为常量，其值不能被修改<br>解决方法：若想输出 a[1]的值，应删掉 a++，并将输出部分改为：*(a+1)<br>注意问题：若第 3 行改为：printf("%d",* a+1)；无语法错误，但输出结果是 9，也即 a[0]+1 的值 | 编译错误 |
| int a[5], i, * p;<br>for(p=a; p<a+5; p++)<br>    scanf("%d",p);<br>for(i=0; i<5; i++)<br>    printf("%d",*(p+i)); | 错误描述：输出结果均为垃圾数据<br>错误原因：第一个 for 循环移动了指针 p，循环结束时 p 指向 a[4]之后，这个内存地址已经不属于数组 a<br>解决方法：需要在第二个 for 循环之前加上 p=a，即进行指针回溯，让 p 重新指向 a[0]<br>注意问题：在使用指针变量操作数组前，必须给指针变量赋值，让其指向数组中的某一元素，常见的是指向数组的第一个元素或最后一个元素 | 运行结果错误 |

续表

| 常见错误示例 | 错误描述及解决方法 | 错误类型 |
|---|---|---|
| int a[4]={8,6,4,2},*p=a;<br>*(p+1)++; | 错误描述：编译时报错："++需要左值"<br>错误原因：第2行代码想要实现a[1]++,但由于*与++优先级相同且具有右结合性,编译器将*(p+1)++理解成*((p+1)++),表达式p+1无法做自增运算<br>解决方法：需加圆括号来明确先做指针运算、再做自增运算,将第2行改为(*(p+1))++; | 编译错误 |
| int a[3][4],*p;<br>p=a; | 错误描述：编译时警告："="："int *"与"int (*)[4]"的间接级别不同<br>错误原因：二维数组的列指针变量p被赋值为行指针a<br>解决方法：将第2行改成p=a[0];或p=&a[0][0]; | 编译警告 |

## 8.8 练 习 题

**一、单项选择题**

1. 变量的指针,其含义是变量的(　　)。
   A. 标志　　　　　B. 地址　　　　　C. 值　　　　　D. 名称

2. 已知有语句 int x,*px,则正确的赋值表达式是(　　)。
   A. px=&x　　　B. px=x　　　C. *px=&x　　　D. *px=*x

3. 已知有语句 int x,则以下合法的表达式是(　　)。
   A. *x　　　　　B. &*x　　　　　C. *&x　　　　　D. &(x+1)

4. 若有如下程序段:

```
int a,b=0,*pa=&a;
*pa=b;
```

则以下说法正确的是(　　)。
   A. 两条语句中*pa的含义相同
   B. *pa=b 的作用是将 b 赋值给指针变量 pa
   C. 定义语句中*pa=&a 的作用是将 a 的地址赋值给 pa 指向的变量
   D. 定义语句中*pa=&a 的作用是定义指针变量 pa,并初始化 pa 为 a 的地址

5. 已知有语句 int a=0,*p=&a,则以下均代表地址的一组选项为(　　)。
   A. a,p,*&a　　　　　　　　　B. *&a,*p,&a
   C. &*p,*p,&a　　　　　　　　D. &a,*&p,p

6. 对于指向同一个数组的两个指针变量 p 和 q,不能执行的运算是(　　)。
   A. p+q　　　B. p-q　　　C. p++,q++　　　D. p<q

7. 若有定义语句:double x,y,*px=&x,*py=&y;,则以下能正确输入 x 和 y 的语句是(　　)。

A. scanf("%lf%lf",px,py);  B. scanf("%lf%lf",*px,*py);
C. scanf("%lf%lf",x,y);  D. scanf("%lf%lf",&px,&py);

8. 已知有语句 int a[5],*p=a;,下列描述错误的是（    ）。
   A. 表达式 p++是合法的  B. 表达式 p—a 是合法的
   C. 表达式 a+3 是合法的  D. 表达式 a++是合法的

9. 已知有语句 int a[10]={0},b[5]={1},*p=a;,以下不能执行的操作是（    ）。
   A. p=b  B. b=a  C. *p=b[0]  D. p=&a[9]

10. 已知有语句 int a[10]={1,2,3,4,5,6,7,8,9,10},*p=a;,则值不为8的表达式是（    ）。
    A. p[8]——  B. *(p+7)  C. *p+7  D. ——a[8]

11. 已知有语句 int a[5],*p=a;,则对 a 的数组元素的正确引用是（    ）。
    A. p+8  B. *(——p)  C. *(p+5)  D. *(a+2)

12. 已知有语句 int a[5],*p=a;,则对 a 的数组元素地址的错误引用是（    ）。
    A. p+5  B. ++p  C. a+2  D. &a[3]

13. 已知有语句 int a[5]={1,3,5,7,9},*p=&a[2];,则表达式++(*p)的值是（    ）。
    A. 4  B. 5  C. 6  D. 7

14. 已知有语句 int x[10],*p=x,i;,若要为数组 x 读入数据,则以下选项正确的是（    ）。
    A. for(i=0;i<10;i++)  scanf("%d",*(x+i));
    B. for(i=0;i<10;i++)  scanf("%d",x[i]);
    C. for(i=0;i<10;i++)  scanf("%d",*(p+i));
    D. for(i=0;i<10;i++)  scanf("%d",p+i);

15. 若有定义语句：int a[2][3];,则对数组 a 的 i 行 j 列元素(行列下标分别为 i 和 j)的正确引用是（    ）。
    A. *(*(a+i)+j)  B. (a+i)[j]
    C. *(a+i+j)  D. *(a+i)+j

16. 已知有语句 int a[3][3]={9,8,7,6,5,4,3,2,1};,则表达式*(*(a+1)+1)的值为（    ）。
    A. 9  B. 6  C. 5  D. 随机值

17. 已知有语句 int s[4][5],(*ps)[5];ps=s;,则正确引用 s 数组元素的形式是（    ）。
    A. ps+1  B. *(ps+3)  C. ps[0][2]  D. *(ps+1)+3

18. 当调用函数时,实参为数组名,则向函数传递的是（    ）。
    A. 数组所有元素的值  B. 数组所有元素的地址
    C. 数组第一个元素的地址  D. 数组的长度

19. 已知有语句 int *pi=NULL;,以下哪个选项可以实现申请一个整型变量的内存空间,并用 pi 指向它（    ）。

A. pi=(int *)malloc(4);  B. pi=malloc(4);
C. pi=(int *)calloc(4);  D. pi=calloc(4);

20. 已知有语句 int *pi=NULL;，以下哪个选项可以为 10 个 int 型数组元素申请动态内存空间，并且将其自动初始化为 0(　　)。

   A. p=(int *)malloc(10,sizeof(int));
   B. p=(int *)malloc(10*sizeof(int));
   C. p=(int *)calloc(10,sizeof(int));
   D. p=(int *)calloc(10*sizeof(int));

二、判断题

1. 无论指针变量 p 具有何种基类型，p++ 都代表指针变量 p 向后移动 1 字节。
   (　　)
2. 指针变量的赋值操作 p=0 是非法的。 (　　)
3. 通过指针变量存取某个变量值的方式被称为间接访问方式。 (　　)
4. 数组名本身就是一个指针，指向数组内存空间的起始地址。 (　　)
5. 指向一维数组的两个指针变量可以进行大小的关系比较。 (　　)
6. 基类型为 int 的指针变量，可以被赋值为 float 型变量的地址。 (　　)
7. 程序中引用未赋值的野指针，可能会出现不可预知的后果。 (　　)
8. 已知有语句 int a[5],*p=a;则表达式 *p++ 和 (*p)++ 是等价的。 (　　)
9. 可以通过 malloc() 函数实现动态内存空间的分配，若申请失败，则返回空指针。
   (　　)
10. 若某个动态分配的内存空间不再使用，则应该调用 free() 函数及时释放。
    (　　)

三、阅读程序，写出运行结果

1. 程序如下：

```
#include<stdio.h>
void Swap(int *x,int *y)
{
    int t,*pt;
    t=*x,*x=*y,*y=t;
    pt=x,x=y,y=pt;
    printf("%d,%d,",*x,*y);
}
int main()
{
    int a=10,b=20,*pa=&a,*pb=&b;
    Swap(pa,pb);
    printf("%d,%d,%d,%d\n",a,b,*pa,*pb);
    return 0;
}
```

2. 程序如下：

```c
#include <stdio.h>
int main()
{
    int a[10]={72,65,89,94,67,49,83,75,90,71};
    int *p=a,i,j,t;
    for(i=0;i<10;i++)
        printf("%4d",*(p+i));
    printf("\n");
    for(i=0;i<10;i+=2)
        for(j=i+2;j<10;j+=2)
            if(*(p+i)>*(p+j))
                t=*(p+i),*(p+i)=*(p+j),*(p+j)=t;
    for(i=0;i<10;i++)
        printf("%4d",*(p+i));
    printf("\n");
    return 0;
}
```

四、程序填空题

1. 程序功能：从键盘输入一组降序排列的整数存入一维数组，输入要查找的整数，用折半查找算法在数组中查找这个数，输出查找的结果。要求使用指针法实现。输入/输出格式参见运行结果。

```c
#include<stdio.h>
int main()
{
    int a[10],i,bot=0,mid,top=9,x;
    printf("请按从大到小的顺序输入10个整数：\n");
    for(i=0;i<10;i++)
        scanf("%d",a+i);
    printf("请输入要查找的整数：");
    scanf("%d",&x);
    while (bot<=top)           //折半查找
       {mid=(bot+top)/2;
        if ( ① ) { break; }
        else if ( ② ) bot=mid+1;
              else  top=mid-1;
       }
    if ( ③ )    printf("查无此数！\n");
    else printf("%d是第%d个数！\n",x,mid+1);
    return 0;
}
```

【运行结果】

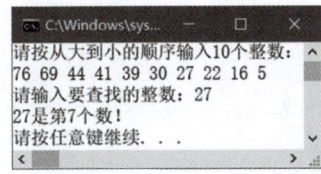 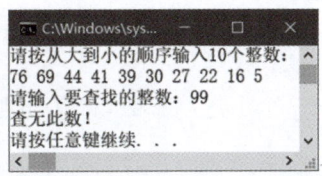

2. **程序功能**：从键盘输入若干整数存入一维数组,调用子函数判断该数组是否镜像数组(前后对应位置的元素相等)。要求使用指针法实现。输入/输出格式参见运行结果。

```
#include<stdio.h>
int Image(int *pa,int n)
{
    int *p,*q;
    for( p=pa,  ①  ; p<q ; p++,q--)
        if(  ②  )
            break;
    if(p<q)
        return 0;
    else
        return 1;
}
int main()
{
    int a[50],i,n;
    printf("请输入数组的实际长度(n<=50)：");
    scanf("%d",&n);
    printf("请输入数组的%d个数组元素：\n",n);
    for(i=0;i<n;i++)
        scanf("%d",a+i);
    if(  ③  )
        printf("该数组是镜像数组！\n");
    else
        printf("该数组不是镜像数组！\n");
    return 0;
}
```

【运行结果】

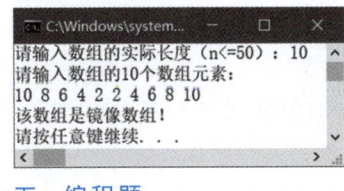 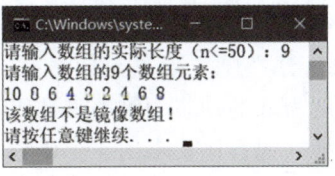

**五、编程题**

1. **程序功能**：从键盘输入一个整数,将该整数每一位上的奇数数字依次取出,组成一个新的整数并输出。要求：对于键盘输入的整数采用间接访问方式。输入/输出格式参见运行结果。

【运行结果】

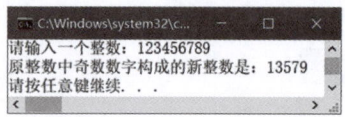

2. **程序功能**：从键盘输入一个十进制整数，将其分别转换为二进制、八进制数输出。

要求：

（1）用一维数组存放转换以后的结果；

（2）用指针法访问一维数组元素。

输入/输出格式参见运行结果。

【运行结果】

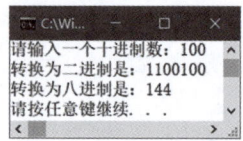

3. **程序功能**：通过指针变量的移动访问数组，将数组中小于平均值的元素删除。输入/输出格式参见运行结果。

【运行结果】

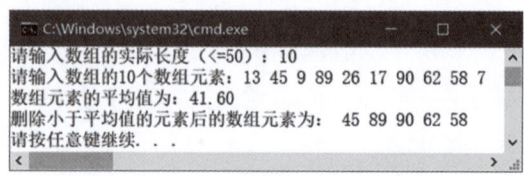

4. **程序功能**：使用二维数组的列指针访问数组元素，将九九乘法表中的数据存入二维数组并输出。输入/输出格式参见运行结果。

【运行结果】

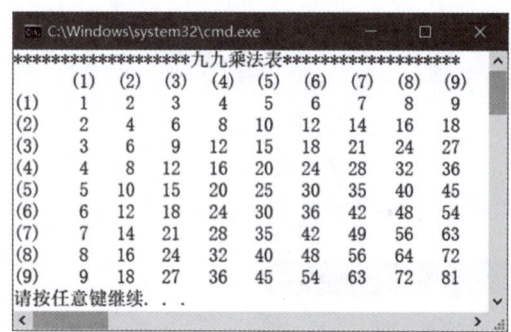

5. **程序功能**：产生长度为 n 的动态一维整型数组，n 的值从键盘输入；将数组中的最大元素和最小元素进行交换。源程序要求用 4 个函数实现：

（1）int main()：分配内存，实现样张中所有输入和输出提示（字符串）及调用其他函数，并释放内存；

（2）void Input(int * p,int n)：输入形参指针 p 指向的一维数组的 n 个元素；

（3）void Output(int * p,int n)：输出形参指针 p 指向的一维数组的 n 个元素；

（4）void Swap(int * p,int n)：实现形参指针 p 指向的一维数组的 n 个元素中最大值和最小值的交换。

输入/输出格式参见运行结果。

【运行结果】

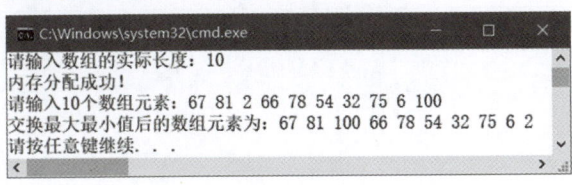

## 第 8 章练习题答案与解析

扫描二维码获取练习题答案与解析。

第 8 章　练习题答案与解析

# 第 9 章 结构体与链表

【学习要点】
- 结构体的概念，结构体类型的声明。
- 结构体变量的定义、初始化及引用。
- 结构体数组的定义、初始化及应用。
- 结构体指针的含义及应用。
- 结构体变量、结构体指针、结构体数组分别作为函数参数进行传递。
- 链表的概念，单向链表的建立、输出、查找、删除及插入操作的实现。

结构体类型
课堂练习

## 9.1 结构体类型

### 9.1.1 结构体类型的引入

在前面的章节中，我们已经学习过整型、实型、字符型等基本数据类型，但是，当表示复杂的数据对象时，仅使用几种基本数据类型显然是不够的。因此，编程语言应该允许用户根据实际需要、利用已有的基本数据类型来构造自己所需的数据类型，即自定义数据类型。在 C 语言中，用户自定义的数据类型称为构造数据类型，也称为复合数据类型，其典型代表有数组、结构体等。

例如，有一个如表 9.1 所示的某班学生成绩表，其中，F 表示女性，M 表示男性。在 C 程序中应如何实现对该表格的管理呢？

表 9.1 某班学生成绩表

| 学 号 | 姓 名 | 性 别 | 高等数学 | 英 语 | 大学物理 |
|---|---|---|---|---|---|
| 20240037 | 王小红 | F | 83 | 91 | 75 |
| 20240038 | 李明 | M | 92 | 85 | 84 |
| 20240039 | 杜建国 | M | 76 | 88 | 93 |
| …… | …… | …… | …… | …… | …… |

通过第 7 章的学习,我们很容易想到用数组来存储这些数据,但由于 数组 是具有 相同数据类型 数据的集合,所以只能将每一列数据存储在一个相应类型的数组中,即使用如下 6 个数组来存储表 9.1 中的数据。

```
int    stuID[30]={20240037, 20240038, 20240039};         //学号
char   stuName[30][11]={"王小红", "李明", "杜建国"};        //姓名
char   stuSex[30]={'F', 'M', 'M'};                       //性别
int    Math[30]={83, 92, 76};                            //高等数学成绩
int    English[30]={91,85,88};                           //英语成绩
int    Physics[30]={75,84,93};                           //大学物理成绩
```

二维字符数组 stuName 的第二维长度为 11,其中的 1 字节用于存字符串结束标志 '\0',因此,每个姓名的最大长度为 5 个汉字或 10 个英文字符。

上述 6 个数组的长度均为 30,最多可存储 30 个学生的信息,在本例中仅存储了 3 个学生的信息。其中,stuID[0]代表第 1 个学生的学号,stuName[0]代表第 1 个学生的姓名,以此类推。用数组管理的学生数据的内存分配情况如图 9.1 所示。

| 20240037 | 王小红 | F | 83 | 91 | 75 |
| 20240038 | 李明 | M | 92 | 85 | 84 |
| 20240039 | 杜建国 | M | 76 | 88 | 93 |
| …… | …… | …… | …… | …… | …… |

图 9.1  用数组管理的学生数据的内存分配情况

用数组管理学生信息存在如下问题:

(1) 内存分配不集中,每个学生的信息零散地存储在内存空间中,要访问一个学生的信息,需要在内存中多处查找,寻址效率较低。

(2) 不易管理,对数组元素进行赋值、修改等操作时,容易发生错位。这就好比将许多辆自行车的零部件拆下来,将车架、轮胎、链条等分开入库,想使用自行车时需要到各个库房找到相应的零部件再进行组装,非常不方便。如果能将每辆自行车作为一个整体单独存放,那就方便多了。

对于学生信息,若能按图 9.2 所示的形式,将一个学生的相关信息(不同类型的数据)集中在一起,统一分配内存,会方便很多。在 C 语言中,究竟应该用什么样的数据类型来存放一个学生的相关信息呢?答案就是结构体。

| 20240037 | 20240038 | 20240039 |
| 王小红 | 李明 | 杜建国 |
| F | M | M |
| 83 | 92 | 76 |
| 91 | 85 | 88 |
| 75 | 84 | 93 |

图 9.2  存储学生信息时合理的内存分配示意图

结构体 将 不同类型 的数据成员组织到统一的名字之下,适合于对关系紧密、逻辑相

关、具有相同或不同属性的数据进行处理。

## 9.1.2 结构体类型的声明

结构体类型的声明格式如下：

```
struct 结构体标签
{
    数据类型    成员名 1;
    数据类型    成员名 2;
    ……
    数据类型    成员名 n;
};
```

定义结构体的第一步是声明结构体模板，即结构体类型。结构体类型由关键字 struct 和结构体标签组成。其中，结构体标签也称为结构体类型名。构成结构体的变量，称为结构体成员，也称为成员变量。

结构体标签、结构体成员的命名，都必须遵从标识符的命名规则。在一个结构体内，多个结构体成员不可重名。若干成员变量必须用一对花括号括起来，且必须以分号结束。需指明每个成员变量的具体数据类型，可以是基本数据类型、复合数据类型中的任意一种，若成员变量又是一个结构体变量，则称为结构体的嵌套，详见 9.2.3 节。

对于表 9.1 中的学生信息，可以声明一个名为 struct student 的结构体类型，如下所示：

```
struct student
{
    int stuID;              //学号
    char stuName[11];       //姓名,最长 5 个汉字或 10 个英文字符
    char stuSex;            //性别
    int score[3];           //三门课的成绩
};
```

该结构体类型的类型标识符为 struct student，与常用的 int、char 等类型标识符一样，可以用来定义该结构体类型的结构体变量，例如，语句 struct student stu1 定义了结构体变量 stu1。结构体变量定义的更多内容详见 9.2 节。

以上是结构体类型的一个示例，我们可以设计出更多的结构体类型。例如，除了建立上面的 struct student 结构体类型之外，还可以建立 struct teacher、struct book 等结构体类型，这些结构体类型各自包含不同的成员。

## 9.1.3 用 typedef 说明新类型

关键字 typedef 用于为系统固有的或程序员自定义的数据类型定义一个别名。数据类型的别名通常使用大写字母，目的是与已有的数据类型相区分。例如：

```
typedef int INTEGER;
```

为 int 定义了一个别名 INTEGER，也就是说 INTEGER 与 int 是同义词。在程序中使用 int x 或 INTEGER x 均可定义整型变量 x。

**注意**：**typedef** 只是为已存在的数据类型 int 定义了一个新的名字 INTEGER，并未定义一种新的数据类型。

若已定义了名为 struct student 的结构体类型（见 9.1.2 节），则可通过下面的语句为结构体类型定义一个别名。

```
typedef struct student STUDENT;
```

也可以在声明结构体类型的同时就使用关键字 typedef 定义一个别名，即：

```
typedef struct student
{
    int stuID;                  //学号
    char stuName[11];           //姓名，最长 5 个汉字或 10 个英文字符
    char stuSex;                //性别
    int score[3];               //三门课的成绩
} STUDENT;
```

以上两种方式等价，都是为结构体类型 struct student 定义了别名 STUDENT。在程序中，可以使用 STUDENT 代替 struct student 表示结构体类型，以便让程序更简洁。

## 9.2　结构体变量

结构体类型和结构体变量是两个不同的概念。结构体类型相当于一个模板，它只是声明了数据的组织形式，并未定义结构体类型的变量，因而编译器不会为其分配内存，正如编译器不为 int 类型分配内存一样。为了能在程序中使用结构体类型的数据，应当定义结构体类型的变量，并在其中存放具体的数据。编译器会为结构体变量分配内存。

### 9.2.1　结构体变量的定义

定义结构体变量的一般形式为：

```
struct 结构体标签  结构体变量名;
```

与定义基本类型的变量一样，在一条语句中可以定义多个结构体变量，多个变量名之间用逗号隔开。可以采用以下 3 种方法定义结构体变量。

**1. 先声明结构体类型，再定义该类型的结构体变量**

例如：

```
struct student
{
```

```
        int stuID;
        char stuName[11];
        char stuSex;
        int score[3];
    };                                      //声明结构体类型
    struct student stu1, stu2;              //定义两个结构体变量 stu1 和 stu2
```

其中,语句 struct student stu1, stu2 与定义其他类型的变量(如 int a, b)的形式相似, struct student 是结构体类型标识符,其地位与 int 一样。

这种方式将声明类型和定义变量分离,在声明类型后可以随时定义变量,使用比较灵活。

### 2. 在声明类型的同时定义变量

例如:

```
    struct student
    {
        int stuID;
        char stuName[11];
        char stuSex;
        int score[3];
    } stu1, stu2;
```

该方法在声明 struct student 类型的同时定义了两个结构体变量 stu1 和 stu2,其作用与第一种方法相同。该方法在定义变量时能直接看到结构体的成员,比较直观,在编写规模小的程序时比较方便,但在编写规模大的程序时,往往要求对类型的声明和对变量的定义分别放在不同的地方,以使程序结构清晰、便于维护。

### 3. 不指定标签名而直接定义结构体类型变量

例如:

```
    struct                                  //省略了结构体标签
    {
        int stuID;
        char stuName[11];
        char stuSex;
        int score[3];
    } stu1, stu2;
```

这种方式指定了一个无名的结构体类型,显然,在后续程序中不能再定义该类型的其他结构体变量。这种方式用得不多。

由于结构体类型标识符(如前面声明的 struct student)形式复杂、不易理解、容易写错,可以使用 typedef 给结构体类型指定一个别名,在程序中使用别名来表示该结构体类型,从而简化代码。对应前面定义结构体变量的 3 种方法,使用 typedef 定义结构体类型别名、再用别名定义结构体变量的示例如表 9.2 所示。

表 9.2　使用结构体类型的别名定义结构体变量

| 序号 | 示例 | 说明 |
|---|---|---|
| 1 | ```
struct student
{
    int stuID;
    char stuName[11];
    char stuSex;
    int score[3];
};
typedef struct student STUDENT;
STUDENT stu1, stu2;
``` | 先声明结构体类型,再为结构体类型 struct student 定义别名 STUDENT<br>在程序中,可使用 struct student 或 STUDENT 定义结构体变量 |
| 2 | ```
typedef struct student
{
    int stuID;
    char stuName[11];
    char stuSex;
    int score[3];
}STUDENT;
STUDENT stu1, stu2;
``` | 在声明结构体类型的同时指定其别名 STUDENT。比前一种方式更简洁<br>在程序中,可使用 struct student 或 STUDENT 定义结构体变量 |
| 3 | ```
typedef struct
{
    int stuID;
    char stuName[11];
    char stuSex;
    int score[3];
}STUDENT;
STUDENT stu1, stu2;
``` | 省略了结构体标签,在程序中只能使用别名 STUDENT 定义结构体变量 |

## 9.2.2　结构体变量的初始化

在定义结构体变量时,可以对它进行初始化,即赋初值。初值由一对花括号括起来的若干常量或常量表达式组成。由于结构体变量中的各个成员在内存中是按照定义的先后顺序存储的,因此,初值中的各个常量也应该按成员的顺序依次排列。例如,利用表 9.2 声明的 STUDENT 结构体类型,定义一个结构体变量 stu1 并对其进行初始化的语句为：

`STUDENT stu1={20240037,"王小红",'F',{83,91,75}};`

结构体变量 stu1 的第 1 个、第 2 个、第 3 个成员分别被初始化为：整数 20240037、字符串"王小红"、字符常量'F',第 4 个成员是整型数组,三个数组元素分别被初始化为花括号内的整数 83、91、75。stu1 中的内容如图 9.3 所示,它占用一段连续的内存空间。

| 20240037 | 王小红 | F | 83 | 91 | 75 |

图 9.3　结构体变量 stu1 中的内容
```

STUDENT 类型代表学生成绩管理表的结构,而 STUDENT 类型的变量 stu1 则代表成绩管理表中的一个学生的信息,相当于 STUDENT 类型的一个实例。

### 9.2.3 结构体的嵌套

结构体的嵌套就是在一个结构体内包含了另一种结构体类型的成员变量。例如,在表 9.1 中增加"出生日期"后的学生信息表如表 9.3 所示。

表 9.3 某班学生信息表

| 学 号 | 姓名 | 性别 | 出生日期 | | | 高等数学 | 英语 | 大学物理 |
|---|---|---|---|---|---|---|---|---|
| | | | 年 | 月 | 日 | | | |
| 20240037 | 王小红 | F | 2006 | 3 | 17 | 83 | 91 | 75 |
| 20240038 | 李明 | M | 2006 | 5 | 2 | 92 | 85 | 84 |
| 20240039 | 杜建国 | M | 2005 | 10 | 21 | 76 | 88 | 93 |

为表示表 9.3 中的数据,可以先定义一个具有年、月、日三个成员的结构体类型,如下所示:

```
typedef struct date
{
    int year;
    int month;
    int day;
}DATE;
```

然后,利用结构体类型 DATE 定义一个变量作为结构体类型 STUDENT 的一个成员:

```
typedef struct student
{
    int stuID;
    char stuName[11];
    char stuSex;
    DATE birthday;
    int score[3];
}STUDENT;
```

这里,STUDENT 是一个嵌套的结构体,因为它包含了另一个 DATE 结构体类型的变量 birthday 作为其成员。

定义 STUDENT 类型的结构体变量 stu1,并为其进行初始化的语句为:

```
STUDENT stu1={20240037,"王小红",'F',{2006,3,17},{83,91,75}};
```

**思考**:若需要将出生日期表示为{2006,"Mar",17}的形式,应该如何设计 DATE 结构体类型呢?

## 9.2.4 结构体变量的引用

结构体变量的引用
课堂练习

C 语言规定,**不能将一个结构体变量作为整体进行输入、输出等操作**,只能对每个具体的成员进行输入、输出等操作。那么,应该如何引用它的各个成员呢?

引用结构体变量的成员必须使用**成员运算符**(也称**圆点运算符**),其引用方式为:

```
结构体变量名.成员名
```

例如,可以使用下面的语句为结构体变量 stu1 的 stuID 成员赋值:

```
stu1.stuID=20240037;
```

使用下面的语句为结构体变量 stu1 的 stuName 成员赋值:

```
strcpy(stu1.stuName,"王小红");
```

由于结构体成员 stuName 是字符型数组,所以不能直接使用赋值运算符赋值,必须使用字符串处理函数 strcpy()。

在引用结构体变量时,应注意:

(1) 对于结构体变量的成员,可以像其他普通变量一样进行各种运算(根据其类型决定可以进行的运算)。例如:

```
stu1.score[0]=83;   stu1.score[1]=91;       //赋值运算
sum=stu1.score[0]+stu1.score[1];            //算术运算;sum 为已定义的整型变量
stu1.score[0]++;                            //自增运算
```

由于圆点运算符(.)的优先级最高,所以 stu1.score[0]++等价于(stu1.score[0])++。

(2) 当出现结构体嵌套时,必须以**级联方式**访问内嵌的结构体成员,即通过圆点运算符**逐级找到最底层的成员**时再引用。例如,对结构体变量 stu1 的 birthday 成员进行赋值,语句 stu1.birthday={2006,3,17}是错误的,正确语句是:

```
stu1.birthday.year=2006;
stu1.birthday.month=3;
stu1.birthday.day=17;
```

(3) **同类型的结构体变量,可以进行整体赋值**。例如:

```
stu2=stu1;     //假设 stu1、stu2 已定义为同类型的结构体变量,且已为 stu1 赋值
```

以上语句实际上是**按结构体的成员顺序逐一对相应成员进行赋值**,赋值后的结果就是两个结构体变量的成员具有相同的内容。

(4) 可以引用结构体变量成员的地址,也可以引用结构体变量的地址。例如:

```
scanf("%d",&stu1.stuID);       //&stu1.stuID 表示结构体变量成员 stuID 的地址
printf("%p",&stu1);            //&stu1 表示结构体变量的地址
```

结构体变量成员的地址主要用于输入语句中,以便将结构体变量成员的值存入相应

的地址空间。结构体变量的地址主要用作函数参数,实现结构体变量地址的参数传递,详见 9.5.2 节的例 9.7。

【例 9.1】 声明学生结构体类型,包含的成员如表 9.3 所示。然后定义两个结构体变量,分别存储两个学生的信息,第 1 个学生的信息直接在程序中赋初值,第 2 个学生的信息从键盘输入。最后输出两个学生的信息。

【问题分析】

结构体类型的声明,见 9.1.2 节;定义结构体变量并赋初值,见 9.2.2 节;输入或输出时,不能将结构体变量作为一个整体,需要使用圆点运算符引用结构体变量的成员,逐个成员输入或输出。

【编程实现】

```
1   #include <stdio.h>
2   typedef struct date
3   {
4       int year;
5       int month;
6       int day;
7   }DATE;
8   typedef struct student
9   {
10      int stuID;
11      char stuName[11];
12      char stuSex;
13      DATE birthday;
14      int score[3];
15  }STUDENT;
16  int main()
17  {
18      STUDENT stu1={20240037,"王小红",'F',{2006,3,17},{83,91,75}};
19      STUDENT stu2;
20      int i;
21      printf("请输入一个学生的学号、姓名、性别、出生日期、三门课成绩: \n");
22      scanf("%d%s %c",&stu2.stuID,stu2.stuName,&stu2.stuSex);
23                                                              //%c 前有一个空格
24      scanf("%d%d%d",&stu2.birthday.year,&stu2.birthday.month,
25                     &stu2.birthday.day);
26      for(i=0;i<3;i++)
27          scanf("%d",&stu2.score[i]);
28      printf("\n 输出的学生信息: \n");
29      printf("%8s%8s%6s%12s%6s%6s%6s\n",
30             "学号","姓名","性别","出生日期","高数","英语","物理");
31      printf("%8d%8s%5c",stu1.stuID,stu1.stuName,stu1.stuSex);
32      printf("%7d/%02d/%02d",stu1.birthday.year,
33                             stu1.birthday.month,stu1.birthday.day);
34      for(i=0;i<3;i++)
35          printf("%6d",stu1.score[i]);
```

```
36        printf("\n");
37        printf("%8d%8s%5c",stu2.stuID,stu2.stuName,stu2.stuSex);
38        printf("%7d/%02d/%02d",stu2.birthday.year,
39                      stu2.birthday.month,stu2.birthday.day);
40        for(i=0;i<3;i++)
41            printf("%6d",stu2.score[i]);
42        printf("\n");
43        return 0;
44    }
```

【运行结果】

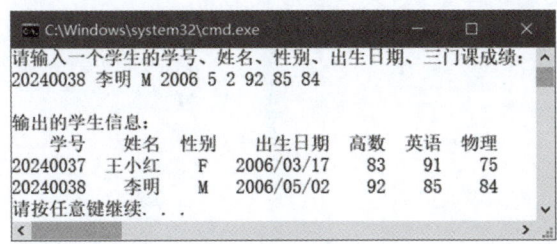

【关键知识点】

(1) 结构体类型的声明,既可以放在所有函数体的外部,也可以放在函数体内部。在函数体外声明的结构体类型,可以为所有函数使用,称为全局声明;在函数体内声明的结构体类型只能在本函数体内使用,称为局部声明。本例中的结构体声明是全局声明。

(2) 代码第 22 行的 stu2.stuID 和 stu2.stuSex 前都有地址符 &,表示结构体变量成员的地址,而 stu2.stuName 前没有 &,这是因为 stuName 是数组名,本身代表地址,故不能再加 &。

(3) 第 32 行和第 38 行的格式符%02d,其中的前导符 0 表示输出数据时若左边有多余空位则补 0,于是输出日期为 2006/03/17,在 3 的前面补 0。

【延展学习】

第 31～36 行与第 37～42 行的代码几乎一样,应如何简化?请读者学完例 9.2 后试着完成该任务。

## 9.3 结构体数组

结构体数组
课堂练习

一个结构体变量只能存放一个学生的信息,如果需要存放 20 个学生的信息,可使用数组,这就是结构体数组。结构体数组与前面学习过的数值型数组的区别在于:所有的数组元素都具有相同的结构体类型,每个数组元素都包括若干成员项。

### 9.3.1 结构体数组的定义与初始化

定义结构体数组有如下两种方法。

(1) **先声明结构体类型**,然后按下面的形式定义结构体数组:

结构体类型　数组名[数组长度];

例如,先按照例 9.1 的方法声明 STUDENT 结构体类型,然后定义结构体数组,语句为:

STUDENT stu[20];

它定义了一个有 20 个元素的结构体数组 stu,每个元素的类型均为 STUDENT。stu[0].stuID 表示第 1 个学生的学号,stu[1].birthday.year 表示第 2 个学生的出生年份。

(2) **在声明结构体类型的同时定义结构体数组**,其一般形式为:

struct 结构体标签
{ 成员列表 } 数组名[数组长度];

例如:

```
struct student
{
    int stuID;
    char stuName[11];
    char stuSex;
    DATE birthday;
    int score[3];
} stu[20];                    //定义有 20 个元素的结构体数组 stu
```

在定义结构体数组的同时,可以对其进行初始化。例如,下面的语句在定义结构体数组 stu 的同时对数组的前 3 个元素进行了初始化,而其他数组元素被系统自动赋值为该类型的默认值(如 int 型为 0,double 型为 0.0,char 型为 '\0')。

```
STUDENT stu[20]={{20240037,"王小红",'F',{2006,3,17},{83,91,75}},
                 {20240038,"李明",'M',{2006,5,2},{92,85,84}},
                 {20240039,"杜建国",'M',{2005,10,21},{76,88,93}}
                };
```

以上 3 个元素的初值独立成行只是为了增强程序可读性,并非 C 语言的语法要求。初始化后的结构体数组 stu 对应表 9.3 中的学生信息。

### 9.3.2　结构体数组的应用

【例 9.2】　从键盘输入 n 个学生的信息(包括学号、姓名、成绩),按照学号从小到大的顺序排序,输出排序后所有学生的信息。其中,n 不超过 30,要求从键盘输入。

【问题分析】

用结构体数组存放 n 个学生的信息,采用选择排序法对各元素进行排序,排序时,参与比较的是各元素中的学号。

【编程实现】

```
1   #include <stdio.h>
2   #define N 30
3   typedef struct student
4   {
5       int stuID;
6       char stuName[11];
7       int score;
8   }STUDENT;
9   int main()
10  {
11      STUDENT stu[N],temp;
12      int n,i,j,min;
13      printf("请输入学生人数(不超过%d)：",N);
14      scanf("%d",&n);
15      printf("请输入%d个学生的学号、姓名、成绩：\n",n);
16      for(i=0;i<n;i++)
17          scanf("%d%s%d",&stu[i].stuID,stu[i].stuName,&stu[i].score);
18      for(i=0;i<n-1;i++)
19      {
20          min=i;
21          for(j=i+1;j<n;j++)
22              if(stu[j].stuID<stu[min].stuID)
23                  min=j;
24          if(min!=i)
25              temp=stu[i], stu[i]=stu[min], stu[min]=temp;
26      }
27      printf("按学号从小到大排序后的结果为：\n");
28      printf("%8s%8s%6s\n","学号","姓名","成绩");
29      for(i=0;i<n;i++)
30        printf("%8d%8s%6d\n",stu[i].stuID,stu[i].stuName,stu[i].score);
31      return 0;
32  }
```

【运行结果】

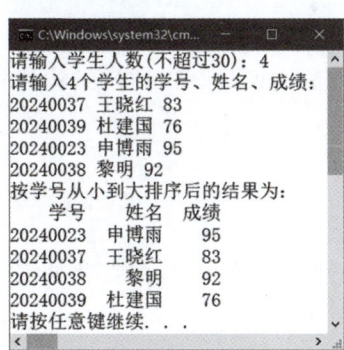

【关键知识点】

（1）代码第18～26行为选择排序算法，其算法思想与第7章学习的对数值型数组进行选择排序完全一样,只是现在参与比较的是结构体的成员变量 stuID,如第 22 行所示。

(2) 用于交换的临时变量 temp 应定义为 STUDENT 类型(详见第 11 行),因为只有同类型的结构体变量才能互相赋值,详见第 25 行,该行代码是将 stu[i]中的所有成员和 stu[min]中的所有成员整体互换,而不是逐个成员地互换,这就是使用结构体类型的好处。

结构体指针
课堂练习

# 9.4　结构体指针

**结构体指针**就是**指向结构体对象的指针**,它既可以指向结构体变量,也可以指向结构体数组中的元素。如果将一个结构体变量的起始地址存放在一个指针变量中,那么这个指针变量就指向该结构体变量。

## 9.4.1　指向结构体变量的指针

指向结构体对象的指针变量,其基类型必须与结构体变量的类型相同。

假设已按例 9.1 的方法声明了 STUDENT 结构体类型,那么定义指向该结构体类型的指针变量的方法为:

```
STUDENT *pt;
```

这里只是定义了一个指向 STUDENT 结构体类型的指针变量 pt,并未对 pt 进行初始化,所以 pt 没有指向一个确定的存储单元。

假设已通过语句 STUDENT stu1 定义了结构体变量 stu1,则对 pt 进行初始化的语句为:

```
pt=&stu1;
```

初始化后,pt 指向结构体变量 stu1 所占内存空间的首地址,将 pt 称为指向结构体变量 stu1 的指针。也可以在定义指针变量的同时对其进行初始化,例如:

```
STUDENT *pt=&stu1;
```

若要访问结构体指针变量所指向的结构体的成员,方法有两种。以访问结构体指针变量 pt 指向的结构体变量的 stuID 成员为例进行介绍:

(1) 使用成员运算符(也称为圆点运算符):

```
(*pt).stuID=20240037;          //这种方式不常用
```

其中的()不能省略,因为成员运算符(.)的优先级高于指针运算符(*),而在此处需要先进行指针运算:通过 *pt 得到 pt 指向的结构体变量。

(2) 使用**指向运算符**(也称为**箭头运算符**):

```
pt->stuID=20240037;
```

若要访问结构体指针变量 pt 指向的结构体的 birthday 成员,则需使用下面的语句:

```
pt->birthday.year=2006;
pt->birthday.month=3;
pt->birthday.day=17;
```

【例 9.3】 通过指向结构体的指针变量输出结构体变量中成员的值。

【问题分析】

按例 9.1 的方法声明结构体类型,定义结构体变量并赋初值,然后定义指向结构体的指针变量并赋初值,再使用指向运算符访问结构体变量的成员。

【编程实现】

```
1   #include <stdio.h>
2   typedef struct date
3   {
4       int year;
5       int month;
6       int day;
7   }DATE;
8   typedef struct student
9   {
10      int stuID;
11      char stuName[11];
12      char stuSex;
13      DATE birthday;
14      int score[3];
15  }STUDENT;
16  int main()
17  {
18      STUDENT stu1={20240037,"王小红",'F',{2006,3,17},{83,91,75}};
19      STUDENT *pt=&stu1;
20      int i;
21      printf("学号: %d\n",pt->stuID);
22      printf("姓名: %s\n",pt->stuName);
23      printf("性别: %c\n",pt->stuSex);
24      printf("出生日期: %d/%02d/%02d\n", pt->birthday.year,
25              pt->birthday.month,pt->birthday.day);
26      printf("三门课成绩: ");
27      for(i=0;i<3;i++)
28          printf("%d  ",pt->score[i]);
29      printf("\n");
30      return 0;
31  }
```

【运行结果】

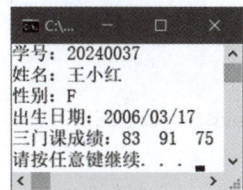

【关键知识点】

代码第 21 行的 pt->stuID 与(*pt).stuID、stu1.stuID 三者等价。第 22~25 行和第 28 行中,引用结构体变量的其他成员,也可以相应地写成以上三种形式。

## 9.4.2 指向结构体数组的指针

如例 9.2 所示,假设已声明了 STUDENT 结构体类型,并且已定义了一个有 30 个元素的结构体数组 stu,则定义结构体指针变量 pt 并让其指向结构体数组 stu 的方法为:

```
STUDENT * pt=stu;
```

或

```
STUDENT * pt=&stu[0];
```

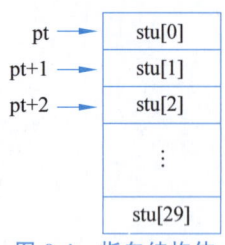

图 9.4 指向结构体数组的指针

如图 9.4 所示,由于 pt 指向了结构体数组 stu 的第 1 个元素 stu[0],因此,可以用指向运算符来引用结构体成员。例如,**pt->stuID** 表示第 1 个学生的学号,与 **stu[0].stuID** 等价;**pt->score[0]** 表示第 1 个学生的第 1 门课的成绩,与 **stu[0].score[0]** 等价。pt+1 表示结构体数组 stu 的第 2 个元素 stu[1] 的首地址;pt+2 表示第 3 个元素 stu[2] 的首地址,以此类推。

【例 9.4】 有 3 个学生的信息(包含学号、姓名、成绩),存放在结构体数组中,要求使用指向结构体数组的指针变量输出全部学生的信息。

【问题分析】

按例 9.2 声明结构体类型,定义结构体数组并赋初值,然后定义指向结构体的指针变量并赋初值,再使用指向运算符访问结构体数组各个元素的成员。

【编程实现】

```
1    #include <stdio.h>
2    #define N 3
3    typedef struct student
4    {
5        int stuID;
6        char stuName[11];
7        int score;
8    }STUDENT;
9    int main()
10   {
11       STUDENT stu[N]={{20240037,"王小红",83},{20240038,"李明",92},
12                      {20240039,"杜建国",76}};
13       STUDENT * pt;
14       printf("%8s%8s%6s\n","学号","姓名","成绩");
15       for(pt=stu;pt<stu+N;pt++)
16           printf("%8d%8s%6d\n",pt->stuID,pt->stuName,pt->score);
17       return 0;
18   }
```

【运行结果】

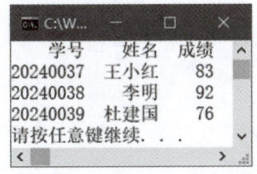

【关键知识点】

在代码第 15 和 16 行中,先通过 pt=stu 对 pt 进行初始化,使 pt 指向结构体数组的第 1 个元素,然后通过 pt<stu+N 判断数组元素是否处理完毕,在循环体中通过指向运算符输出第 1 个元素各个成员的值;然后通过 pt++ 使 pt 指向结构体数组的下一个元素。

## 9.5 结构体与函数

结构体与函数课堂练习

将结构体传递给函数的方式有如下 3 种。

(1) 用结构体变量的单个成员作函数参数,向函数传递单个成员的值。

例如,用例 9.1 中的 stu1.stuID 或例 9.2 中的 stu[0].stuID 作函数实参,其用法与普通变量作实参相同,形参与实参的类型应保持一致,因此,与实参 stu1.stuID 对应的形参也应为 int 型。该方式属于值传递,在被调函数中修改形参的值,不会引起结构体成员值的变化。该方式很少使用。

(2) 用结构体变量作函数参数,向函数传递所有成员的值。

该方式向函数传递的是结构体的完整信息,即将结构体变量的所有成员的内容全部按顺序传递给形参,形参也必须是同类型的结构体变量。如果结构体的规模较大,这种传递方式在时间和空间上开销也会比较大。这种方式也是值传递,如果在被调函数中修改形参的值,实参的值不会变化,这往往不能达成调用函数的目的,因此,该方式也不常使用。

(3) 用结构体指针或结构体数组作函数参数,向函数传递结构体的首地址。

因为是地址传递,所以在被调函数中对形参指向的结构体的成员值进行修改,将会直接作用于实参结构体成员。由于仅传递结构体的首地址给被调函数,并不是将结构体所有成员的内容传递给被调函数,因此这种方式比第 2 种方式效率更高。

### 9.5.1 结构体变量作函数参数

【例 9.5】 演示结构体变量作函数参数实现值传递。

【编程实现】

```
1    #include <stdio.h>
2    #include <string.h>
3    typedef struct student
4    {
```

```
5        int stuID;
6        char stuName[11];
7        int score;
8    }STUDENT;
9    void FuncTest(STUDENT s)
10   {
11       s.stuID=20240052;
12       strcpy(s.stuName,"王莉");
13       s.score=90;
14   }
15   int main()
16   {
17       STUDENT stu={20240037,"王小红",83};
18       STUDENT * pt;
19       printf("调用前：\n");
20       printf("%8d%8s%4d\n",stu.stuID,stu.stuName,stu.score);
21       FuncTest(stu);
22       printf("调用后：\n");
23       printf("%8d%8s%4d\n",stu.stuID,stu.stuName,stu.score);
24       return 0;
25   }
```

【运行结果】

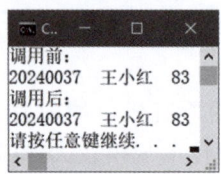

【关键知识点】

代码第 9~14 行定义的 FuncTest() 函数用 STUDENT 类型的结构体变量 s 作为形参。在 main() 函数中，第 21 行调用 FuncTest() 函数，将结构体变量 stu 作为实参，向形参传递的是 stu 所有成员的值。形参 s 和实参 stu 占用不同的存储空间，因此，在 FuncTest() 函数中修改形参 s 的值，不会影响实参 stu 的值。第 23 行的输出结果验证了以上分析。

【延展学习】

在本例题中，若想将被调函数 FuncTest() 修改后的形参的值返回给主调函数，应如何修改程序？有两种方法：

（1）将 FuncTest() 函数修改为有返回值函数，通过 return 返回值，详见例 9.6。

（2）采用结构体指针变量作函数形参，详见例 9.7。

【例 9.6】 修改例 9.5 的程序，将 FuncTest() 函数修改为有返回值函数，函数的返回值为结构体类型。

【编程实现】

```
1    #include <stdio.h>
2    #include <string.h>
3    typedef struct student
4    {
5        int stuID;
6        char stuName[11];
7        int score;
8    }STUDENT;
9    STUDENT FuncTest(STUDENT s)        //函数的返回值为结构体类型
10   {
11       s.stuID=20240052;
12       strcpy(s.stuName,"王莉");
13       s.score=90;
14       return s;                      //返回结构体变量 s 的值
15   }
16   int main()
17   {
18       STUDENT stu={20240037,"王小红",83};
19       STUDENT *pt;
20       printf("调用前:\n");
21       printf("%8d%8s%4d\n",stu.stuID,stu.stuName,stu.score);
22       stu=FuncTest(stu);             //将函数的返回值赋值给结构体变量 stu
23       printf("调用后:\n");
24       printf("%8d%8s%4d\n",stu.stuID,stu.stuName,stu.score);
25       return 0;
26   }
```

【运行结果】

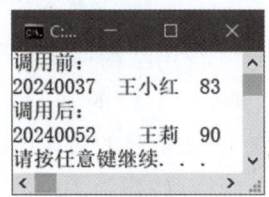

【关键知识点】

与例 9.5 的程序相比,有改动的地方均用黑体表示。FuncTest()函数通过语句 return s 将修改后的 s 的值带回到 main()函数。代码第 22 行将 FuncTest()函数的返回值赋值给结构体变量 stu,因此第 24 行输出的是修改后的值。

## 9.5.2 结构体指针作函数参数

【例 9.7】 修改例 9.5 的程序,用结构体指针变量作函数参数。

**【编程实现】**

```
1    #include <stdio.h>
2    #include <string.h>
3    typedef struct student
4    {
5        int stuID;
6        char stuName[11];
7        int score;
8    }STUDENT;
9    void FuncTest(STUDENT *pt)           //结构体指针变量作函数形参
10   {
11       pt->stuID=20240052;              //通过指针变量和箭头运算符访问结构体的成员
12       strcpy(pt->stuName,"王莉");
13       pt->score=91;
14   }
15   int main()
16   {
17       STUDENT stu={20240037,"王小红",83};
18       STUDENT *pt;
19       printf("调用前: \n");
20       printf("%8d%8s%4d\n",stu.stuID,stu.stuName,stu.score);
21       FuncTest(&stu);                  //函数实参为结构体变量的地址
22       printf("调用后: \n");
23       printf("%8d%8s%4d\n", stu.stuID,stu.stuName,stu.score);
24       return 0;
25   }
```

**【运行结果】**

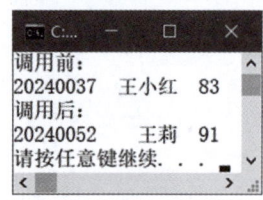

**【关键知识点】**

与例9.5的程序相比,有改动的地方均用黑体表示。代码第9行用结构体指针变量pt作函数形参,与之对应的实参必须是结构体变量的地址,即第21行的&stu。在FuncTest()函数中,应该使用箭头运算符来访问结构体指针变量pt所指向的结构体的成员,如第11~13行所示。由于pt指向了stu,因此对pt->stuID的修改,相当于是对stu.stuID的修改,所以在调用FuncTest()函数后,学生信息发生了改变。

### 9.5.3 结构体数组作函数参数

**【例9.8】** 修改例9.2的程序,在子函数中实现对所有学生按学号从小到大排序。

**【问题分析】**

在main()函数中,将多个学生的信息存储在结构体数组中,由于需要在子函数中完成排序,因此,用结构体数组作函数参数。与数值型数组作函数参数一样,还需要一个整型参数,用于传递数组长度。

**【编程实现】**

```c
1   #include <stdio.h>
2   typedef struct student
3   {
4       int stuID;
5       char stuName[11];
6       int score;
7   }STUDENT;
8   void SelectSort(STUDENT st[],int n);
9   int main()
10  {
11      STUDENT stu[30];
12      int i,n;
13      printf("请输入学生人数: ");
14      scanf("%d",&n);
15      printf("请输入%d个学生的学号、姓名、成绩: \n",n);
16      for(i=0;i<n;i++)
17          scanf("%d%s%d",&stu[i].stuID,stu[i].stuName,&stu[i].score);
18      SelectSort(stu,n);
19      printf("按学号从小到大排序后的结果为: \n");
20      printf("%8s%8s%6s\n","学号","姓名","成绩");
21      for(i=0;i<n;i++)
22          printf("%8d%8s%6d\n",stu[i].stuID,stu[i].stuName,stu[i].score);
23      return 0;
24  }
25  void SelectSort(STUDENT st[],int n)
26  {
27      int i,j,min;
28      STUDENT temp;
29      for(i=0;i<n-1;i++)
30      {
31          min=i;
32          for(j=i+1;j<n;j++)
33              if(st[j].stuID<st[min].stuID)
34                  min=j;
35          if(min!=i)
36              temp=st[i], st[i]=st[min], st[min]=temp;
37      }
38  }
```

**【运行结果】**

```
请输入学生人数: 4
请输入4个学生的学号、姓名、成绩:
20240039 杜建国 76
20240037 王小红 83
20240023 沈博宇 95
20240038 李明 92
按学号从小到大排序后的结果为:
    学号    姓名  成绩
20240023  沈博宇   95
20240037  王小红   83
20240038   李明    92
20240039  杜建国   76
请按任意键继续...
```

**【关键知识点】**

代码第 25～38 行定义了 SelectSort() 函数,其功能为:将所有学生的信息按学号从小到大进行排序,第 18 行调用了该函数。该函数有 2 个参数,第 1 个参数 st 为结构体数组,其对应的实参是在 main() 函数中定义的结构体数组 stu 的首地址(数组名 stu 代表了数组首地址);第 2 个参数表示数组的实际长度。由于传递的是数组首地址,所以形参数组 st 和实参数组 stu 实际上共用同一段内存空间,在被调函数中修改数组 st 的元素值(第 36 行),相当于修改实参数组 stu 的元素值,所以,排序后的结果实际保存在数组 stu 中,可在 main() 函数中输出该数组各元素的值(第 21～22 行)。

## 9.6 单向链表与基本操作

### 9.6.1 什么是链表

通过第 7 章的学习可知,数组是一种顺序存储、随机访问的线性表,其优点是能快速、随机地存取线性表中的任一元素。数组的缺点是:

(1) 对其进行插入或删除操作时,需要移动大量的数组元素。

(2) 定义数组时必须指定数组的长度(即元素个数),实际使用的元素个数不能超过数组长度,否则会发生下标越界错误;若指定的长度过大,则会造成内存空间的浪费。

有没有更合理地使用系统资源的方法呢?即需要添加一个元素时,程序可以自动申请内存并添加元素;需要删除一个元素时,程序又可以自动地释放该元素占用的内存空间。方法就是使用动态数据结构。

将**动态内存分配**、**结构体**、**指针**配合使用,可以表示许多复杂的动态数据结构,例如:**链表**、队列、树、栈、图等,其中,链表又分为**单向链表**、双向链表和循环链表。本章仅介绍单向链表。

**链表是链式存储、顺序访问的线性表**。链表中的每个元素称为一个**节点**,当前节点的前一个节点称为**前驱节点**,当前节点的后一个节点称为**后继节点**。每个节点都可以存储在内存中的不同位置,即各个节点在内存空间中的地址可以是不连续的,且链表的长度不是固定的。链表的这一特点使其可以非常方便地实现节点的插入和删除。

为了理解什么是链表,打一个通俗的比喻:幼儿园的老师带领孩子散步,老师牵着第一个孩子的一只手,第一个孩子的另一只手牵着第二个孩子……这就是一个"链",最后一个孩子有一只手空着,他是"链尾"。要找这个队伍,必须先找到老师,然后按顺序找到每个孩子。

若要找到链表的某个节点,必须先通过"头指针"找到第一个节点,根据它提供的第二个节点的地址才能找到第二个节点。链表如同一条铁链,一环扣一环,中间不能断开。在链表的每个节点中,除了需要存储元素本身的数据信息之外,还需要存放下一节点的地址。

前面介绍了结构体变量,用它表示链表节点最合适。一个结构体变量包含若干成员,

这些成员可以是数值类型、字符类型、数组类型,也可以是指针类型。例如,为了表示链表节点,可以设计这样一个结构体类型:

```
struct student
{
    int stuID;
    char stuName[11];
    int score;
    struct student * next;    //指针变量 next 指向 struct student 类型的结构体变量
};
```

其中,成员 stuID、stuName 和 score 用来存放节点本身的数据信息(学号、姓名、成绩);**成员 next 用于存放下一节点的地址**。

如果将结构体类型的声明改成下面的形式:

```
struct student
{
    int stuID;
    char stuName[11];
    int score;
    struct student next;
};
```

在 VS2010 中编译时将出现报错信息:"student::next:使用正在定义的 student"。这说明,**声明结构体类型时不能包含本结构体类型的成员**。因为本结构体类型尚未声明结束,它所占用的字节数还未确定,因此系统无法为这样的结构体成员分配内存。

但是,**在声明结构体类型时可以包含指向本结构体类型的指针成员**。因为指针变量中存放的是地址,系统为指针变量分配的内存字节数是固定的(如 32 位计算机的地址占 4 字节),与它所指向的数据类型无关。

## 9.6.2 单向链表的建立与输出

单向链表的建立与输出 课堂练习

如图 9.5 所示,链表的每个节点都包含两部分:

(1) **数据域**,用于存储元素本身的数据信息,它可以是一个成员数据,也可以是多个成员数据,例如,9.6.1 节中的 3 个成员 stuID、stuName 和 score 统称为数据域。在本书的链表示意图中,用 data 表示数据域。

(2) **指针域**,用于存储下一节点(即**后继节点**)的地址,例如,前一小节中的成员 next。当某一节点为链表的末尾节点时,next 的值设为空指针(NULL),表示链表结束。在链表示意图中,通常用符号 ∧ 表示空指针。

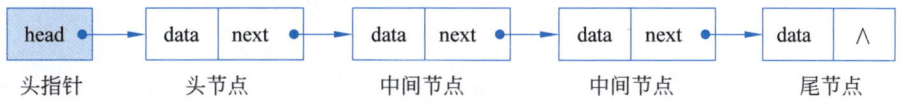

图 9.5 单向链表示意图

像图 9.5 这样，每个节点只包含一个指针域，由多个节点链接形成的链表，称为 单向链表 或 线性链表。对于单向链表而言，头指针 是访问链表的关键，头指针一旦丢失，链表中的数据也将全部丢失。

建立链表，实际上就是根据需要向链表中添加（插入）若干节点，主要有以下 3 种方法。

（1）头插法。每次都将新节点插入在链表头部，即将新节点作为头节点，原来的头节点变成第二个节点。

（2）尾插法。每次都将新节点添加到链表尾部。该方法需要遍历链表，找到链尾后再添加新节点。链表的 遍历 是指从链表的第一个节点开始，依次访问每一个节点，直至到达链表末尾。

（3）中间插法。通过遍历找到符合要求的插入位置，在此插入新节点，如 9.6.5 节介绍的有序插入。

本节主要介绍尾插法，在学习完尾插法之后，读者可自行编程用头插法实现链表的建立。

为简化程序，假设链表节点的数据域仅包含一个 int 型的成员 data，链表节点的结构体类型定义如下：

```
struct link
{
    int data;
    struct link * next;
};
```

链表的头指针定义为：

```
struct link * head=NULL;
```

初始情况下，链表为空表（一个节点都没有），所以头指针 head 的初值为 NULL。

采取向链表尾部添加节点的方式来建立一个单向链表。为了创建一个新的节点，首先要为新建节点动态申请内存，并让指针变量 p 指向这个新建节点，语句如下：

```
struct link * p;
p=(struct link *)malloc(sizeof(struct link));
```

然后为新建节点的数据域赋值（p->data＝x，x 为尾插法子函数的形参），为指针域赋值（p->next＝NULL），再将新建节点添加到链表中，此时需要考虑以下两种情况：

（1）原链表为空表，则将新建节点置为头节点，如图 9.6 所示。

图 9.6 原链表为空表时，新建节点的添加过程

（2）原链表为非空，则将新建节点添加到链表尾部，如图 9.7 所示。

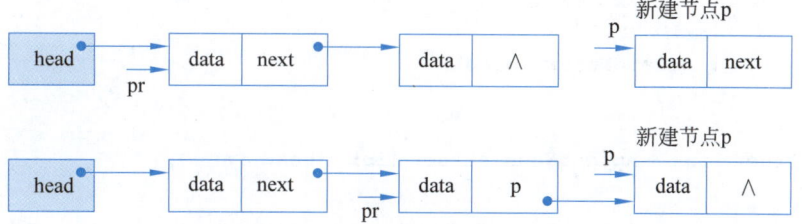

(1) 移动pr，使其指向尾节点；(2) pr->next=p;

图 9.7　原链表非空时，新建节点的添加过程

【例 9.9】　采用尾插法建立单向链表，每添加一个新建节点，需输出所有节点的信息；若不再继续添加新建节点，则表示完成了单向链表的建立。之后删除该链表，释放所有节点占用的内存空间。

【问题分析】

AppendNode()子函数的功能是新建一个节点并添加到链表尾部，算法思想见上面的分析，多次调用该函数可添加多个节点。Display()子函数的功能是输出所有节点的信息。DeleteMemory()子函数的功能是释放所有节点占用的内存空间。

【编程实现】

```
1   #include <stdio.h>
2   #include <stdlib.h>
3   struct link
4   {
5       int data;
6       struct link * next;
7   };
8   struct link * AppendNode(struct link * head,int x);
9   void Display(struct link * head);
10  void DeleteMemory(struct link * head);
11  int main()
12  {
13      int i=0,x;
14      char choice;
15      struct link * head=NULL;         //头指针
16      printf("需要添加新节点吗(Y/N)?");
17      scanf(" %c",&choice);            //%c前有一个空格
18      while(choice=='Y'||choice=='y')
19      {
20          printf("请输入新建节点的数据：");
21          scanf("%d",&x);
22          head=AppendNode(head,x);
23          Display(head);
24          i++;
25          printf("\n需要继续添加新建节点吗(Y/N)?");
26          scanf(" %c", &choice);
27      }
```

```c
28          printf("已添加%d个新节点\n",i);
29          if(head!=NULL)
30              DeleteMemory(head);
31          return 0;
32      }
33      struct link * AppendNode(struct link * head,int x)
34      {
35          struct link * p=NULL;          //用于指向新建节点
36          struct link * pr=head;         //用于遍历链表,从 head 开始依次访问后继节点
37          p=(struct link *)malloc(sizeof(struct link));   //为新建节点分配内存
38          if(p==NULL)
39          {
40              printf("新节点内存分配失败!\n");
41              exit(0);
42          }
43          p->data=x;                     //为新建节点的数据域赋值
44          p->next=NULL;                  //为新建节点的指针域赋值,将其设为尾节点
45          if(head==NULL)                 //原链表为空表
46              head=p;                    //将新建节点置为头节点
47          else                           //原链表为非空
48          {
49              while(pr->next!=NULL)      //若未到链尾,则继续遍历链表
50                  pr=pr->next;           //让 pr 指向下一个节点
51              pr->next=p;                //让尾节点的指针域指向新建节点
52          }
53          return head;                   //返回链表的头指针
54      }
55      void Display(struct link * head)
56      {
57          struct link * p=head;
58          int i=1;
59          while(p!=NULL)                 //若未到链尾,则输出节点的序号和节点的值
60          {
61              printf("第%d个节点: %d\n",i,p->data);
62              p=p->next;                 //让 p 指向下一个节点
63              i++;
64          }
65      }
66      void DeleteMemory(struct link * head)
67      {
68          struct link * p=head, * pr=NULL;
69          while(p!=NULL)                 //若不是链表尾,则释放节点占用的内存
70          {
71              pr=p;                      //pr 指向当前节点
72              p=p->next;                 //p 指向下一个节点
73              free(pr);                  //释放 pr 指向的当前节点占用的内存
74          }
75          printf("所有节点占用的内存已释放!\n");
76      }
```

【运行结果】

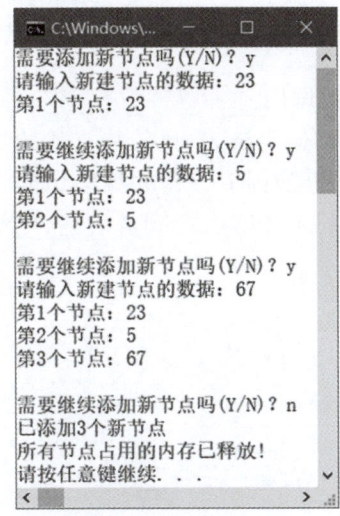

【关键知识点】

(1) AppendNode()函数的返回值和第一个参数均为链表的头指针 head,该函数能否设计为无返回值函数？答案是否定的。若原链表为空表,代码第 22 行调用 AppendNode()函数时,传递的第一个实参为 NULL,第 46 行将头指针 head 的值修改为新建节点的指针 p,修改后的 head 值需要通过第 53 行的 return 语句返回给 main()函数,并且在 main()函数中必须将这一返回值赋值给头指针 head(第 22 行),此时链表不再是空表。若需再添加一个节点,则第二次调用 AppendNode()函数时,传递的实参就是新的 head 值。

(2) 遍历链表通常通过循环结构实现,其基本步骤为：通过头指针 head 找到第一个节点,访问其数据域(例如：输出数据域的值),然后跟踪链表的指针域 next,找到下一个节点并访问其数据域,直到指针域 next 等于 NULL 为止。例如,第 49～50 行和第 59～64 行都是链表的遍历。

(3) 可在第 7 行和第 8 行之间添加语句 typedef struct link LINK；为结构体类型 struct link 定义别名 LINK,然后将第 8 行及以后的 struct link 都替换为 LINK,以便简化代码。

### 9.6.3　单向链表的查找

链表的查找主要分为如下两种。

(1) 按位查找,获取链表中第 n 个位置元素的值。算法思想与例 9.9 中的链表输出类似,将 Display()函数中输出所有节点的信息改为只输出第 n 个节点的信息即可。

(2) 按值查找,在链表中查找具有给定关键值的元素。

由于链表不能随机访问,即使知道节点的序号 n,也不能像数组中那样直接按序号 n 访问节点,只能从链表的头指针出发,跟踪指针域 next,逐个节点地查找。

【例 9.10】　假设已按例 9.9 的方法建立单向链表,编程实现链表的按值查找,即输入一个数据,查找链表中是否有该数据,如有,则输出其所在节点的序号;如没有,输出提示信息。

【问题分析】

将查找操作定义为QueryNode()函数,由main()函数调用。

设置变量i(初值为1)记录节点的序号,通过循环结构遍历链表,比较待查找的数据与链表节点的数据域data是否相等,如不相等且未到链表尾,则i++,并继续访问下一节点;如相等,则结束循环,然后输出其所在节点的序号;如不相等且已到链表尾,则结束循环,输出提示信息"未找到"。

【编程实现】

```
1    #include <stdio.h>
2    #include <stdlib.h>
3    struct link
4    {
5        int data;
6        struct link * next;
7    };
8    struct link * AppendNode(struct link * head,int x);
9    void DeleteMemory(struct link * head);
10   void QueryNode(struct link * head,int x);
11   int main()
12   {
13       int x;
14       char choice;
15       struct link * head=NULL;                        //头指针
16       printf("需要添加新节点吗(Y/N)?");
17       scanf(" %c",&choice);                           //%c前有一个空格
18       while(choice=='Y'||choice=='y')
19       {
20           printf("请输入新建节点的数据: ");
21           scanf("%d",&x);
22           head=AppendNode(head,x);
23           printf("需要继续添加新节点吗(Y/N)?");
24           scanf(" %c", &choice);
25       }
26       printf("\n是否进行查询(Y/N)?");
27       scanf(" %c",&choice);
28       while(choice=='Y'||choice=='y')
29       {
30           printf("请输入需要查询的数据: ");
31           scanf("%d", &x);
32           QueryNode(head, x);                         //调用函数进行查询
33           printf("是否继续查询(Y/N)?");
34           scanf(" %c",&choice);
35       }
36       if(head!=NULL)
37           DeleteMemory(head);
```

```
38          return 0;
39    }
40    void QueryNode(struct link * head,int x)
41    {
42          struct link * p=head;
43          int i=1;                       //记录节点的序号
44          if(head==NULL)
45              printf("链表为空！\n");
46          else
47          {
48              while(p->data!=x&&p->next!=NULL)
49              {                          //循环条件：未找到匹配值的节点且未到链表末尾
50                  p=p->next;             //p指向下一个节点
51                  i++;
52              }
53              if(p->data==x)             //找到节点
54                  printf("%d是链表的第%d个节点\n",x,i);
55              else
56                  printf("链表中没有值为%d的节点！\n",x);
57          }
58    }
59    //AppendNode()函数和DeleteMemory()函数的定义与例9.9相同,代码略
```

【运行结果】

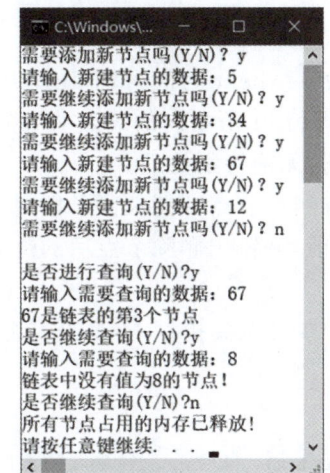
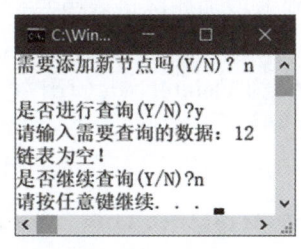

【关键知识点】

为了简化代码,本例中节点的数据域只有一个成员 data,所以,若找到了值为 x 的节点则输出节点的序号(代码第 54 行),该程序主要用于演示链表的查找算法,实用性不强。在实用的链表程序中,节点的数据域一般有多个成员,如学号、姓名、成绩,可以按学号(相当于本例中的 x)进行查找,若找到,则输出相应节点的学号、姓名、成绩。

## 9.6.4 单向链表的删除

链表的删除操作指的是将一个待删除节点 p 从链表中断开,不再与链表的其他节点有任何联系,并释放 p 占用的内存空间。

单向链表的删除课堂练习

在删除节点时,需要考虑以下几种情况。

(1) 链表为空:无须删除节点,输出提示信息后直接退出程序。

(2) 链表为非空,又分为以下几种情况:

① 待删除节点 p 是头节点,则将头指针 head 指向 p 的后继节点,即 head=p->next,如图 9.8 所示。

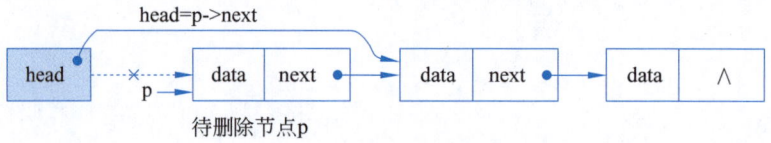

图 9.8　删除头节点的过程

② 待删除节点 p 是中间节点,则将 p 的前驱节点 pr 的指针域指向 p 的后继节点,即 pr->next=p->next,如图 9.9 所示。

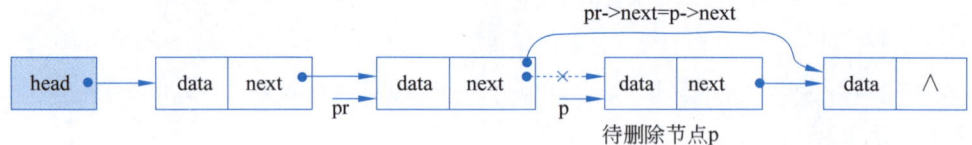

图 9.9　删除非头节点的过程

③ 待删除节点 p 是尾节点,按图 9.9 进行操作时,因为 p->next 的值为 NULL,所以执行 pr->next=p->next 相当于执行 pr->next=NULL,即将 pr 所指向的节点从倒数第 2 个节点变成了尾节点。因此,该情况的处理方式与②相同,无须特别处理。

④ 已搜索到链表尾(p->next==NULL),仍未找到待删除节点,则输出"未找到"。

【例 9.11】　在例 9.9 的基础上增加删除链表节点的功能,并输出删除节点后的链表。

【问题分析】

将删除链表节点的功能定义为 DeleteNode() 函数,其参数为头指针 head 及待删除数据 x,算法思想见上面的分析。

【编程实现】

```
1    struct link * DeleteNode(struct link * head, int x)    //x为待删除的数据
2    {
3        struct link * pr=head, * p=head;     //p为待删除节点,pr为p的前驱节点
4        if(head==NULL)
5        {
6            printf("链表为空!\n");
7            return head;
8        }
9        while(p->data!=x&&p->next!=NULL)
10       {
11           pr=p;
12           p=p->next;
13       }        //查找数据域为x的节点,并用p指向它,pr是p的前驱节点
```

```
14        if(p->data==x)              //找到了数据域为 x 的节点
15        {
16            if(p==head)              //删除的是头节点
17                head=p->next;
18            else                     //删除的不是头节点
19                pr->next=p->next;
20            free(p);                 //释放节点 p 占用的内存空间
21        }
22        else
23            printf("未找到该节点\n");
24        return head;                 //返回链表的头指针
25    }
```

【运行结果】

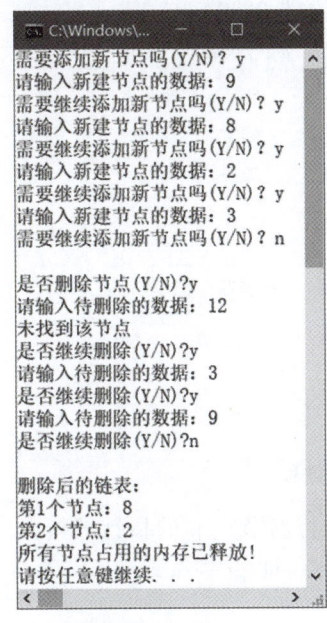

【关键知识点】

(1) 为节约篇幅,本例仅提供 DeleteNode()函数的代码,读者可在例 9.9 的基础上添加本例题的代码,然后修改 main()函数,调用 DeleteNode()函数删除链表中的相应节点,并输出删除节点后的链表。供参考的运行结果如上。

(2) 例 9.10 代码的第 48～52 行与本例第 9～13 行基本一样,都是查找链表中是否有值为 x 的节点,并用指针变量 p 指向该节点。不同之处在于,本例中增加了指针变量 pr 指向 p 的前驱节点,其目的是在删除节点 p 之前,将 p 的前驱节点与后继节点连接起来(第 19 行),以保证链表不会断开。

(3) 若删除的是头节点(第 16 和 17 行),则链表的头指针 head 的值会发生变化,其原值是头节点的地址,现值是第二个节点的地址,所以 DeleteNode()函数是有返回值函数,返回 head 的值。相应地,main()函数中的函数调用语句应为 head＝DeleteNode(head,x)。

## 9.6.5　单向链表的有序插入

假设已有一个按数据域升序排列的有序链表,将一个新节点 p 插入该链表中,并使链表仍然保持升序。

在插入新节点 p 之前,首先设置 p 的数据域和指针域,即 p->data＝x、p->next＝NULL,然后,需要考虑以下几种情况:

(1) 原链表为空表,则将新节点 p 作为头节点,即 head＝p。

(2) 原链表为非空,则从头节点开始遍历链表,按节点值的大小确定新节点 p 的插入位置,根据插入位置不同,又分为以下 3 种情况。

① 在头节点前插入新节点,其过程如图 9.10 所示,先将新节点 p 的指针域指向原链表的头节点,即 p->next＝head,然后让头指针指向新节点,即 head＝p。

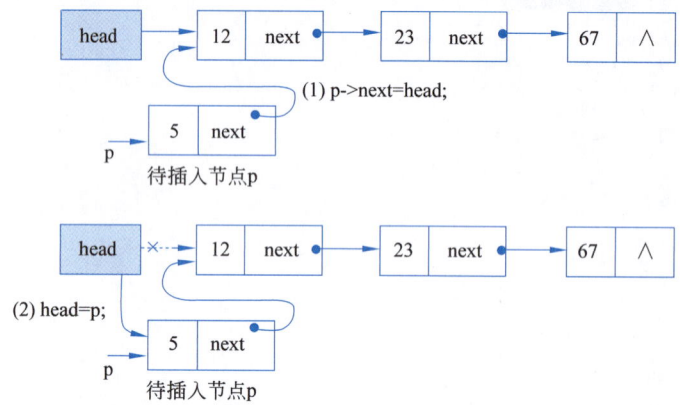

图 9.10　在头节点前插入新节点的过程

② 在链表中间插入新节点,其过程如图 9.11 所示,先将新节点 p 的指针域指向下一节点,即 p->next＝pt,然后让前一节点的指针域指向新节点,即 pr->next＝p。

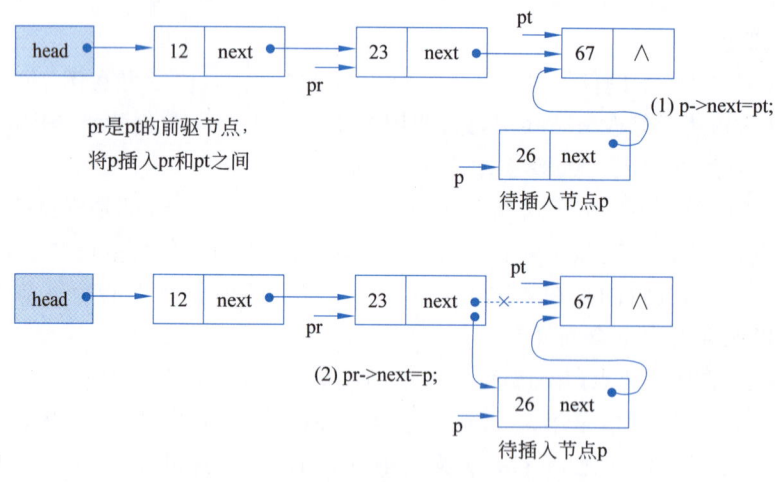

图 9.11　在链表中间插入新节点的过程

③ 在**链表尾部**插入新节点,其过程如图 9.12 所示,直接将尾节点 pt 的指针域指向新节点即可,即 pt->next=p。该过程与 9.6.2 节介绍的尾插法(见图 9.7)一样,只是变量名不一样而已。

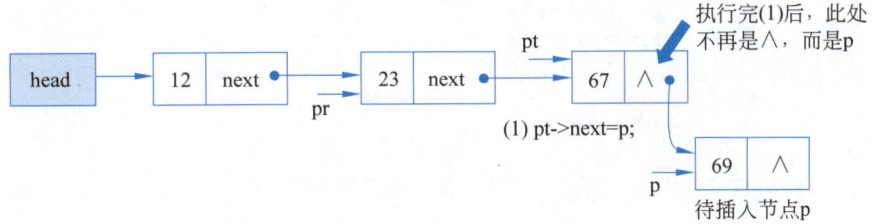

图 9.12　在链表尾部插入新节点的过程

【例 9.12】　建立一个单向链表,在添加节点的过程中,链表中的数据始终保持升序排列;每插入一个新节点,需输出已有的所有节点的信息;若不再继续插入新节点,则完成链表的建立。最后删除链表,即释放所有节点占用的内存空间。

【问题分析】

采用本节介绍的有序插入的方法建立链表,将其编写为 InsertNode()子函数,由 main()函数多次调用,每调用一次插入一个新节点。

本例仅提供 InsertNode()函数的代码,用该函数替换例 9.9 中的 AppendNode()函数,并修改例 9.9 的 main()函数中的函数调用语句和部分文字提示信息即可。

【编程实现】

```
1    struct link * InsertNode(struct link * head,int x)   //x 为待插入节点的值
2    {
3        struct link * pr=NULL, * pt=head;          //pr、pt 用于遍历链表
4        struct link * p=(struct link *)malloc(sizeof(struct link));
5        if(p==NULL)
6        {
7            printf("新节点内存分配失败!\n");
8            exit(0);
9        }
10       p->data=x;
11       p->next=NULL;
12       if(head==NULL)                             //原链表为空
13           head=p;
14       else
15       {
16           while(pt->data<x&&pt->next!=NULL)      //遍历链表,寻找插入位置
17           {                                      //在遍历链表的过程中,pr 为 pt 的前驱节点
18               pr=pt;
19               pt=pt->next;
20           }
21           if(pt->data>=x)      //在 pt 前插入,即在链表的头部或中间插入
22               if(pt==head)     //在头节点前插入
23               {
```

```
24                    p->next=head;
25                    head=p;
26                }
27            else                    //在中间位置插入
28            {
29                p->next=pt;
30                pr->next=p;
31            }
32        else                        //在尾部插入
33            pt->next=p;
34    }
35    return head;                    //返回链表的头指针
36 }
```

【运行结果】

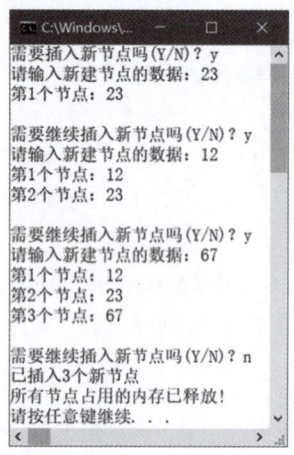

【关键知识点】

（1）代码第 16～20 行的功能为遍历链表，寻找合适的插入位置。第 21～33 行的功能为插入新节点，对应本节开头分析的非空链表插入节点的①②③共 3 种情况。

（2）需特别注意第 24 和 25 行的顺序，若写反，会导致链表原来的头节点的指针丢失，从而导致链表断开。

（3）与前面介绍的 AppendNode() 函数和 DeleteNode() 函数类似，在本题的函数中，也可能会修改头指针 head 的值（第 25 行），所以该函数是有返回值函数，返回 head 的值。

## 9.7 常见错误小结

| 常见错误示例 | 错误描述及解决方法 | 错误类型 |
| --- | --- | --- |
| struct student<br>{<br>　　int stuID;<br>　　char stuName[11];<br>} | 错误描述：声明结构体类型时，忘记在}的后面加分号 | 编译错误 |

续表

| 常见错误示例 | 错误描述及解决方法 | 错误类型 |
|---|---|---|
| struct student<br>{<br>    int stuID;<br>    char stuName[11];<br>};<br>struct stu1; | **错误描述**：认为 struct 是一种结构体类型，直接用它定义结构体变量<br>**错误分析**：可以声明多种结构体类型，为加以区分，必须指定结构体的标签，如 student 或 book，因此 struct student 才是结构体类型（而不能单独用 struct 或 student），可以用它定义结构体变量<br>**解决方法**：将最后一行改为 struct student stu1; | 编译错误 |
| typedef struct student<br>{<br>    int stuID;<br>    char stuName[11];<br>}stu;<br>stu.stuID=20240023; | **错误描述**：误将 stu 作为结构体变量使用<br>**错误分析**：stu 是结构体类型 struct student 的别名，它是一种数据类型，可以用它定义结构体变量<br>**解决方法**：stu zhang;   zhang.stuID=20240023; | 编译错误 |
| STUDENT stu[20];<br>int temp;<br>// 输入结构体数组，代码略<br>temp=stu[i];<br>stu[i]=stu[min];<br>stu[min]=temp; | **错误描述**：在交换结构体变量的值时，中间变量 temp 的类型与结构体变量的类型不一致<br>**错误分析**：只有同类型的结构体变量才能进行整体赋值<br>**解决方法**：将第二行改为 STUDENT temp; | 编译错误 |
| STUDENT stu1;<br>STUDENT *pt=&stu1;<br>pt — >stuID=20240037; | **错误描述**：在结构体指向运算符的两个符号—和>之间误加空格<br>**解决方法**：删除—和>之间的空格 | 编译错误 |
| if(pt==head)<br>{<br>    head=p;<br>    p->next=head;<br>} | **错误描述**：本行错误示例来源于例 9.12 中第 22～26 行代码，其功能是在头节点前插入一个新节点 p。先执行 head=p 会让头指针指向新节点 p，而指向原来的头节点的指针就不是 head 了，所以执行第二条语句时，无法再连接到原来的头节点，导致链表断开<br>**解决方法**：将大括号中的两条语句交换顺序 | 逻辑错误 |
| —— | **错误描述**：误以为用 typedef 可以定义一种新的数据类型 | 理解错误 |

## 9.8 练 习 题

一、单项选择题

1. 以下结构体类型的声明中，错误的是(　　)。

    A. struct book{ char name[20]; float price; };

    B. struct book{ char name[20]; float price; }; typedef struct book BOOK;

    C. typedef struct{ char name[20]; float price; } book;

    D. struct{ char name[20]; float price; };

2. 若程序中已包含必要的头文件,且有以下语句:

```
typedef struct date { int year, month, day; } DATE;
typedef struct student { int stuID; char stuName[11];   DATE birthday; }
STUDENT;
STUDENT stu1;
```

则下列选项中错误的是(　　)。

　　A. STUDENT stu2={20240001,"王华",{2006,5,25}};　stu1＝stu2;

　　B. stu1.stuID＝20240001;

　　C. strcpy(stu1.stuName,"王华");

　　D. stu1.birthday={2006,5,25};

3. 以下叙述中错误的是(　　)。

　　A. 可以通过 typedef 增加新的类型

　　B. 可以用 typedef 将已存在的类型用一个新的名字来代表

　　C. 用 typedef 定义新的类型名后,原有类型名仍有效

　　D. 用 typedef 可以为各种类型定义别名,但不能为变量定义别名

4. 下面的结构体变量定义语句中,错误的是(　　)。

　　A. struct test { int x; int y; int z; }; struct test a;

　　B. struct test { int x; int y; int z; } struct test a;

　　C. struct test { int x, y, z; } a;

　　D. struct { int x; int y; int z; } a;

5. 若有以下语句:

```
typedef struct S{ int g; char h; }T;
```

则以下叙述中正确的是(　　)。

　　A. 可用 S 定义结构体变量　　　　B. 可用 T 定义结构体变量

　　C. S 是 struct 类型的变量　　　　D. T 是 struct S 类型的变量

6. 以下叙述中错误的是(　　)。

　　A. 只要类型相同,结构体变量之间可以整体赋值

　　B. 函数的返回值类型不能是结构体类型,只能是简单类型

　　C. 可以通过指针变量访问结构体变量的任何成员

　　D. 函数可以返回指向结构体变量的指针

7. 以下叙述中正确的是(　　)。

　　A. 结构体变量中的成员可以是简单变量、数组或指针变量

　　B. 不同结构体的成员名不能相同

　　C. 结构体定义时,其成员的数据类型可以是本结构体类型

　　D. 结构体定义时,类型不同的成员项之间可以用逗号隔开

8. 设有定义:

```
struct complex {  int real, unreal;  } data1={1,8}, data2;
```

则以下赋值语句中错误的是(    )。

    A. data2＝{2,6}；              B. data2＝data1；

    C. data2.real＝data1.real；    D. data2.real＝data1.unreal；

9. 设有定义

```
struct { char mark[12]; int num1; double num2; } t1, t2;
```

若变量均已正确赋初值,则以下语句中错误的是(    )。

    A. t1＝t2；                     B. t2.num1＝t1.num1；

    C. t2.mark＝t1.mark；       D. t2.num2＝t1.num2；

10. 有以下程序,要求输出结构体成员 a 的值,以下不能填入横线处的内容是(    )。

```
#include <stdio.h>
struct S{ int a; int b; };
int main()
{
    struct S a, * p=&a;
    a.a=99;
    printf("%d\n", _____);
    return 0;
}
```

    A. a.a          B. p->a          C. *p.a          D. (*p).a

11. 有以下程序段

```
struct person { float weight; char sex; char name[10]; } rec, * ptr;
ptr=&rec;
```

从键盘读入字符串给结构体变量 rec 的 name 成员,填入

```
scanf("%s", _____);
```

横线处的内容,错误的是(    )。

    A. rec->name    B. rec.name    C. (*ptr).name    D. ptr->name

12. 有以下结构体说明、变量定义和赋值语句：

```
struct STD{ char name[10]; int age; char sex; } s, * ps;  ps=&s;
```

则以下 scanf() 函数调用语句有错误的是(    )。

    A. scanf("%s", s.name)；        B. scanf("%d", ps->age)；

    C. scanf(" %c", &(ps->sex))；   D. scanf("%d", &s.age)；

13. 为了建立含两个域(data 是数据域,next 是指向节点的指针域)的链表节点,在语句

```
struct link { char data; _____ } node;
```

的横线处应填入的是(    )。

    A. link next；                B. link * next；

    C. struct link next；        D. struct link * next；

14. 若已建立以下链表结构,且指针 p 和 q 已指向如下所示的节点,则以下选项中可将 q 所指节点从链表中删除并释放该节点的语句组是(　　)。

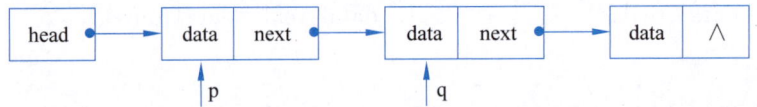

A. p=q; free(q);
B. p=q->next; free(q);
C. p->next=q->next; free(q);
D. (*p).next=(*q).next; free(p);

15. 若已建立以下链表结构,指针 p,s 分别指向如下所示的节点,则不能将 s 所指向的节点插入链表末尾的语句是(　　)。

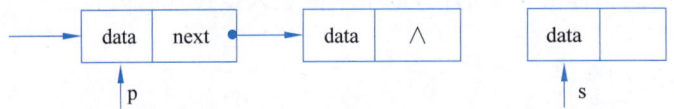

A. p=p->next; p->next=s; s->next=NULL;
B. s->next=0; p=p->next; p->next=s;
C. p=p->next; s->next=p->next; p->next=s;
D. p=p->next; s->next=p; p->next=s;

二、判断题
1. 结构体类型中各个成员的类型可以不一致。　　　　　　　　　　　(　　)
2. 结构体类型的成员可以是 C 语言中的基本数据类型,也可以是已定义的复合数据类型。　　　　　　　　　　　　　　　　　　　　　　　　　　　(　　)
3. 在声明结构体类型时,编译程序就为它分配了内存空间。　　　　　(　　)
4. 用 typedef 可以为结构体变量定义一个别名。　　　　　　　　　　(　　)
5. 若有语句

```
typedef struct Date { int year; int month; int day; } DATE;
```

则 DATE 是用户定义的结构体变量。　　　　　　　　　　　　　　　(　　)

6. 若有语句

```
struct test{ int a; double b; }t1;
```

则 t1 不能作为整体进行输出,应通过 t1->a 和 t1->b 分别输出两个成员的值。(　　)

7. 结构体变量之间可以用=进行整体赋值。　　　　　　　　　　　　(　　)
8. 结构体变量的地址可以作为实参传给子函数。　　　　　　　　　　(　　)
9. 结构体数组名不能作为实参传给子函数。　　　　　　　　　　　　(　　)
10. 声明结构体类型时,可以含有指向本结构体的指针成员。　　　　(　　)

三、阅读程序,写出运行结果
1. 程序如下:

```
#include<stdio.h>
struct test
```

```
    {
        int x, y;
    } demo[2]={3,5,7,9};
    int main()
    {
        struct test *p=demo;
        printf("%d,%d\n", ++p->x,++p->y);
        printf("%d,%d\n", (p+1)->x,(p+1)->y);
        printf("%d,%d\n", p->x,p->y);
        return 0;
    }
```

2. 程序如下：

```
#include <stdio.h>
typedef struct student
{
    char name[10];
    int score;
} STU;
void Fun(STU *x, STU y)
{
    STU z=*x;
    *x=y;
    y=z;
}
int main()
{
    STU a={"Zhao",92}, b={"Qian",86};
    Fun(&a, b);
    printf("%s,%d,%s,%d\n",a.name,a.score,b.name,b.score);
    return 0;
}
```

四、程序填空题

1. 程序功能：为结构体变量赋初值，并输出。根据需要，空缺处可填一条语句或多条语句。

```
#include <stdio.h>
#include <string.h>
struct date
{
    int year;
    char month[10];
};
struct employee
{
    int num;
    struct date birthday;
};
int main()
{
```

```
    struct employee zhang;
    zhang.num=241203;
        ①              //根据运行结果,赋初值
    printf("%d %d %s\n",zhang.num,    ②    );
    return 0;
}
```

【运行结果】

2. 程序功能：假设已按例9.9的方法建立了单向链表,以下函数用于删除链表中值为 x 的节点。每空填一条语句。

```
struct link * deleteNode(struct link * head, int x)
{
    struct link * q=head, * r=head;
    if(head==NULL)
    {
        printf("链表为空！\n");
        return head;
    }
    while(    ①    )
    {
        q=r;
        r=r->next;
    }
    if(r->data==x)
    {
        if(r==head)
            ②
        else
            ③
        free(r);
    }
    else
        printf("未找到该节点\n");
    return head;
}
```

**五、程序改错题**

**程序功能**：建立一个单向链表,在添加节点的过程中,链表中的数据始终保持升序排列。其中,head 为链表的头指针,x 为待添加节点的值。

本题的函数与例 9.9 的结构体类型声明以及 main() 函数、Display() 函数、DeleteMemory() 函数一起可构成完整的程序。

本程序共有 3 个错误,一行算一个错。

```
1   struct link InsertNode(struct link * head,int x)
2   {
3       struct link * pr=NULL, * pt=head;
4       struct link * p=(struct link *)malloc(sizeof(struct link));
5       if(p==NULL)
6       {
7           printf("新节点内存分配失败!\n");
8           exit(0);
9       }
10      p->data=x;
11      p->next=NULL;
12      if(head==NULL)
13          head=p;
14      else
15      {
16          while(pt->data<x&&pt->next!=NULL)
17          {
18              pr=pt;
19              pt=pt->next;
20          }
21          if(pt->data>=x)
22              if(pt==head)
23                  head=p, p->next=head;
24              else
25                  p->next=pt, pr->next=p;
26          else
27              pr->next=p;
28      }
29      return head;
30   }
```

**六、编程题**

1. **程序功能**：声明图书结构体类型，包含以下信息：书号(13位整数)、书名、作者、单价、数量，用该结构体类型定义两个结构体变量，输入两种书的信息，再输出这两种书的信息。要求：输入或输出第一种书的信息时使用圆点运算符；输入或输出第二种书的信息时使用箭头运算符。输入/输出格式参见运行结果，5列信息的输出宽度分别为16、26、16、8、6，单价保留2位小数。

**提示**：若用 int 型变量存储 13 位整数，则会溢出，可使用 double 型变量存储，并在输出时将小数位数设为 0 位。

【运行结果】

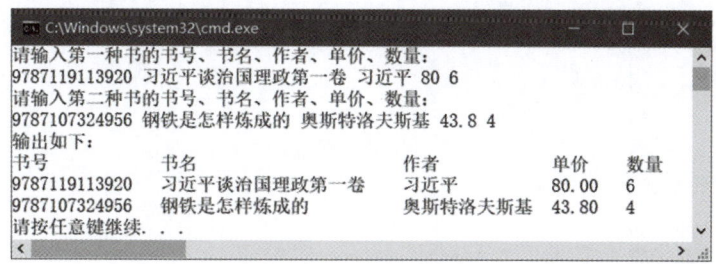

第 9 章　结构体与链表

2. **程序功能**：使用第1题声明的图书结构体类型创建结构体数组，输入图书的种类n(不超过10本)以及n种图书的信息，按单价降序排序后输出。输入/输出格式参见运行结果。

【运行结果】

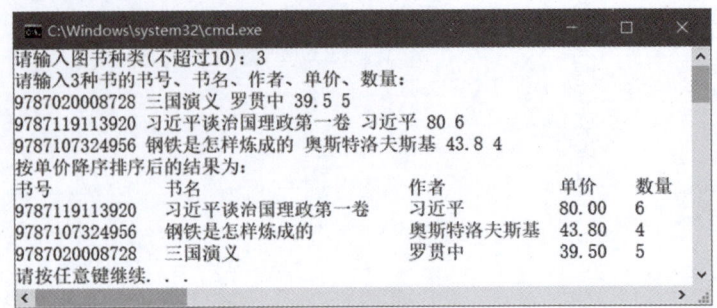

3. **程序功能**：使用第1题声明的图书结构体类型创建结构体数组，在主函数中输入图书的种类n(不超过10本)以及n种图书的信息，在子函数中计算所有图书的总价并通过返回值传回主函数，在主函数中进行输出。输入/输出格式参见运行结果。

【运行结果】

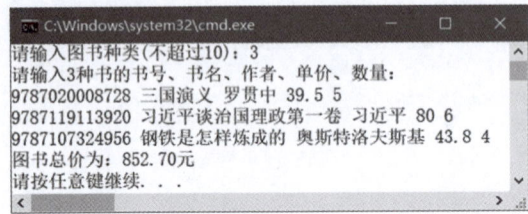

4. **程序功能**：用头插法建立链表。头插法是指每次都将新节点插入在链表头部，即将新节点作为头节点，原来的头节点变成第2个节点。编写AddNode()子函数实现头插法，用AddNode()函数替换例9.9的AppendNode()函数，并修改第8、22行代码，其余代码不变。输入/输出格式参见运行结果。

【运行结果】

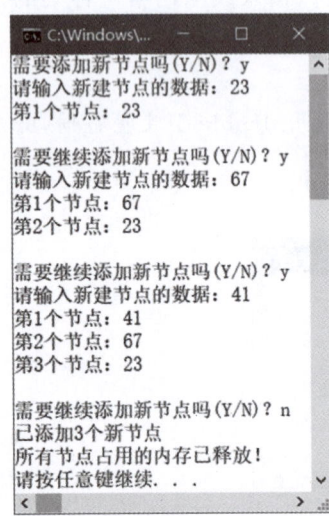

5. **程序功能**：在链表中按学号进行查找，并输出查找结果。链表节点声明如下：

```
struct link
{
    int stuNo;              //学号
    int score;              //成绩
    struct link * next;
};
```

(1) 编写子函数，采用尾插法建立链表，函数头为 struct link * AppendNode(struct link * head,int num, int grade)。

(2) 编写子函数，在链表中按学号进行查找，若找到，则输出该学生的成绩；若未找到，则输出提示信息，函数头为 void QueryNode(struct link * head,int num)。

(3) 使用例 9.9 的 DeleteMemory()函数，释放所有节点占用的内存空间。

(4) 参照例 9.10 编写主函数，调用以上 3 个函数，输入/输出格式参见运行结果。

【运行结果】

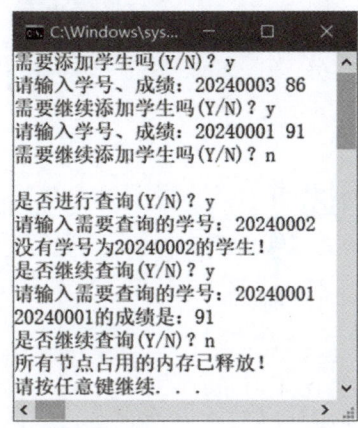

# 第 9 章练习题答案与解析

扫描二维码获取练习题答案与解析。

第 9 章 练习题答案与解析

# 第 10 章 文 件

**【学习要点】**

本章主要介绍文件的基本概念，文件的打开、关闭、读写等基本操作，具体内容如下：
- 文件概述。
- 文件的打开与关闭。
- 文件按字符、字符串、块等方式读写。
- 文件的定位与随机读写。

## 10.1 文件概述

### 10.1.1 文件的概念

文件的概念
课堂练习

C 程序运行时，数据在计算机硬件中的主要流向如图 10.1 所示。

图 10.1 程序运行时数据的流向

利用 C 语言的标准输入函数 scanf()和标准输出函数 printf()实现了外部设备与内存之间的数据交换。常用的外部设备（如键盘、显示器）不能保存程序处理的数据，内存中的数据会因为断电或程序运行结束而消失。为了使程序处理的数据能够长期保存下来，可将图 10.1 中的外部设备换成存储介质类的设备（如硬盘、U 盘、光盘等），统称为**外部存储设备**，简称**外存**，这样程序的输入/输出数据就可以**文件**的形式长期保存在外存上。

**文件**(file)是程序设计中的一个重要概念，是指长久保存在外存上的数据的集合。在计算机中，操作系统对数据的处理是以文件为基本单位，通过打开一个已有的文件或建立一个新的空文件进行操作。文件的操作形式有两种：**读数据**和**写数据**，读数据就是把文件的数据从外存读入内存的过程；写数据就是把计算机内存中的数据写入外存的文件中。

## 10.1.2 文件的类型

文件的类型
课堂练习

文件是一个逻辑概念,是方便计算机操作系统对外存中的数据进行管理而定义的。每个文件都有唯一的名称,即文件名。文件名包括<u>基本名</u>和<u>扩展名</u>,两者之间用"."号隔开,如 chengxu.txt。扩展名一般表示文件的<u>基本类型</u>,操作系统可以根据基本类型找到文件所<u>关联的应用程序</u>并打开该文件。常见的文件扩展名如表 10.1 所示。

表 10.1 常用的文件扩展名

| 扩 展 名 | 基 本 类 型 | 关 联 程 序 |
| --- | --- | --- |
| .c | C 语言的源程序 | C 程序编译器 |
| .txt | 文本文件 | 记事本 |
| .docx | Word 文件 | Word |
| .exe | 可执行文件 | 自动运行 |
| .obj | 目标文件 | 无 |
| .bmp | 图片文件 | 图形编辑软件 |

从用户角度分类,文件可分为<u>普通文件</u>和<u>设备文件</u>。

(1) <u>普通文件</u>:驻留在磁盘或其他外部介质上的一个有序数据集,可分为<u>程序文件</u>和<u>数据文件</u>。程序文件有 C 语言的源程序文件(.c)、目标文件(.obj)、可执行文件(.exe)等。数据文件是一组待输入处理的原始数据,或者是一组输出的结果数据。

(2) <u>设备文件</u>:与主机相连的各种外部设备有关,如键盘、显示器、打印机等。操作系统把外部设备当作一个文件来进行管理,通过这些设备对数据进行输入或输出,等同于对文件的读或写。通常把键盘指定为标准的输入文件,把显示器指定为标准的输出文件。

按编码方式分类,文件可分为 <u>ASCII 码文件</u>和<u>二进制文件</u>。

(1) <u>ASCII 文件</u>:也称为<u>文本文件</u>(.txt)或<u>字符文件</u>,文件字节存放每个字符的 ASCII 码。如整数 902,分别存放字符'9'、'0'、'2'的 ASCII 码 57、48、50,共占 3 字节,存储格式为:

| 00111001 | 00110000 | 00110010 |
| --- | --- | --- |

文本文件的特点是任何一个文字处理软件都可以打开,并能够查看文件内容。其优点是通用性好,但缺乏保密性。

(2) <u>二进制文件</u>:也称为<u>内部格式文件</u>或<u>字节文件</u>,将数据按照其在内存中存放的形式原样拷贝到磁盘文件中存放。如一个图片数据,在内存中占 n 字节,若以二进制文件的形式存放,在文件中同样占 n 字节。又如 int n=902,int 型在内存中占 4 字节,902 的真值以二进制形式存储为:

| 00000000 | 00000000 | 00000011 | 10000110 |
| --- | --- | --- | --- |

二进制文件只能由其关联的软件打开,如扩展名为.pptx 的文件,需用 PowerPoint、WPS 等打开,而其他软件无法打开(如用"记事本"打开时看到的是乱码)。二进制文件具有一定的保密性和安全性。

### 10.1.3　文件的存取路径

文件的存取路径课堂练习

操作系统对文件的管理是通过**目录结构**实现的,Windows 操作系统的目录结构是文件夹结构,通过文件夹管理和维护计算机中所有的文件。对于文件的存取,需要指明文件在计算机中的具体位置,即文件路径。文件路径又分为**绝对路径**和**相对路径**。

**1. 绝对路径**

绝对路径是从**根目录**开始访问文件所遍历的文件夹的有序序列。例如:C:\Windows\System\readme.exe 是一个绝对路径,其中,C:表示逻辑 C 盘;Windows\System 表示在 Windows 文件夹的子文件夹 System 下;readme.exe 表示文件名。绝对路径的优点是可以清楚定位文件所在的位置;缺点是不够灵活。

**2. 相对路径**

顾名思义,**相对路径**就是相对于**当前工作目录**而言,访问文件所遍历的文件夹的有序序列。通常情况下,每个软件都有一个当前目录。例如,开发 C 应用程序时,在 D 盘根目录下创建一个名为 chengxu 的项目,若默认"为解决方案创建目录",就确定了用户所开发的应用程序的当前路径为 D:\chengxu\chengxu。用户程序中所用到的在当前路径下的文件就可以用相对路径来访问,例如,绝对路径为 D:\chengxu\chengxu\readme.txt 的文件,可以改为相对路径,写为 readme.txt 即可。

相对路径的优点是使用灵活,任何软件只要确定了当前路径,都可以使用相对路径来访问当前路径下的文件;缺点是若用户不知道当前路径,很难找到文件的具体存放位置。

## 10.2　文件的打开与关闭

文件的打开与关闭课堂练习

**1. 文件的打开**

对文件进行操作前,必须先打开文件。在 C 语言中,**fopen()函数**用于打开文件,其函数原型如下:

```
FILE * fopen(const char * filename, const char * mode);
```

其中,**const char \*** 表示一个字符常量指针,其指向的内容是不可以修改的。参数 filename 表示需要打开的**文件名称**,可包含**路径名**和**文件名**两部分。参数 mode 用来指定**文件的打开方式**,如表 10.2 所示。若文件打开成功,则返回一个**文件指针**(File Pointer),**FILE** 是在 stdio.h 中定义的结构体类型,包含了与文件相关的信息,如文件句柄、位置指针、文件结尾、缓冲区等;若文件打开失败,则返回 NULL,NULL 是在 stdio.h 中定义的宏常量,其值为 0。

任何文件一旦被打开,**文件位置指针**(File Location Pointer,也称为文件位置标记)会自动指向**文件的开始位置**,犹如显示器屏幕上的光标,随着用户读写文件操作,**文件位置指针**会自动移动,以便读写不同位置处的数据。

表 10.2　文件的打开方式

| 打开方式 | 含　　义 | 说　　明 |
| --- | --- | --- |
| "r" | 以只读方式打开文本文件,只允许读数据不能写数据 | 被打开的文件必须存在,否则会出错 |
| "w" | 以只写方式创建并打开一个新的文本文件,只允许写入数据,不能读数据 | (1) 若文件不存在,创建一个新文件<br>(2) 若文件存在,覆盖旧文件 |
| "a" | 以只写方式打开文本文件,文件位置指针移动到文件尾,向文件尾部添加数据,文件的原内容保持不变 | (1) 若文件不存在,创建一个新文件<br>(2) 若文件存在,在文件尾部追加数据 |
| "+" | 与上面的打开方式组合,表示以可读写方式打开文本文件,如 "r+"和"w+" | 打开的文件可读可写 |
| "b" | 与上面的打开方式组合,表示打开二进制文件 | 打开二进制文件 |

例如,用户若要以只读方式打开 E 盘 DOC 文件夹下的文本文件 student.txt,使用语句:

```
FILE * fp;                                    //定义一个文件指针 fp
fp=fopen("E:\\DOC\\student.txt", "r");        //fp 指针指向打开的文件对象
```

**注意**:本例以绝对路径的方式访问文件 student.txt。由于 C 语言中 '\'用于表示转义字符的开头,所以,在 fopen()函数的字符串中,路径分隔符'\'需以转义字符形式表示,即 '\\'。

程序中用到的数据文件也可采用相对路径的方式访问。例如,以读写方式打开当前路径下的二进制文件 photo.bin,程序语句如下:

```
FILE * fp1;
fp1=fopen("photo.bin", "ab+");
```

**注意**:文件 photo.bin 必须存放在用户所开发的应用程序项目的当前路径下,即 photo.bin 应与该项目的.c 文件存放在同一个文件夹中,否则打开失败。

### 2. 文件的关闭

操作系统每打开一个文件,需要为其分配相应的资源(如内存)。操作系统对于同时打开的文件数目是有限制的,因此,文件处理完后一定要**关闭文件**,否则可能会出现意外错误。

在 C 语言中,fclose()函数用于关闭 fopen()函数打开的文件,其函数原型如下:

```
int fclose(FILE * fp);
```

参数 fp 是已打开的文件指针;返回值是一个整数,当文件关闭成功时,返回 0,否则返回一个非 0 值。程序中文件进行读写操作结束后,必须调用 fclose()函数关闭文件,否则文件操作失败。

## 10.3 文件的读写

ANSI C 提供了丰富的文件读写函数,如按字符读写、按字符串读写、按格式读写、按数据块读写等多种方式。

### 10.3.1 按字符读写

按字符读写
课堂练习

按字符读写文件的函数有 fgetc()函数和 fputc()函数。

**1. fgetc()函数**

函数功能:从一个以只读或读写方式打开的文件中读取一个字符,其函数原型为:

```
int fgetc(FILE * fp);
```

其中,fp 是 fopen()函数返回的文件指针,函数功能是从 fp 所指向的文件中读取一个字符,文件位置指针自动指向下一个字符。若文件读取成功,则返回该字符;若读到文件页尾,则返回 EOF(EOF 是一个宏常量,代表文件结束,其在 stdio.h 中定义为-1)。

**2. fputc()函数**

函数功能:将一个字符写入以只写、读写或追加方式打开的文件中,其函数原型为:

```
int fputc(int c, FILE * fp);
```

其中,fp 是 fopen()函数返回的文件指针,c 是要写入文件的字符的 ASCII 码。若写入错误,则返回 EOF,否则返回 c 的值。

【例 10.1】 从键盘输入一个字符串,然后将该字符串的内容写入文件 abc.txt 中;关闭该文件;然后再读取文件的信息显示在屏幕上。

【问题分析】

先利用 fopen()函数以只写方式打开文件 abc.txt,并判断文件打开是否成功。然后利用循环结构及 getchar()函数,逐一接收从键盘输入的若干字符,若接收的字符为'\n'表示结束。每接收一个字符就利用 fputc()函数将字符写入文件 abc.txt 中,然后关闭文件 abc.txt。再以只读方式打开文件 abc.txt,利用 fgetc()函数循环读取字符并显示在屏幕上。

【编程实现】

```
1    #include <stdio.h>
2    #include <stdlib.h>
3    int main()
4    {
5        FILE * fp;
6        char ch;
```

```
7       fp=fopen("abc.txt","w");        //以只写方式打开当前目录下的文件 abc.txt
8       if(fp==NULL)                    //判断文件打开是否成功
9       {
10          printf("文件打开失败\n");
11          exit(0);
12      }
13      printf("请输入一个字符串：");
14      ch=getchar();
15      while(ch!='\n')                 //若输入回车符,则结束键盘输入和文件写入
16      {
17          fputc(ch,fp);               //将 ch 写入 fp 所指向的文件中
18          ch=getchar();               //从键盘读取一个字符
19      }
20      fclose(fp);                     //关闭文件
21      printf("以上内容已写入文件 abc.txt 中\n");
22      if((fp=fopen("abc.txt","r"))==NULL)    //以只读方式打开文件 abc.txt
23      {
24          printf("文件打开失败\n");
25          exit(0);
26      }
27      printf("\nabc.txt 文件中的内容为：");
28      while((ch=fgetc(fp))!=EOF)    /* 从 fp 所指向的文件对象中读取一个字符,
29  赋值给 ch,并判断读取的字符是否为 EOF   */
30          putchar(ch);                //将 ch 中存储的字符输出到屏幕
31      fclose(fp);                     //关闭文件
32      putchar('\n');
33      return 0;
34  }
```

【运行结果】

【关键知识点】

（1）代码第 7～12 行与第 22～26 行的功能都是打开文件,并判断文件是否打开成功。第 22 行先将 fopen()函数的返回值赋值给 fp,然后判断 fp 是否等于 NULL。

（2）exit(0)函数可以终止程序的执行,使用该函数需包含头文件 stdlib.h。

（3）文件打开不成功的原因可能是文件名或路径错误、文件不存在、文件被破坏等。

（4）本程序中的文件都以相对路径方式访问,故可在本项目的 C 源程序所在文件夹下找到文件 abc.txt,用记事本打开,查看其内容。

（5）第 28～30 行的循环结构实现对文件内容的逐字符读取,通过检查 fgetc()函数的返回值是否为 EOF 来判断是否读到了文件末尾,若读到了末尾,则 fgetc()函数的返回值为 EOF。可将第 28～30 行的代码替换为：

```
ch=fgetc(fp);
while(!feof(fp))
{
    putchar(ch);
    ch=fgetc(fp);
}
```

**feof()函数**的功能为：用于检查文件是否结束，即文件位置指针是否到达文件末尾，若已指向文件末尾，则返回非 0 值，否则返回 0。

其函数原型为：

```
int feof(FILE * fp);
```

【延展学习】

(1) 对于 abc.txt 文件的操作顺序，首先以只写方式打开文件，完成文件的写入，并关闭文件；再以只读的方式打开文件，完成文件的读取，并关闭文件。

(2) 若写文件结束后，不关闭文件，即删除第 20 行代码，运行时会出现什么状况？请读者尝试一下。

【例 10.2】 将 ASCII 码值为 30～100 的字符以二进制形式写入文件 test.dat 中；然后再读取文件中的数据并显示在屏幕上（若为可见字符，则输出字符；若为不可见字符，则输出其 ASCII 码）。

【问题分析】

利用 for 循环及 fputc() 函数将 ASCII 码值为 30～100 的字符逐个写入文件中；再利用 while 循环及 fgetc() 函数依次读取文件内容并输出。

【编程实现】

```
1   #include <stdio.h>
2   #include <stdlib.h>
3   #include <ctype.h>                       //使用 isprint()函数需包含该头文件
4   int main()
5   {
6       FILE * fp;
7       char ch;
8       int i;
9       fp=fopen("test.dat","ab");           //以追加方式打开二进制文件 test.dat
10      if(fp==NULL)
11      {
12          printf("文件打开失败\n");
13          exit(0);
14      }
15      for(i=30;i<=100;i++)
16          fputc(i,fp);                     //将字符写入文件中
17      fclose(fp);                          //关闭文件
18      printf("文件 test.dat 已创建！\n\n");
19      if((fp=fopen("test.dat","rb"))==NULL)  //以只读方式打开二进制文件
20      {
```

```
21            printf("打开文件失败\n");
22            exit(0);
23        }
24        printf("test.dat 文件中的内容为：");
25        while((ch=fgetc(fp))!=EOF)              //从文件中读取字符
26        {
27            if(ch%10==0)      //每行输出 10 个字符,当 ASCII 码是 10 的整数倍时换行
28                printf("\n");
29            if(isprint(ch))                      //判断 ch 是否为可打印字符
30                printf("%5c",ch);
31            else
32                printf("%5d",ch);
33        }
34        printf("\n");
35        fclose(fp);
36        return 0;
37    }
```

【运行结果】

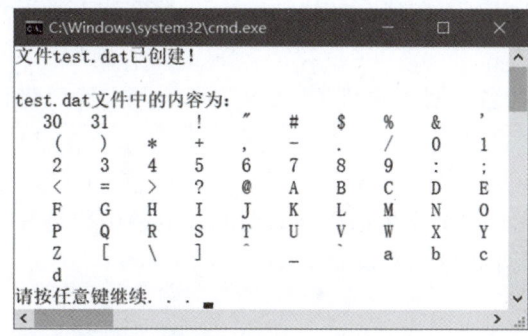

【关键知识点】

（1）代码第 9 行，打开文件时指定为"ab"方式，表示以追加方式打开二进制文件，因此程序每运行一次，就会在数据文件 test.dat 后面追加写入 ASCII 码为 30～100 的字符。

（2）程序在磁盘上产生的是二进制文件，用记事本打开时看到的是乱码。

（3）第 29 行用到了 isprint()函数，该函数的说明在头文件 ctype.h 中。

isprint()函数的功能为：用于判断其参数是否为可打印字符，若是可打印字符，则返回非 0，否则返回 0。其函数原型为：

int isprint(int c);

## 10.3.2 按字符串读写

按**字符串**读写文件的函数有 fgets()函数和 fputs()函数。

按字符串读写课堂练习

**1. fgets()函数**

函数功能：从一个以只读或读写方式打开的文件中读取一个字符串，其函数原型为：

```
char * fgets(char * s, int n, FILE * fp);
```

其中,fp 是 fopen()函数返回的文件指针,函数的功能是从 fp 所指向的文件中读取一个长度为 n−1 的字符串,存入起始地址为 s(第 1 个参数)的存储空间中。当读到**换行符**、**文件末尾**或**读满 n−1 个字符**时,停止读取。读取成功时,返回该字符串的首地址,即指针 s 的值;读取失败时返回空指针 NULL。与 gets()函数不同的是,fgets()函数读取到换行符时,将换行符也作为字符串的一部分进行存储。

例如,fgets(s, n−1, stdin)语句功能是从标准输入文件 stdin 中读取一个字符串,遇到换行符或读满 n−1 个字符时结束读取。stdin 对应标准输入设备(键盘),即从输入缓冲区读取字符串放入 s 标识的内存空间。

**2. fputs()函数**

函数功能:将一个字符串写入到以只写、读写或追加方式打开的文件中,其函数原型为:

```
int fputs(const char * s, FILE * fp);
```

其中,fp 是 fopen()函数返回的文件指针,s 是要写入文件的字符串的首地址。若写入错误,则返回 EOF,否则返回一个非负数。与 puts()函数不同的是,fputs()函数不会在写入文件的字符串末尾自动添加换行符。

【例 10.3】 从键盘输入 n 个学生的姓名并写入文件 ClassName.txt 中,然后将该文件的内容读出并显示在屏幕上。

【问题分析】

通过循环结构及 gets()函数从键盘获取 n 个学生的姓名,调用 fputs()函数将其写入文件中;然后利用 fgets()函数读取文件信息并显示在屏幕上。

【编程实现】

```
1    #include <stdio.h>
2    #include <stdlib.h>
3    #define N 31
4    int main()
5    {
6        FILE * fp;
7        char str[N];              //用于存储姓名,最长为 15 个汉字或 30 个英文字符
8        int n,i;
9        if((fp=fopen("D:\\ClassName.txt","w"))==NULL)
10       {
11           printf("文件打开失败\n");
12           exit(0);
13       }
14       printf("请输入班级人数:");
15       scanf("%d",&n);
16       getchar();                //读取输入缓冲区中的换行符
17       for(i=1;i<=n;i++)
18       {
19           printf("请输入第%d个人的姓名:",i);
```

```
20          gets(str);
21          fputs(str,fp);                  //将字符串写入文件
22      }
23      printf("\n 以上所有人的姓名已保存到文件 ClassName.txt 中。\n");
24      fclose(fp);
25      if((fp=fopen("D:\\ClassName.txt","r"))==NULL)
26      {
27          printf("文件打开失败\n");
28          exit(0);
29      }
30      printf("\n 文件 ClassName.txt 的内容如下：\n");
31      fgets(str,N,fp);                    //从文件中读取字符串,存入 str 数组中
32      puts(str);
33      fclose(fp);
34      return 0;
35  }
```

【运行结果】

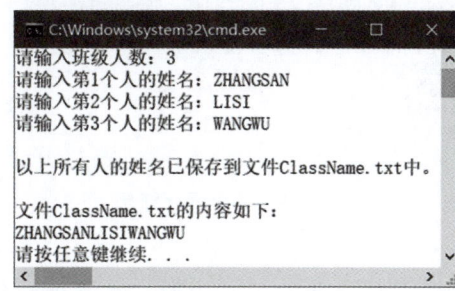

【关键知识点】

（1）代码第 9 行和第 25 行中,打开文件时使用了绝对路径,注意路径间隔符须使用'\\'。

（2）第 16 行的 getchar()函数是为了读取输入缓冲区中的换行符,以免影响后续字符串的输入。该换行符是第 15 行输入 n 时的回车符(以换行符的形式存在输入缓冲区中)。

（3）观察运行结果,多人的姓名输出在一行,其原因是：代码第 21 行的 fputs()函数将字符串写入文件时,不会在其末尾添加换行符,因此,多人的姓名都写入文件中的同一行。第 32 行的 fgets()函数读取字符串时,读取到的仍然是一行。为了解决该问题,在写入文件时,每写入一个字符串后,需要再写入一个换行符,修改代码如下：

① 在第 21 行后增加语句：

```
fputc('\n',fp);                //向文件中写入换行符
```

② 将第 31、32 行改写为：

```
for(i=0;i<n;i++)
{
   fgets(str,N,fp);            //从文件中读取字符串
   puts(str);                  //输出字符串
}
```

每次循环中,fgets()函数从文件中读取一个字符串(读到换行符即结束),再通过 puts()函数输出该字符串。

修改后程序的运行结果如图 10.2 所示,观察发现,3 人姓名后都多了一个空行。如何不输出多余的空行呢？分析原因：**fgets()函数将它读取到的换行符也作为字符串的一部分进行存储**,而 puts()函数把字符串输出完毕后还会自动输出一个换行符(因 puts()函数会将字符串结束标志'\0'转换为换行符'\n'输出)。因此,需要将 puts(str)修改为 printf("％s",str)。printf()函数的％s 格式把字符串输出完毕后不会自动输出换行符。修改后程序的运行结果如图 10.3 所示。

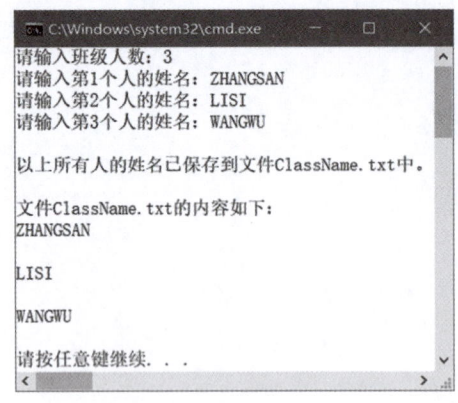
图 10.2　运行结果(多了空行)

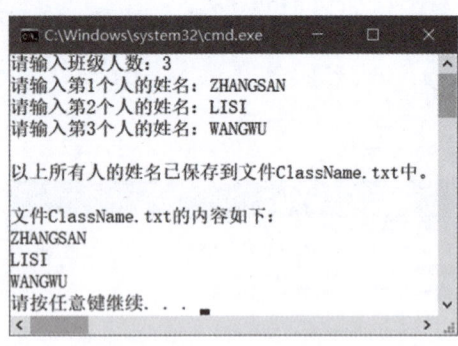
图 10.3　正确运行结果

【延展学习】

本例使用 for 循环控制读取次数,需事先确定文件中共有 n 行内容。若文件的行数未知,应使用以下代码：

```
fgets(str,N,fp);
while(!feof(fp))          //若未到文件末尾,则循环继续
{
    printf("%s",str);
    fgets(str,N,fp);
}
```

关于该代码中用到的 feof()函数的说明,以及对循环体书写顺序的要求,详见例 10.1 的关键知识点(5)。

按格式读写
课堂练习

### 10.3.3　按格式读写

按格式读写文件的函数有 fscanf()函数和 fprintf()函数。

**1. fscanf()函数**

函数功能：**按指定格式从文件中读数据**,其函数原型为：

```
int fscanf(FILE * fp, const char * format, ...);
```

其中,第一个参数 fp 是 fopen()函数返回的文件指针,第二个参数是格式控制说明字符串,第三个参数是变量的地址列表。第二个和第三个参数与 scanf()函数的参数相同。

### 2. fprintf()函数

函数功能:**按指定格式将数据写入文件中**,其函数原型为:

```
int fprintf(const FILE * fp, const char * format, ...);
```

其中,第一个参数 fp 是 fopen()函数返回的文件指针,第二个参数是格式控制说明字符串,第三个参数是输出项的列表。第二个和第三个参数与 printf()函数的参数相同。

【例 10.4】 从键盘输入 n 个职工的基本信息(包含职工号、姓名、性别、基本工资、绩效工资、奖励工资),计算每个职工的收入(工资和),然后将这些职工的信息写入一个文本文件中,再读取该文件的信息并显示在屏幕上。

【问题分析】

声明一个结构体类型 EMPLOYEE 表示职工的基本信息,然后定义 EMPLOYEE 结构体数组存放 n 个职工的基本信息。程序的功能模块划分如下。

(1) void Input(EMPLOYEE w[ ], int n):从键盘输入 n 个职工的基本信息,存入数组 w 中。

(2) void C_Salary(EMPLOYEE w[ ], int n):计算数组 w 中的 n 个职工的收入。

(3) void WriteToFile(EMPLOYEE w[ ], int n, char FileName[ ]):将数组 w 中的 n 个元素写入文件中,文件名存储在字符数组 fileName 中。

(4) int ReadFromFile(EMPLOYEE w[ ], char FileName[ ]):从文件中读取数据,存入数组 w 中,函数返回值为读取到的数据个数。

(5) void Print(EMPLOYEE w[ ], int n):将数组 w 中的 n 个元素的数据输出到屏幕。

【编程实现】

```
1   #include <stdio.h>
2   #include <stdlib.h>
3   typedef struct employee
4   {
5       int ID;
6       char name[11];          //姓名,最多 5 个汉字或 10 个英文字符
7       char sex;
8       double salary[3];
9       double income;
10  } EMPLOYEE;
11  void Input(EMPLOYEE w[ ],int n);
12  void C_Salary(EMPLOYEE w[ ],int n);
13  void WriteToFile(EMPLOYEE w[ ],int n, char FileName[ ]);
14  int ReadFromFile(EMPLOYEE w[ ],char FileName[ ]);
15  void Print(EMPLOYEE w[ ],int n);
16  int main()
17  {
```

```c
18        EMPLOYEE wt[50];                    //用于存储从键盘输入的职工信息
19        EMPLOYEE rd[50];                    //用于存储从文件读入的职工信息
20        int n;
21        printf("请输入职工人数：");
22        scanf("%d",&n);
23        Input(wt,n);
24        C_Salary(wt,n);
25        WriteToFile(wt,n,"myemployee.txt");
26        n=ReadFromFile(rd,"myemployee.txt");
27        Print(rd,n);
28        return 0;
29    }
30    void Input(EMPLOYEE w[ ],int n)          //从键盘输入 n 个职工的信息
31    {
32        int i;
33        for(i=0;i<n;i++)
34        {
35            printf("请输入第%d个职工的职工号、姓名、性别、基本工资、
36                   绩效工资、奖励工资：\n",i+1);
37            scanf("%d%s %c%lf%lf%lf",          //%c 前有一个空格
38                  &w[i].ID,w[i].name,&w[i].sex,    //name 前没有 &
39                  &w[i].salary[0],&w[i].salary[1],&w[i].salary[2]);
40        }
41    }
42    void C_Salary(EMPLOYEE w[ ],int n)        //计算每个职工的收入
43    {
44        int i;
45        for(i=0;i<n;i++)
46            w[i].income=w[i].salary[0]+w[i].salary[1]+w[i].salary[2];
47    }
48    void WriteToFile(EMPLOYEE w[ ], int n, char FileName[ ])
49    {                                         //将职工信息写入文件中
50        FILE *fp;
51        int i;
52        if((fp=fopen(FileName,"w"))==NULL)
53        {
54            printf("文件打开失败\n");
55            exit(0);
56        }
57        fprintf(fp,"本单位人数：%d\n", n);    //将职工人数写入文件中
58        for(i=0;i<n;i++)                      //将每个职工的信息写入文件中
59            fprintf(fp,"%-5d%-10s%2c%10.2f%10.2f%10.2f%10.2f\n",
60                    w[i].ID,w[i].name,w[i].sex,w[i].salary[0],
61                    w[i].salary[1],w[i].salary[2],w[i].income);
62        fclose(fp);
63        printf("数据已按格式写入磁盘文件中！\n");
64    }
65    int ReadFromFile(EMPLOYEE w[ ],char FileName[ ])
66    {       //从文件中读取职工信息,存入结构体数组 w 中
```

```
67      FILE *fp;
68      int i,n;
69      if((fp=fopen(FileName,"r"))==NULL)
70      {
71          printf("文件打开失败\n");
72          exit(0);
73      }
74      fscanf(fp,"本单位人数：%d",&n);
75      for(i=0;i<n;i++)
76          fscanf(fp,"%d%s %c%lf%lf%lf%lf",       //%c 前有一个空格
77              &w[i].ID,w[i].name,&w[i].sex,&w[i].salary[0],
78              &w[i].salary[1],&w[i].salary[2],&w[i].income);
79      fclose(fp);
80      return n;                                  //返回职工人数
81  }
82  void Print(EMPLOYEE w[],int n)                 //将结构体数组 w 中的信息输出到屏幕
83  {
84      int i;
85      printf("\n 磁盘文件中的数据为：\n");
86      printf("本单位人数：%d\n",n);
87      for(i=0;i<n;i++)
88          printf("%-5d%-10s%2c%10.2f%10.2f%10.2f%10.2f\n",
89          w[i].ID,w[i].name,w[i].sex,w[i].salary[0],
90          w[i].salary[1],w[i].salary[2],w[i].income);
91  }
```

【运行结果】

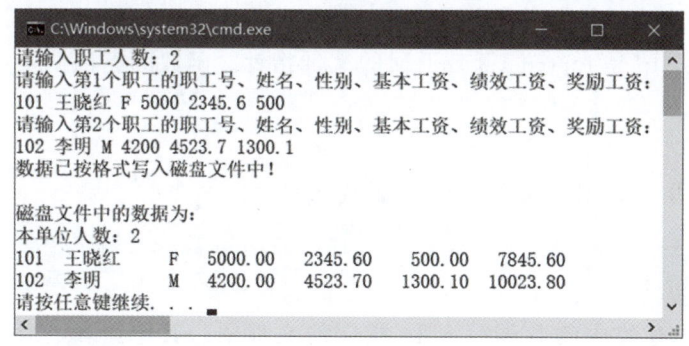

【关键知识点】

(1) 代码第 37～39 行,从键盘输入一个职工的信息；第 76～78 行,从文件中读入一个职工的信息。对比两段代码可以发现,fscanf()函数只是比 scanf()函数多了第一个参数 fp(文件指针),其余参数均一样。将两者进行对比练习,可快速掌握 fscanf 函数的使用。

(2) 第 59～61 行,将一个职工的信息写入文件中；第 88～90 行,将一个职工的信息输出到屏幕上。对比两段代码可以发现,fprintf()函数只是比 printf()函数多了第一个参

数 fp(文件指针),其余参数均一样。

（3）由于文件第一行的内容为"本单位人数：2",因此在读入文件第一行内容时(代码第 74 行),需要将"本单位人数:"作为普通字符写在 fscanf()函数的格式说明符中,以便将整数 2 正常读入变量 n 中。

（4）为达到列对齐的效果,第 59～61 行将职工信息写入文件时,指定了每个数据的宽度,并设置了浮点数的小数位数。但是,第 76～78 行从文件中读取数据时,不需要指定域宽(此处若指定域宽,会造成数据读取错误),以空格作为各个数据之间的分隔符。

（5）WriteToFile()函数和 ReadFromFile()函数均有一个形参 char FileName[ ],用于接收 main()函数传递的文件名,该设计可以让自定义函数的通用性更好,若文件名发生变化,不需修改自定义函数的代码,仅需修改 main()函数中的函数调用语句即可。

### 10.3.4 按数据块读写

按格式读写文件时,对格式控制说明的要求较为严格,且容易出错。因此,对复杂数据的读写常按数据块的方式进行,可大大降低文件数据读写的难度。数据块的读写函数有 fread()函数和 fwrite()函数。

#### 1. fread()函数

函数功能：从文件中读取数据块并存入内存中,其函数原型为：

> usigned int fread(void * buffer,usigned int size,usigned int count,FILE * fp);

其功能是从 fp 指向的文件中读取 count 个数据块(每个数据块为 size 字节)并存储到 buffer 指向的内存中。其中：第一个参数 buffer 是用于存储数据块的内存空间首地址；第二个参数 size 是每个数据块的大小(以字节为单位)；第三个参数 count 是最多允许读取的数据块个数；第四个参数 fp 是 fopen()函数返回的文件指针。函数的返回值是实际读到的数据块个数。

#### 2. fwrite()函数

函数功能：将内存数据块的数据写入文件中,其函数原型为：

> usigned int fwrite(void * buffer,usigned int size,usigned int count,FILE * fp);

其功能是将 buffer 指向的内存块中的数据写入 fp 指向的文件中。其中：第一个参数 buffer 是待写入数据块的首地址；第二个参数 size 是每个数据块的大小(以字节为单位)；第三个参数 count 是最多允许读取的数据块个数；第四个参数 fp 是 fopen()函数返回的文件指针。函数的返回值是实际写入的数据块个数。

【例 10.5】 修改例 10.4 程序,将文件的读写改为按数据块的方式读写。

【问题分析】

在例 10.4 的基础上,只需修改文件的读写函数 WriteToFile()函数和 ReadFromFile()函数。

按数据块读写文件微视频

【编程实现】

```
1    void WriteToFile(EMPLOYEE w[ ],int n,char FileName[ ])
2    {
3        FILE * fp;
4        int i;
5        if((fp=fopen(FileName,"w"))==NULL)
6        {
7            printf("文件打开失败\n");
8            exit(0);
9        }
10       fwrite(w,sizeof(EMPLOYEE),n,fp);       //将n个数据块写入文件中
11       fclose(fp);
12       printf("以数据块的方式写入磁盘中！\n");
13   }
14   int ReadFromFile(EMPLOYEE w[ ],char FileName[ ])
15   {
16       FILE * fp;
17       int i;
18       if((fp=fopen(FileName,"r"))==NULL)
19       {
20           printf("打开文件失败\n");
21           exit(0);
22       }
23       for(i=0; !feof(fp); i++)
24           fread(&w[i],sizeof(EMPLOYEE),1,fp);    //每次读取一个数据块
25       fclose(fp);
26       printf("职工人数为：%d\n",i-1);
27       return i-1;
28   }
```

【运行结果】

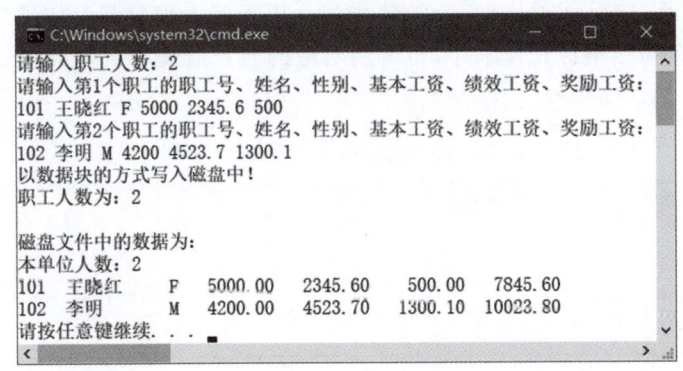

【关键知识点】

（1）代码第10行直接通过fwrite()函数将n个职工的信息（一个职工信息为一个数据块）写入文件中，因此不需使用循环结构。

（2）第23和24行，每次循环读取一个数据块（一个职工信息）并存入数组w中，i用于记录读取的数据块个数。当读取到文件的结束标志EOF（结束标志也是文件中的数

据,在文件结束标志之后才是文件真正的结束位置),feof()函数返回 0 值,故 23 行的循环控制条件! feof(fp)为真,执行循环体后,会执行 i++,然后再次判断循环条件,此时,文件位置指针指向文件结束标志之后,文件真正结束,feof()函数返回非 0 值,循环条件不成立,循环结束,因此,循环执行的次数比读取到的数据块个数多 1,函数的返回值应是 i-1。

文件的定位
课堂练习

## 10.4　文件的定位

　　前面介绍的文件读取方式都是顺序文件处理,即按照数据项在文件中的存储顺序逐个进行读取/写入。随着数据项的读取/写入,文件位置指针自动向后移动。例如,打开一个文件后,若想读取/写入第 4 项数据,必须先读取/写入前 3 项数据,待文件位置指针移动到第 4 项的位置,才能实现对第 4 项数据的读取/写入。若需直接读取文件中的第 n 项数据,可采用文件的随机访问方式,该方式允许在文件中随机定位文件位置指针,并对该位置的数据进行读取/写入。

　　在 ANSI C 中,文件位置指针的处理函数有 fseek()函数、rewind()函数和 ftell()函数。

### 1. fseek()函数

　　函数功能:将文件位置指针移动到指定位置,其函数原型为:

```
int fseek(FILE * fp,long offset,int origin);
```

其功能是将 fp 的文件位置指针从 origin 开始移动 offset 字节,指向下一个要读取/写入的数据位置。第一个参数 fp 是 fopen()函数返回的文件指针;第二个参数 offset 是以字节为单位的偏移量,为长整型数,若 offset<0,则从起始位置起,文件位置指针向前移动,若 offset>0,则从起始位置起,向后移动;第三个参数 origin 用于确定偏移量是以哪个位置为基准的,常用表 10.2 中的可选值标识符表示,也可用对应的整数值表示。如果 fseek()函数调用成功,则返回 0,否则返回非 0。

表 10.2　文件偏移量的起始位置

| 可　选　值 | 对应的整数值 | 位　置　描　述 |
| --- | --- | --- |
| SEEK_SET | 0 | 文件开头 |
| SEEK_CUR | 1 | 文件当前位置 |
| SEEK_END | 2 | 文件末尾 |

### 2. rewind()函数

　　函数功能:让文件位置指针重新回到文件开头,其函数原型为:

```
void rewind(FILE * fp);
```

其功能是将文件位置指针指向文件首字节,即重置位置指针到文件首部。

### 3. ftell()函数

函数功能：获取当前文件位置指针的位置，即相对于文件开头的偏移量，其函数原型为：

```
long ftell(FILE * fp);
```

若函数调用成功，则返回文件的当前读写位置，否则返回-1。

【例10.6】 演示文本文件中文件位置指针的移动。

【问题分析】

首先创建一个文本文件，读取文件中的字符，并通过对比读取字符前后 ftell()函数的返回值，分析文件位置指针的移动情况。然后通过 fseek()函数定位文件位置指针，读取文件中第 n 个字符，实现文件的随机访问。

【编程实现】

```
1    #include <stdio.h>
2    #include <stdlib.h>
3    #define N 100
4    int main()
5    {
6        FILE * fp;
7        int n;
8        char str[N],ch;
9        if((fp=fopen("mytest.txt","w"))==NULL)
10       {
11           printf("文件打开失败\n");
12           exit(0);
13       }
14       printf("请输入要创建的文本文件内容：");
15       gets(str);                //从键盘读取一个字符串,存入字符数组 str 中
16       fputs(str,fp);            //将字符数组 str 的内容写入 fp 指向的文件中
17       fclose(fp);
18       printf("文件创建成功！\n");
19       if((fp=fopen("mytest.txt","r"))==NULL)
20       {
21           printf("文件打开失败\n");
22           exit(0);
23       }
24       printf("文件打开时,文件的位置指针为%ld\n", **ftell(fp)**);
25       printf("文件的第 1 个字符是%c\n", **fgetc(fp)**);
26       printf("读取第 1 个字符后,文件位置指针是%ld\n\n", **ftell(fp)**);
27       printf("请问你要读取文件中第几个字符？");
28       scanf("%d",&n);
29       fseek(fp,(n-1) * sizeof(char),SEEK_SET);
30       printf("读取第%d个字符时,文件位置指针是%ld\n",n, **ftell(fp)**);
```

```
31      fread(&ch,sizeof(char),1,fp); //从 fp 指向的文件中读取一个字符存入 ch 中
32      printf("该文件的第%d个字符是%c\n", n, ch);
33      printf("读取第%d个字符后,文件位置指针是%ld\n",n,ftell(fp));
34      fread(&ch,sizeof(char),1,fp);
35      printf("其下一个字符是%c\n",ch);
36      fseek(fp,-1 * sizeof(char),SEEK_END);
37      printf("该文件的最后一个字符是%c\n",fgetc(fp));
38      fclose(fp);
39      return 0;
40  }
```

【运行结果】

```
请输入要创建的文本文件内容: Welcome to Chengdu!
文件创建成功!
文件打开时,文件的位置指针为0
文件的第1个字符是W
读取第1个字符后,文件位置指针是1

请问你要读取文件中第几个字符? 5
读取第5个字符时,文件位置指针是4
该文件的第5个字符是o
读取第5个字符后,文件位置指针是5
其下一个字符是m
该文件的最后一个字符是!
请按任意键继续...
```

【关键知识点】

(1) 代码第 24 行,调用 ftell()函数返回文件刚打开时的文件位置指针,其值为 0。第 25 行利用 fgetc()函数读取了文件的第一个字符,第 26 行再次调用 ftell()函数获取文件位置指针,其值为 1,说明随着文件的读取,文件位置指针会自动向后移动。

(2) 第 29 行通过 fseek()函数移动文件位置指针,从 SEEK_SET(即文件开始处)开始,向后移动 (n−1) * sizeof(char)字节,即向后移动 n−1 个字符的存储空间大小,将文件位置指针移动到读取第 n 个字符的位置。

(3) 第 31 行利用 fread()函数从文件中按数据块读取一个字符,并存入变量 ch 中。该行也可修改为:

```
ch=fgetc(fp);
```

(4) 第 36 行表示从 SEEK_END(文件末尾)开始,将文件位置指针向前移动 sizeof (char)字节,便于读取最后一个字符。其中,偏移量为负数,表示向前移动。在编译时,该行代码会报警告"负整型常量转换为无符号类型",这是因为 sizeof 的返回值是 unsigned int 类型,而−1 是 int 类型,根据自动类型转换的原则,编译器自动将 int 转换为 unsigned int。若需消除该警告,应对 sizeof(char)的返回值进行强制类型转换,即将 fseek()函数的第二个参数修改为−1 * (int)sizeof(char)。

【延展学习】

本例是字符文件位置指针的移动,若要实现例 10.5 中通过移动文件位置指针来读取文件中任意一个职工的信息,该如何实现? 具体实现方法为:

（1）修改代码第 29 行，将偏移量中的 char 换成例 10.5 中的结构体 EMPLOYEE，以下代码可将文件位置指针移动到第 n 个职工的位置：

```
fseek(fp,(n-1) * sizeof(EMPLOYEE),SEEK_SET);
```

（2）读取第 n 个职工的信息到结构体变量 worker 中。首先在函数体的开头位置定义结构体变量 EMPLOYEE worker；然后将代码第 31 行修改为：

```
fread(&worker, sizeof(EMPLOYEE),1,fp);
```

## 10.5 常见错误小结

| 常见错误示例 | 错误原因及解决方法 | 错误类型 |
| --- | --- | --- |
| —— | 错误描述：打开文件时，没有检查文件打开是否成功，程序运行后无结果<br>解决办法：打开文件时，检查文件是否打开成功 | 运行时错误 |
| fp=fopen("e:\anc.txt","a"); | 错误描述：以绝对路径打开文件时，路径分隔符错误，程序运行后无结果<br>解决办法：路径分隔符使用转义字符 '\\'，fp=fopen("e:\\anc.txt","a"); | 报警 warning：不可识别的字符转义序列 |
| fp=fopen("anc.txt", "r"); | 错误描述：以相对路径打开文件时，文件未存放在当前文件夹中，程序运行后无结果<br>解决办法：将 anc.txt 文件存放到当前项目对应的文件夹中 | 运行时错误 |
| —— | 错误描述：向以只读方式打开的文件中写数据，程序运行后无结果 | 运行时错误 |
| —— | 错误描述：从以只写方式打开的文件中读数据，程序运行后无结果 | 运行时错误 |
| —— | 错误描述：进行文件的随机读写时，文件位置指针移动错误，不能正确访问数据 | 逻辑错误 |
| fprintf(fp,"%d %c",2.4,'a'); | 错误描述：用 fprintf() 函数读取文件时，格式说明错误（参照 printf() 函数的格式说明），写入文件的数据错误<br>解决办法：fprintf(fp,"%f %c",2.4,'a'); | 格式错误 |
| float f;<br>char ch;<br>fscanf( fp,"% d % c", &f, &ch);<br>printf("%f,%c",f,ch); | 错误描述：用 fscanf() 函数读取文件时，格式说明错误（参照 scanf() 函数的格式说明），无法正确读取文件中的数据<br>解决办法：fscanf(fp,"%f %c",&f,&ch); | 格式错误 |

## 10.6 练 习 题

**一、单项选择题**

1. 以下关于 C 语言文件的叙述正确的是(　　)。
   A. 文件由一系列数据依次排列组成,只能构成二进制文件
   B. 文件由结构序列组成,可以构成二进制文件或文本文件
   C. 文件由数据序列组成,可以构成二进制文件或文本文件
   D. 文件由字符序列组成,其类型只能是文本文件

2. 以下关于 EOF 的叙述正确的是(　　)。
   A. EOF 的值等于 0
   B. EOF 是在头文件 stdio.h 中定义的符号常量
   C. 文本文件和二进制文件都可以用 EOF 作为文件结束标志
   D. 对于文本文件,fgetc()函数读入最后一个字符时,返回值是 EOF

3. 以下选项中叙述正确的是(　　)。
   A. 表达式 sizeof(FILE * )==sizeof(int * )的值为真
   B. 文件指针的值是一个整数,它的值一定小于文件字节数
   C. 文件指针的值是所指文件的当前读取位置
   D. 文件指针就是文件位置指针

4. 以下关于 fclose(fp)的叙述正确的是(　　)。
   A. 当程序中对文件的所有写操作完成之后,须调用 fclose(fp)函数关闭文件
   B. 当程序中对文件的所有写操作完成之后,不一定要调用 fclose(fp)函数关闭文件
   C. 只有对文件进行输入操作之后,才需要调用 fclose(fp)函数关闭文件
   D. 只有对文件进行输出操作之后,才能调用 fclose(fp)函数关闭文件

5. 以下选项中叙述正确的是(　　)。
   A. C 语言中的文件是流式文件,因此只能顺序存取数据
   B. 打开一个已存在的文件并进行了写操作后,文件中原有的全部数据必定被覆盖
   C. 当对文件进行了写操作后,必须先关闭该文件然后再打开,才能读到第一个数据
   D. 当对文件的读\写操作完成之后,必须将它关闭,否则可能导致数据丢失

6. 若以"a+"方式打开一个已存在的文件,以下叙述正确的是(　　)。
   A. 原有文件内容不被删除,可以进行添加和读操作
   B. 原有文件内容不被删除,位置指针移到文件开头,可以进行重写和读操作
   C. 原有文件内容不被删除,位置指针移到文件中间,可以进行重写和读操作
   D. 原有文件内容被删除,只可进行写操作

7. 若有以下程序段

```
int i;
FILE * fp;
for(i=0;i<5;i++)
{
    fp=fopen("output.txt","w");
    fputc('A'+i,fp);
    fclose(fp);
}
```

程序运行后,output.txt 文件的内容是(　　)。

  A. E　　　　　　B. EOF　　　　　　C. ABCDE　　　　D. Abchello

8. 若有以下程序段

```
FILE * fp;
char ch;
fp=fopen("fname","w");
while((ch=getchar())!='#')
    fputc(_____);
fclose(fp);
```

依次把从键盘输入的字符存放到 fname 文件中,用 # 作为结束输入的标志,则在横线处应填入的选项是(　　)。

  A. ch,"fname"　　　B. fp,ch　　　　　C. ch　　　　　　D. ch,fp

9. 关于函数调用 fputs(str,fp),正确的描述是(　　)。

  A. 从 str 指向的文件中读取一个字符串存入 fp 指向的内存

  B. 将 str 指向的字符串输出到 fp 指向的文件中

  C. 从 fp 指向的文件中读取一个字符串存入 str 指向的内存

  D. 将 fp 指向的内存中的一个字符串输出到 str 指向的文件中

10. 关于函数调用 fgets(str,n,fp),正确的描述是(　　)。

  A. 从 fp 指向的文件中读取长度不超过 n−1 的字符串存入指针 str 指向的内存

  B. 从 fp 指向的文件中读取长度为 n 的字符串存入指针 str 指向的内存

  C. 从 fp 指向的文件中读取 n 个字符串存入指针 str 指向的内存

  D. 从 fp 指向的文件中读取任意长度的字符串存入指针 str 指向的内存

11. 若有以下程序段

```
FILE * fp;
int i,a[6]={1,2,3,4,5,6};
fp=fopen("tt.dat","w+");
for(i=0;i<6;i++)
    fprintf(fp,"%d\n",a[i]);
fclose(fp);
fp=fopen("tt.dat","r+");
for(i=0;i<6;i++)
    fscanf(fp,"%d",&a[5-i]);
fclose(fp);
for(i=0;i<6;i++)
    printf("%d,",a[i]);
```

第 10 章　文件

程序运行后的输出结果是(　　)。

  A. 1,2,3,4,5,6,　　　　　　　　　B. 6,5,4,3,2,1,
  C. 4,5,6,1,2,3,　　　　　　　　　D. 1,2,3,3,2,1,

12. 若有以下程序段

```
FILE * fp;
int k,n, a[6]={1,2,3,4, 5,6};
fp=fopen("tt.dat","w");
fprintf(fp,"%d%d%d\n",a[0],a[1],a[2]);
fprintf(fp,"%d%d%d\n",a[3],a[4],a[5]);
fclose(fp);
fp=fopen("tt.dat","r");
fscanf(fp,"%d%d",&k,&n);
printf("%d,%d\n",k,n);
fclose(fp);
```

程序运行后的输出结果是(　　)。

  A. 1,2　　　　B. 1,4　　　　C. 123,4　　　　D. 123,456

13. 若有以下程序段

```
FILE * fp;
int i, a[6] ={1,2,3,4,5,6},k;
fp=fopen("abc.dat","wb+");
for(i=0;i<6;i++)
{
    fseek(fp,0L,0);
    fwrite(&a[5-i],sizeof (int),1,fp);
}
rewind(fp);
fread(&k,sizeof(int), 1,fp);
fclose(fp);
printf("%d",k);
```

程序运行后的输出结果是(　　)。

  A. 6　　　　　B. 1　　　　　C. 123456　　　　D. 21

14. 关于函数调用 fread(buffer,n,1,fd),正确的描述是(　　)。

  A. 从 fd 关联的文件中读取长度不超过 n 字节的数据存入 buffer 指向的内存区域

  B. 从 fd 关联的文件中读取长度不超过 n－1 字节的数据存入 buffer 指向的内存区域

  C. 从 fd 关联的文件中读取长度不超过 n 个字符存入 buffer 指向的内存区域

  D. 从 fd 关联的文件中读取长度不超过 n－1 个字符存入 buffer 指向的内存区域

15. fwrite()函数的一般调用形式是(　　),其中 buffer 代表缓存区起始位置,count 代表数据块的个数,size 代表每个块的大小,fp 代表文件指针。

  A. fwrite(buffcr,count,size, fp);

B. fwrite(fp,size,count,buffer);

C. fwrite(fp,count,size,buffer);

D. fwrite(buffer,size,count,fp);

16. 关于函数调用 rewind(fp),正确的描述是(　　)。

A. 函数调用 rewind(fp)的结果是使文件位置指针指向文件开始位置

B. 使文件位置指针指向文件的末尾

C. 使文件位置指针移至前一个字符的位置

D. 使文件位置指针移至下一个字符的位置

二、判断题

1. fgetc()函数和 getchar()函数都是读取一个字符,功能是一样的。　　(　　)

2. C:\DOC\ABC.txt 是一个绝对路径的文件表示。　　(　　)

3. EOF 是一个在 stdio.h 文件中定义的符号常量,其值为－1,与 NULL 的值一样。
(　　)

4. fgets()函数从文件中读取字符串时,当读到'\n'、文件末尾、'\0'、读满 n－1 个字符时,停止读取。　　(　　)

5. feof()函数用于检查文件是否结束,若文件位置指针已指向文件末尾,则返回非 0 值,否则返回 0。　　(　　)

6. fread()函数不可以读取文本文件的数据。　　(　　)

7. 程序运行结束后会释放所有的资源,打开的文件也可以自动关闭,因此,在程序中可以不必调用 fclose()函数关闭文件。　　(　　)

8. SEEK_SET 代表文件位置指针的当前位置。　　(　　)

9. rewind()函数可以将文件位置指针指向文件的末尾。　　(　　)

10. ftell(fp)函数返回指针 fp 指向的文件的当前读写位置。　　(　　)

三、编程题

1. **程序功能**:从键盘输入一串字符,将其写入一个文件中,关闭该文件。然后将该文件的内容复制到另一个文件中。输入/输出格式参见运行结果。

【运行结果】

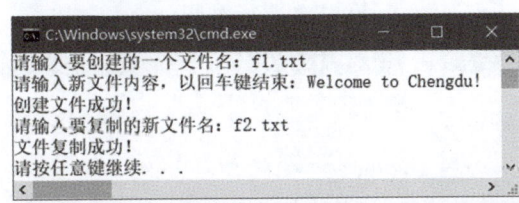

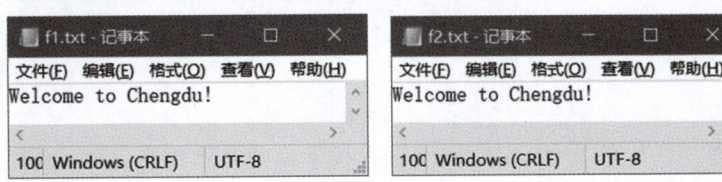

2. **程序功能**:产生 n 个[－20,20]范围内的随机数,按降序排序后存入一个文件中。输入/输出格式参见运行结果。

【运行结果】

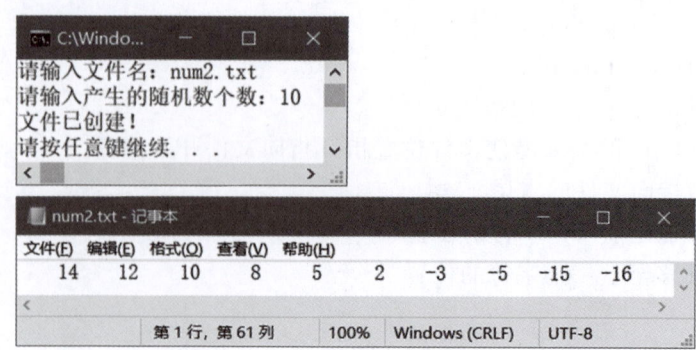

3. **程序功能**：从题 2 产生的文件中读取数据，将这些数据输出到屏幕上（每行输出 4 个数据，每个数据的输出宽度为 5），并输出这些数据的平均值（保留 2 位小数）。输入/输出格式参见运行结果。

【运行结果】

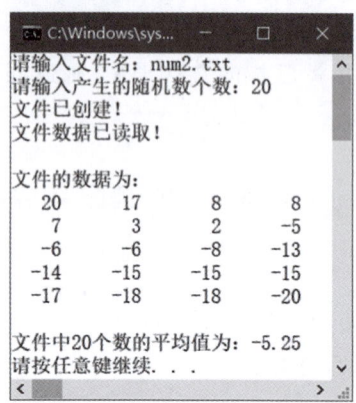

4. **程序功能**：将某班级学生的成绩表存放在一个数据文件中，每个学生的基本信息包括：学号、姓名、数学、英语、平均成绩。从键盘多次输入学生的基本信息，追加到一个数据文件中，并读取该文件的信息输出到屏幕上。输入/输出格式参见运行结果。

第一次运行结果  第二次运行结果

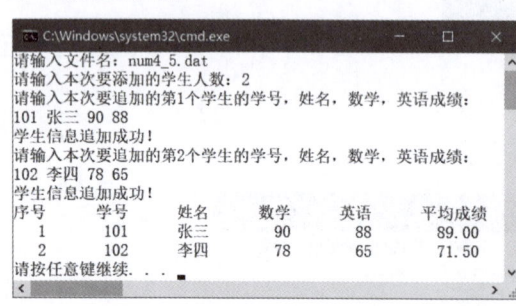
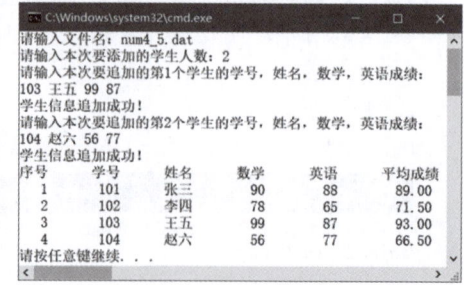

5. **程序功能**：读取题 4 产生的文件，实现按学号查找学生的基本信息。输入/输出格式参见运行结果。

【运行结果】

```
C:\Windows\system32\cmd.exe
请输入文件名：num4_5.dat
序号    学号    姓名    数学    英语    平均成绩
  1     101    张三     90      88      89.00
  2     102    李四     78      65      71.50
  3     103    王五     99      87      93.00
  4     104    赵六     56      77      66.50
请输入要查找的学生学号：102
学生信息找到！
       102     李四     78      65      71.50
请按任意键继续. . .
```

```
C:\Windows\system32\cmd.exe
请输入文件名：num4_5.dat
序号    学号    姓名    数学    英语    平均成绩
  1     101    张三     90      88      89.00
  2     102    李四     78      65      71.50
  3     103    王五     99      87      93.00
  4     104    赵六     56      77      66.50
请输入要查找的学生学号：108
学生信息没有找到！
请按任意键继续. . .
```

## 第 10 章练习题答案与解析

扫描二维码获取练习题答案与解析。

第 10 章　练习题答案与解析

# 附　　录

## 附录 A　常用字符与 ASCII 值对照表

## 附录 B　运算符的优先级与结合性

## 附录 C　常用标准库函数

## 附录 D　提高程序可读性的技巧

# 参 考 文 献

［1］ 谭浩强. C 程序设计[M]. 5 版. 北京：清华大学出版社，2017.
［2］ 苏小红，赵玲玲，孙志岗 等. C 语言程序设计[M]. 4 版. 北京：高等教育出版社，2019.
［3］ Prata S. C Primer Plus[M]. 姜佑，译. 6 版. 北京：人民邮电出版社，2019.
［4］ 徐英慧，李颖. C 语言程序设计[M]. 3 版. 北京：清华大学出版社，2024.
［5］ 刘霓. 计算机程序设计基础[M]. 成都：西南交通大学出版社，2021.

# 图书资源支持

感谢您一直以来对清华版图书的支持和爱护。为了配合本书的使用,本书提供配套的资源,有需求的读者请扫描下方的"书圈"微信公众号二维码,在图书专区下载,也可以拨打电话或发送电子邮件咨询。

如果您在使用本书的过程中遇到了什么问题,或者有相关图书出版计划,也请您发邮件告诉我们,以便我们更好地为您服务。

**我们的联系方式:**

清华大学出版社计算机与信息分社网站:https://www.shuimushuhui.com/

地　　址:北京市海淀区双清路学研大厦 A 座 714

邮　　编:100084

电　　话:010-83470236　010-83470237

客服邮箱:2301891038@qq.com

QQ:2301891038(请写明您的单位和姓名)

**资源下载**:关注公众号"书圈"下载配套资源。

书圈

清华计算机学堂

观看课程直播